安徽省高等学校"十一五"省级规划教材

大学计算机基础

主　编　尹荣章

副主编　张久彪　杜春敏　倪飞舟

编写人员　（以姓氏笔画为序）

丁亚涛（安徽中医学院）

尹荣章（皖南医学院）

叶明全（皖南医学院）

时　风（蚌埠医学院）

杜春敏（安徽中医学院）

杨　飞（安徽医科大学）

张久彪（蚌埠医学院）

倪飞舟（安徽医科大学）

中国科学技术大学出版社

内 容 简 介

　　本书是一本适用于医药类本、专科院校计算机基础课程的应用教材,涵盖了计算机基础教育中第一层次的全部内容,同时也覆盖了计算机水平考试(一级)的学习内容。
　　全书在注重计算机基础知识介绍的同时,也注意了与医药专业的结合,介绍了当前计算机在医药领域的相关应用,具有鲜明的医药特色。

图书在版编目(CIP)数据

大学计算机基础/尹荣章主编. —合肥:中国科学技术大学出版社,2009.9(2014.1重印)
(安徽省高等学校"十一五"省级规划教材)
ISBN 978-7-312-02578-5

Ⅰ. 大…　Ⅱ. 尹…　Ⅲ. 电子计算机—医学院校—教材　Ⅳ. TP3

中国版本图书馆 CIP 数据核字(2009)第 130728 号

出版	中国科学技术大学出版社
	安徽省合肥市金寨路 96 号,邮编:230026
	网址:http://press.ustc.edu.cn
印刷	安徽省瑞隆印务有限公司
发行	中国科学技术大学出版社
经销	全国新华书店
开本	787 mm×1092 mm　1/16
印张	22.5
字数	587 千
版次	2009 年 9 月第 1 版
印次	2014 年 1 月第 8 次印刷
印数	52001—54000 册
定价	30.00 元

前　言

　　计算机知识是当今社会各类人才知识结构的重要组成部分,掌握计算机知识和技能是成为高素质人才的基本要求,更是在校大学生必须掌握的知识之一。本着从教学实际出发的原则,结合医科院校特点,我们编写了这本《大学计算机基础》。

　　大学计算机基础课程的教学目的是加强大学生的计算机文化意识,培养和增强大学生在信息社会更好地学习、生活、工作的能力,是高等院校各专业学生必修的基础课程。

　　本书是一本适用于医药类本科、大专院校计算机基础课的应用教材,涵盖了计算机基础教育中第一层次的全部内容,同时也覆盖了计算机水平考试(一级)的学习内容。全书以培养医科大、专学生计算机意识为先导,领会计算机基本知识为基础,掌握计算机基本操作为重点,精选教学内容,在介绍了计算机基础知识以外,也介绍了计算机在医药领域内的使用,非常适合医科学生使用。本书既可作为从未接触过计算机的读者进行自学的参考书,也可作为一本计算机水平考试(一级)的考试指导书。

　　本书特色:(1) 突出基础性知识的介绍;(2) 理论与操作技能并重;(3) 文化知识介绍重视传统和新知识的融合;(4) 具有医学特色,介绍了计算机在医学上的应用;(5) 每章附有一定数量的习题,大部分章节附有实验操作题和实验指导。

　　全书共分为 9 章,包括计算机基础知识、Windows XP 操作系统、Word 2003、Excel 2003、PowerPoint 2003、网络基础与 Internet 技术、FrontPage 2003、信息技术和信息安全以及医学信息概论。

　　本书由安徽省四所医学院校从事计算机教学的 8 名教师集体编写完成。结合我们多年来的计算机基础课教学经验和体会,充分强调理论和实践相结合的计算机基础教学理念,力求集传统的计算机基础知识和先进的计算机文化与技术于一体,提高学生的计算机知识和技能水平。全书由张久彪、杜春敏、倪飞舟、尹荣章、时风、丁亚涛、叶明全、杨飞编写,尹荣章统稿。在本书的编写过程中,参考了许多的著作和网站的内容,在此表示感谢!

　　随着计算机科学的高速发展,知识更新很快,大学生对计算机基础知识学习的要求越来越高,又由于编写时间仓促,加之作者水平所限,书中难免有错误、遗漏之处,恳请各位读者和专家批评指正。

作　者

2009 年 6 月

目　录

第1章 计算机基础知识

计算机是一种按照预先存储的程序自动、高速、精确地进行信息处理的现代电子设备。它是20世纪最伟大的科学技术发明之一,对人类社会的生产和生活产生了极其深远的影响。计算机知识已成为现代社会人们知识结构的重要组成部分。

本章主要介绍:计算机的基本知识,计算机的发展、应用,计算机的分类和特点;数制知识及各种数制之间的相互转化,计算机中的数据表示及编码的概念;微型计算机系统组成及各部分的作用,计算机的基本工作原理。

1.1 计算机概述

1.1.1 计算机的产生和发展

人类从原始的绳、石、算筹开始,到后来的算盘、手摇计算机,一直在发明和改进计算工具,目的是提高计算的速度和精度。到了20世纪40年代中期,飞机、导弹、原子物理等现代科学技术的发展,提出了大量复杂的计算问题,原有的计算工具已远远满足不了要求。

1. 计算机的诞生

20世纪著名英国数学家阿伦·图灵(Alan Mathison Turing)(图1.1)在著名的论文《论可计算数在判定问题中的应用(On Computing Numbers with an Application to the Entscheidungs-Problem)》中,描述了一种假想的可实现通用计算的机器,后人称为"图灵"机。尽管当时只是一种假想,但这种假想却奠定了整个现代计算机的理论基础,图灵因此被认为是计算机的理论奠基人。被誉为计算机科学界的"诺贝尔"奖就命名为"图灵"奖。

阿伦·图灵　　　　　　　　冯·诺依曼

图 1.1

1946年2月,由埃克特、莫克利、戈尔斯坦、博克斯组成的"莫尔"小组承担开发任务的世界上第一台真正能自动运行的计算机 ENIAC(Electronic Numerical Integrator And Calculator)(图1.2)在美国宾夕法尼亚大学诞生,这台计算机占地近170 m²,重达30余吨,运算速度也达到5000次/秒,它是为第二次世界大战中精确、快速地计算弹道的轨迹问题而研制的。同年,被称为"计算机之父"的美籍匈牙利数学家冯·诺依曼(Von Neumann)领导的研制小组开始研制一种"基于程序存储和程序控制"的计算机 EDVAC(Electronic Discrete Variable Automatic Computer),这种体系结构的计算机称为冯·诺依曼原理计算机,并且一直延续至今。

图1.2 "ENIAC"计算机

2. 计算机的发展

自第一台计算机诞生至今,仅仅60多年时间,但它发展之快速,普及之广泛,影响之巨大,是任何学科无法比拟的。推动计算机发展的因素有很多,其中电子元器件的发展起到关键的作用。根据计算机使用电子元器件的不同,计算机的发展经历了电子管、晶体管、集成电路、大规模集成电路四个阶段。计算机的发展史概况如表1.1所示。

表1.1 计算机的四个发展阶段

	第一代	第二代	第三代	第四代
时间	1946~1959年	1959~1964年	1964~1970年	1970年至今
使用电子器件	电子管	晶体管	中小规模集成电路	超大规模集成电路
内存	汞延迟线	磁芯存储器	半导体存储器	半导体存储器
外存	磁带、穿孔卡片	磁带	磁带、磁盘	磁盘、光盘以及大容量外存
速度(次/秒)	几千~几万	几万~几十万	几十万~几百万	几百万~亿
软件	机器语言或汇编语言	高级语言	操作系统	数据库、网络等
应用领域	科学计算	数据处理、工业控制	文字处理、图形处理	社会的各个领域

当今社会,计算机应用越来越普及,已广泛应用于人类生产和生活的各个领域,计算机正朝着微型化、网络化、智能化和多媒体化的方向发展。

计算机的将来会是什么样子?目前尚无定论,比较有倾向性的看法是:智能化的计算机是一个重要方向,它能模拟人类的动作行为,理解人类的自然语言,早在 20 世纪 80 年代就已开始研制。另外,光计算机、生物计算机、量子计算机也已开始理论研究。

随着计算机技术与应用的发展,IT(Information Technology,信息技术)产业中,除 PC 外,还出现了 IA(Information Appliance,信息应用)类新产品。IA 是 PC 发展到一定阶段的产物,它的出现将扩大信息类新产品的应用范围。IA 包括网络电视、视频电话、网络智能掌上设备、消费类网络终端、网络游戏设备等。

2008 年 6 月中旬,在德国德累斯顿举行的世界超级计算机大会公布了世界超级计算机 500 强最新排名,IBM 的产品"走鹃"以每秒 1000 万亿次的运算速度雄居榜首。

我国 1958 年研制出第一台电子管计算机;1964 年,国产晶体管计算机问世;1992 年研制出 10 亿次巨型计算机——银河;曙光计算机公司在 2008 年底推出了与 IBM"走鹃"比肩的千万亿次级超级计算机——曙光 5000A。

1.1.2　计算机的特点和分类

1. 计算机的特点

（1）运算速度快

运算速度是计算机重要指标之一,考察的方法较多,一般用每秒所执行的加法次数来衡量。目前,一般微型计算机的运算速度已达到每秒几百万次乃至上亿次,一些先进的巨型机的运算速度的数量级已达到每秒万亿次。

2004 年 6 月 29 日,我国 863 重大科技专项成果——中国国家网格主结点超级计算机"曙光 4000A"研制成功。目前中国速度最快的商用高性能计算机——曙光 5000A（图 1.3）于 2008 年 11 月装备在上海超级计算中心,它以峰值速度 230 万亿次、

图 1.3　曙光 5000A

Linpack 值 180 万亿次的成绩跻身世界超级计算机前十,这一成绩让我国成为世界上第二个可以研发生产超百万亿次超级计算机的国家。2009 年 5 月 25 日,联想集团正式宣布,拥有自主知识产权的联想(深腾 7000)百万亿次超级计算机系统已成功安装至中科院计算机网络信息中心,用于部署中国国家网格主结点,并已于 2009 年 4 月 24 日全面开通计算服务,由此,深腾 7000 成为国内第一台实际投入使用的百万亿次超级计算机。中科院计算机网络信息中心利用深腾 7000 已运行蛋白质、星系演化、铜晶体剪切效应等多项千核级超算应用,这些高可扩展性应用测试结果多为国内首次获得,为中国开展大规模并行应用起到了引领和示范作用。随着计算机科学技术的发展,计算机运算速度还会越来越快,许多极复杂的科学问题借助高速计算机将会得以解决。

（2）运算精确度高

计算机用于科学计算时的精度很高,由于内部采用二进制数的表示方法,其有效位数越多,精确度也就越高,因此计算精确度可通过增加位数（字长）来获得。计算机的字长越长,数的表示范围就越大,有效数字的位数就越多,数的精度就越高。另外也可以通过算法来提高计算的精度。例如,利用计算机可以将圆周率 π 计算精确至小数点后 200 万位,这是其他

计算工具所不可想像的。

（3）存储功能

计算机的存储器可以使它具有类似"记忆"的功能，它能够把原始数据、中间结果、计算结果、程序等信息存储起来以备使用。

（4）逻辑判断能力

计算机除了能进行算术运算外，还能进行逻辑运算，做出逻辑判断，根据判断结果决定后续命令的执行，这使得计算机具有智能的特点。

布尔代数是计算机的逻辑基础和理论指导，计算机的逻辑判断能力也是计算机智能化的先决条件。

（5）自动化程度高

计算机能够自动、连续地执行事先编制好的程序，并按要求输出完整的计算结果，这是它与其他计算工具的本质区别，也是它最突出的优点之一。

2. 计算机分类

随着计算机技术的发展，计算机的类型越来越多，常见的分类方法有以下三种。

（1）按处理的信息的表示形式来划分

从计算机处理的信息的表示形式可以分为模拟计算机（Analog Computer）、数字计算机（Digital Computer）和数模混合计算机（Hybrid Computer）三类。

模拟计算机是通过电流、电压等连续变化的物理量来进行计算的，适用于过程的控制和模拟，其特点是运行速度快，而且输出为连续量，容易与实物相接近，抗干扰能力强；缺点是运算精确度低，信息存储较难。

数字计算机处理的是非连续变化的数据，以数字电路为基础，用离散的数值"0"、"1"来表示所有的信息，因而它具有运算速度快、精确度高、通用性强等特点。

数模混合计算机既能接受、处理和输出模拟量，也能接受、处理和输出数字量。

（2）按用途及使用的范围来划分

按计算机用途及使用的范围可分为通用计算机（General Purpose Computer）和专用计算机（Special Purpose Computer）。

通用计算机通用性强，具有很强的综合处理能力，能够解决各种问题，可用于科学计算、数据处理、事务管理、自动控制等。这类计算机本身有较大的适用面。

专用计算机则功能单一，配以解决特定问题的硬、软件，能够高速、可靠地解决特定的问题。

（3）按计算机的规模、运行速度和功能来划分

按计算机的规模、运行速度和功能一般可分为巨型机、大型机、小型机、微型机、工作站、服务器（见图1.4）。

巨型计算机运算速度快，存储容量大，主要用于复杂、尖端的科研领域。如我国的"银河"和"曙光"都属于这类机器。

微型计算机体积小、结构紧凑、价格低，具有一定功能，它以运算器、控制器为核心，配以系统总线结构和大规模集成电路，加上相应的外部设备和控制微机工作的软件等，从而形成一个完整的微型计算机系统。

工作站是为了某种特殊用途将相关硬件设备和专用软件结合在一起的系统。

服务器是在网络环境下为多用户提供服务的共享设备，如文件服务器、通信服务器等。

巨型机　　　　　　大型机　　　　　服务器　　　　　　微型机

图 1.4　计算机的分类

1.1.3　计算机的应用

比尔·盖茨(Bill Gates)曾说:"信息科技革命将恒久地改变我们的工作、消费、学习和沟通的方法。"计算机应用已渗透到社会的各行各业,如工商、政府、教育、医药、娱乐、科研和家庭等领域。归纳起来,主要有以下几个方面。

1. 科学计算

科学计算又称数值计算,是计算机的一个传统应用领域,也是应用最早、最重要的一个应用领域。通过计算机可以解决人工无法解决的复杂的计算问题。计算机现已广泛应用于航空航天、天文学、核物理学等方面。

2. 数据处理

数据处理又称非数值处理或事务处理,是指计算机对外部设备送来的各种信息进行采集、加工、分类、存储、传送、检索等综合性的处理工作。如生产管理、财务管理、档案管理等各种管理中的数据库应用,以及办公自动化中的文字处理和文件管理。

3. 过程控制

过程控制又称实时控制,是指计算机实时采集检测数据,按最佳值迅速地对控制对象进行自动控制和自动调节。其特点是精确度高、速度快、反应灵敏。已在冶金、化工、交通自动管理、火警自动警报系统、导弹控制系统等领域得到广泛的应用。

4. 计算机辅助系统

计算机辅助系统是以计算机为工具,通过专用软件辅助完成特定任务,其主要目的是提高工作效率和工作质量。

计算机辅助设计 CAD(Computer-Aided Design)是利用计算机帮助各类设计人员进行设计的技术。它可以取代传统的图纸设计,加快设计速度,提高设计的精度和质量。CAD在建筑工程、机械部件、家电产品和服装等设计领域应用非常广泛。

计算机辅助制造 CAM(Computer-Aided Manufacturing)是利用计算机进行生产设备的管理、控制和操作的过程。它能提高产品质量、降低成本、缩短生产周期。

计算机辅助教育 CBE(Computer-Based Education)包括计算机辅助教学 CAI(Computer- Assisted Instruction)、计算机辅助测试 CAT(Computer-Aided Test)、计算机管理教学CMI(Computer-Management Instruction)。

另外还有计算机辅助工程 CAE(Computer-Aided Engineering)、计算机集成制造系统

CIMS(Computer Integrated Manufacture System)等。

5. 多媒体技术

多媒体(Multimedia),又称为超媒体(Hypermedia),是一种以交互方式将文本、图形、图像、音频、视频等多种媒体信息,通过计算机设备的获取、存储、编辑和操作等综合处理后,以单独或合成的形式表现出来的技术和方法。

多媒体技术以计算机技术为核心,将现代的声像、通信技术融为一体,应用领域非常广泛,正以极强的渗透力进入人类工作和生活的各个领域。

6. 人工智能(Artificial Intelligence, AI)

人工智能是计算机应用发展的一个前沿方向,它的主要目的是用计算机来模拟人类的某些智能活动,使其具有"学习"、"适应能力"、"推理"等功能,在一定程度上具有"思维"能力。目前一些智能系统已经替代人的部分脑力劳动,获得了实际的应用,如机器人、专家系统、模式识别等。

7. 计算机通信与网络

计算机通过网络互联,可以实现计算机之间的硬件、软件资源的共享,促进地区间、国际间的通信及各种数据的传输和处理。随着因特网的发展,计算机通信的应用已达到前所未有的境界。

总之,计算机的应用已非常普及,尤其是网络技术的发展,使得计算机的应用产生了许多新理念,引起了人类社会从经济基础到上层建筑、从生产方式到生活方式的深刻变革。

1.2   数据在计算机中的表示

1.2.1   数制

1. 数制的基本概念

(1) 概述

所谓进位计数制(数制)是指按进位的原则进行计数。日常生活中,我们会经常用到数制,一般采用的是用十进制计数。除此以外,还有许多非十进制的计数方法,如时间用的是六十进制。

在计算机中,信息的表示依赖于计算机内的物理器件的状态,信息用什么表示形式会直接影响计算机的结构和性能。无论是指令、数据、图形、声音还是各种符号,在计算机中都以二进制表示。它有以下优点:

① 易于物理实现:具有两个稳定状态的物理器件有很多,而具有十个稳定状态的物理器件实现非常困难,即使能实现其稳定性也差,无法使用。

② 机器可靠性高:由于电压的高低、电流的有无等状态分明,故系统的抗干扰能力强,信息的可靠性高。

③ 运算简单:二进制的运算规则简单,适合逻辑运算。

④ 通用性强:二进制不仅可以实现各种数值信息的编码,也可实现各种非数值信息的

编码。

（2）数制的基本规律

应该指出，各种进制的计数和运算有类似的规律和特点。某种数制所包含的内容包括以下几个方面：

① 基数：各种数制中用于表示数字所采用的字符（基本数码）的总数称为该数制的基数。如十进制用 0、1、2、3、4、5、6、7、8、9 这 10 个符号来表示数值，故十进制的基数为 10。

② 进位规则：若 P 是该数制的基数，则该数制的进位规则为"逢 P 进一"。

③ 位权：位权是指一个数字符号在某个位置所代表的值，数字所在位置不同代表的值就不同。

位权与基数的关系：位权的值是基数的若干次幂。

④ 通用表达式：可以把 P 进制数 S 用统一的一般表达式来表示：

$$S = S_{n-1} \times P^{n-1} + S_{n-2} \times P^{n-2} + \cdots + S_1 \times P^1 + S_0 \times P^0 + S_{-1} \times P^{-1} + \cdots + S_{-m} \times P^{-m}$$

其中，S_i——P 进制数 S 第 i 位的数码；

　　　P——进制的基数；

　　　P^i——位权；

　　　n——整数部分位数，为正整数；

　　　m——小数部分位数，为正整数。

2. 常用进制

（1）十进制（Decimal Notation）

特点：① 基数为 10，基本数码：0，1，2，3，4，5，6，7，8，9。

　　　② 逢十进一，借一当十。

如十进制数 1423.16 可写成如下形式：

$$1423.16 = 1 \times 10^3 + 4 \times 10^2 + 2 \times 10^1 + 3 \times 10^0 + 1 \times 10^{-1} + 6 \times 10^{-2}$$

上式称作十进制数 1423.16 的按权展开式。

（2）二进制（Binary Notation）

特点：① 基数为 2，基本数码：0，1。

　　　② 逢二进一，借一当二。

如二进制数 101011.011 可以写成如下形式：

$$(101011.011)_2 = 1 \times 2^5 + 0 \times 2^4 + 1 \times 2^3 + 0 \times 2^2 + 1 \times 2^1 + 1 \times 2^0 + 0 \times 2^{-1}$$
$$+ 1 \times 2^{-2} + 1 \times 2^{-3}$$
$$= 32 + 8 + 2 + 1 + 0.25 + 0.125 = (43.375)_{10}$$

（3）八进制（Octal Notation）

特点：① 基数为 8，基本数码：0，1，2，3，4，5，6，7。

　　　② 逢八进一，借一当八。

如：$(135)_8 = 1 \times 8^2 + 3 \times 8^1 + 5 \times 8^0 = 64 + 24 + 5 = (93)_{10}$

（4）十六进制（Hexadecimal Notation）

特点：① 基数为 16，基本数码：0，1，2，3，4，5，6，7，8，9，A，B，C，D，E，F。

　　　② 逢十六进一，借一当十六。

如：$(204)_{16} = 2 \times 16^2 + 0 \times 16^1 + 4 \times 16^0 = 512 + 4 = (516)_{10}$

以上 4 种进制数的对应关系如表 1.2 所示。

表 1.2 4 种进制数的对应关系

十进制	二进制	八进制	十六进制
0	0000	0	0
1	0001	1	1
2	0010	2	2
3	0011	3	3
4	0100	4	4
5	0101	5	5
6	0110	6	6
7	0111	7	7
8	1000	10	8
9	1001	11	9
10	1010	12	A
11	1011	13	B
12	1100	14	C
13	1101	15	D
14	1110	16	E
15	1111	17	F

1.2.2 数制之间的转换

1. 非十进制数转换成十进制数

非十进制数转换为十进制数采用位权的方法,把各非十进制数按权展开,然后求和,即按照十进制的计算规则计算通用表达式的值即可。

【例 1.1】 将二进制数 1011.11 转换成十进制数。

解 $(1011.11)_2 = 1 \times 2^3 + 0 \times 2^2 + 1 \times 2^1 + 1 \times 2^0 + 1 \times 2^{-1} + 1 \times 2^{-2}$
$$= 8 + 2 + 1 + 0.5 + 0.25 = (11.75)_{10}$$

【例 1.2】 将十六进制数 3AF 转换成十进制数。

解 $(3AF)_{16} = 3 \times 16^2 + 10 \times 16^1 + 15 \times 16^0 = 3 \times 256 + 10 \times 16 + 15 = (943)_{10}$

2. 十进制数转换成任意进制数

将十进制数转换为非十进制数,分为整数部分和小数部分进行。

(1) 整数部分

整数部分采用"除基取余"的方法,即"除以基数,取其余数,至商为零,倒排列"。

【例 1.3】 将 $(232)_{10}$ 转换成二进制数。

解

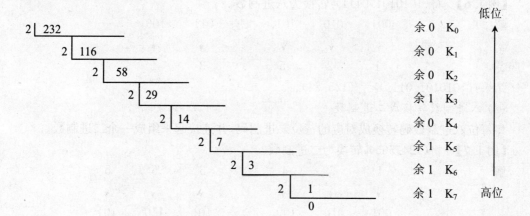

结果：$(232)_{10} = (11101000)_2$

（2）小数部分

小数部分的转换采用"乘基取整"的办法，即"乘以基数，取积整数，至小数部分为零，顺排列"。

【例 1.4】 将$(0.125)_{10}$转换成二进制小数。

解

$$
\begin{array}{r}
0.125 \\
\times\quad 2 \\
\hline
0.250 \quad 整数\ 0 \cdots\cdots K_{-1}\\
\times\quad 2 \\
\hline
0.500 \quad 整数\ 0 \cdots\cdots K_{-2}\\
\times\quad 2 \\
\hline
1.000 \quad 整数\ 1 \cdots\cdots K_{-3}\\
\end{array}
$$

高位 ↓ 低位

结果：$(0.125)_{10} = (0.001)_2$

注意　在实际转换中，不是任意十进制小数都能用有限位二进制数精确表示的，此时可按精度要求取足够的位数。

如果一个数既有整数部分，又有小数部分，则应该先将整数部分和小数部分分别进行转换，再组合起来。

【例 1.5】 将$(232.125)_{10}$转换成二进制数。

解　$(232)_{10} = (11101000)_2$

$(0.125)_{10} = (0.001)_2$

结果：$(232.125)_{10} = (11101000.001)_2$

3. 二进制数与八进制数之间的转换

（1）二进制数转换成八进制数

以小数点为基准点，整数部分从右至左，每三位一组，最高有效位不足三位时，用 0 补足三位；小数部分从左至右，每三位一组，最低有效位不足三位时，用 0 补足三位；然后，将各组的三位二进制数转换为一位八进制数。

【例 1.6】　将 $(1010101.0111)_2$ 转换为八进制数。

解　　　　　　001　　010　　101　　.　　011　　100
　　　　　　　　　↓　　　↓　　　↓　　　　　↓　　　↓
　　　　　　　　　1　　　2　　　5　　.　　3　　　4

结果：$(1010101.0111)_2 = (125.34)_8$

（2）八进制数转换成二进制数

将每位八进制数码转换成对应的三位二进制码，并连接起来组成一个二进制数。

【例 1.7】　将 $(124.565)_8$ 转换为二进制数。

解　　　　　1　　　2　　　4　　.　　5　　　6　　　5
　　　　　　　↓　　　↓　　　↓　　　　↓　　　↓　　　↓
　　　　　　001　　010　　100　　.　101　　110　　101

结果：$(124.565)_8 = (1\ 010\ 100.101\ 110\ 101)_2$

4. 二进制数与十六进制数之间的转换

二进制数与十六进制数之间和二进制同八进制之间的转换相似。二进制的四位数对应于十六进制的一位数。

【例 1.8】　将 1101111101.100101 转换成十六进制数。

解　　$(0011\ 0111\ 1101.1001\ 0100)_2 = (37D.94)_{16}$

【例 1.9】　将 $(7A.B5)_{16}$ 转换为二进制数。

解　　$(7A.B5)_{16} = (111\ 1010.1011\ 0101)_2$

5. 八进制数与十六进制数间的转换

先将被转换进制数转换成相应的二进制数，然后再将二进制数转换成目标进制数。

【例 1.10】　将 $(324.76)_8$ 转换为十六进制数。

解　　　　　3　　　　2　　　　4　　.　　7　　　　6
　　　　　　　↓　　　　↓　　　　↓　　　　↓　　　　↓
　　　　　　011　　　010　　　100　.　111　　　110
　　　　　　1101　　　0100　.　1111　　　1000
　　　　　　↓　　　　↓　　　　↓　　　　↓
　　　　　　D　　　　4　　.　　F　　　　8

结果：$(324.76)_8 = (D4.F8)_{16}$

注意　① 八进制、十六进制数同二进制数之间有着十分简便的转换关系，而八进制尤其是十六进制书写十分简短，因而在进行程序设计中，二进制的代码往往书写成八进制或十六进制形式。

② 为区分各种进制的数值，采用下面的表示法：

十进制数：在数字后面加字母 D 或不加字母，如 127D 或 127。

二进制数：在数字后面加字母 B，如 11011101B。

八进制数：在数字后面加字母 O，如 127O。

十六进制数：在数字后加字母 H，如 5B3H。

1.2.3　编码

由于计算机是通过 0 和 1 来表示两个稳定状态的,因此计算机是以二进制方式组织和存储信息的。在计算机内部,正号、负号、数值、字符、汉字和其他信息都必须用 0 和 1 的组合来实现。

信息编码是指对输入到计算机中的各种数据用二进制数进行编码的方式。

对于不同机器和不同类型的数据,编码的方式是不同的。编码的方法很多,为了加工、存储和交换信息的方便,制定了编码的国际标准和国家标准。计算机使用这些编码在计算机内部和键盘等终端之间以及计算机之间进行信息交换。

输入时,系统自动将输入的各类数据按一定的编码转换成相应的二进制形式保存到计算机的存储单元中,输出时,再由系统自动将二进制编码转换成用户能够识别的数据格式。

1. 数据的单位

在计算机中常用到的基本数据单位有位、字节、字三种。

(1) 位(bit)

位是计算机中表示信息的最小信息单位,1 bit 表示一位二进制数。

(2) 字节(Byte)

字节是计算机存储信息的最基本单位,也是信息数据的基本单位,1 Byte(通常简记为 1 B)用 8 位二进制数表示,共能表示 $2^8 = 256$ 种不同的状态。

下面是常用的一些存储单位:

$$1 \text{ KB(千字节)} = 2^{10} \text{ B} = 1024 \text{ B}$$
$$1 \text{ MB(兆字节)} = 2^{10} \text{ KB}$$
$$1 \text{ GB(吉字节)} = 2^{10} \text{ MB}$$
$$1 \text{ TB(太字节)} = 2^{10} \text{ GB}$$

(3) 字(Word)

计算机中,由若干个字节组成一个存储单元,称之为"字"。一个存储单元存放一条指令或一个数据。一个存储单元的位数称为字长。字长是计算机的重要性能指标之一,一般来说,字长越长,计算机的性能也就越好。目前常见的微机字长为 32 位、64 位。

2. 数值信息的编码

计算机中数值的编码是指数值在字节中的存放形式。

(1) 符号数的机器数表示

在计算机中,通常在二进制数据的绝对值前面加上一位二进制位作为符号位,此位为 0 代表此数为正数,此位为 1 代表此数为负数,从而形成了数值型数据的机内表示形式。同时为了方便运算,对有符号数常采用三种表示形式,即原码、反码、补码。

① 原码:正数的符号位为 0,负数的符号位为 1,其他位用数的绝对值表示,即为数的原码。

② 反码:正数的反码与原码相同;负数的反码的符号位为 1,其余各位对原码按位取反。

③ 补码:正数的补码与原码相同;负数的补码的符号位为 1,其余各位为反码并在最低位加 1。引入补码后,可以简化运算,使减法统一变为加法。

例:(+102)D,其原码=01100110,其反码=01100110,其补码=01100110;

(−102)D,其原码=11100110,其反码=10011001,其补码=10011010。

计算机处理减法运算时,把减号连同其后的数一起作为负数,用补码做"加法"运算。

例:十进制运算 $6-2=6+(-2)=4$,使用补码运算时,由于 6 的补码为 00000110,-2 的补码为 11111110,所以运算式为:

$$
\begin{array}{r}
00000110 \\
+\ 11111110 \\
\hline
100000100
\end{array}
$$

运算结果超过 8 位,产生溢出,忽略不记,字节中有效数码为 00000100,即十进制数 4,因此运算结果为 $+4$。

(2) 数值编码 BCD(Binary Code Decimal)码

计算机输入和输出的十进制数在机内转换成二进制时,有时也以一种中间数值编码的形式存在,它是把每一位十进制数用四位二进制编码表示,称为十进制数的二进制编码。编码有多种方法,最常见的是 8421BCD 码,用 4 个二进制位表示一位十进制数,因为自左向右每位的权分别是 8、4、2、1,故简称 8421 码。

值得注意的是,BCD 码不要和十进制转换为二进制相混淆。

如:$(17)_{10}=(10001)_2$

$(17)_{10}=(10111)_{BCD}$

3. 字符信息的编码

计算机中,把一些常用的字母、符号、数字和文字等非数值信息用规定的代码表示,这一过程称为计算机信息编码,使用二进制数表示的文字和符号称为二进制编码。例如,当我们输入字符"A"时,计算机接收到的是字符"A"的二进制编码"01000001",并对其进行存储,在显示时,又将"01000001"转化为字符"A"。计算机只有采用统一的编码方案,才便于进行信息的存储、处理和传送。

计算机常用的信息编码方式有字符编码(ASCII)和汉字编码两种。

(1) 字符编码(ASCII 码)

ASCII 码是美国标准信息交换码(American Standard Code for Information Interchange)的简称,目前已成为国际通用的信息交换标准代码。ASCII 码中每个字符用一个 7 位二进制数表示,由于 $2^7=128$,所以 ASCII 码可以表示 128 个不同的字符,在计算机内通常用一个字节来存储,其最高位(最左边的位)恒为 0。ASCII 码如表 1.3 所示。

表 1.3　7 位 ASCII 码表

高 3 位 低 4 位	000	001	010	011	100	101	011	111
0000	NUL	DEL	SP	0	@	P	、	p
0001	SOH	DC1	!	1	A	Q	a	q
0010	STX	DC2	"	2	B	R	b	r
0011	EXT	DC3	#	3	C	S	c	s
0100	EOT	DC4	$	4	D	T	d	t
0101	ENQ	NAK	%	5	E	U	e	u

0110	ACK	SYN	&	6	F	V	f	v
0111	BEL	ETB	,	7	G	W	g	w
1000	BS	CAN	(	8	H	X	h	x
1001	HT	EM	)	9	I	Y	i	y
1010	LF	SUB	*	:	J	Z	j	z
1011	VT	ESC	+	;	K	[	k	{
1100	FF	FS	.	<	L	\	l	|
1101	CR	GS	—	=	M	]	m	}
1110	SO	RS	。	>	N	^	n	~
1111	SI	US	/	?	O	—	o	DEL

1) ASCII 码符号组成

控制字符:34 个(0~32 号,127 号)。

普通字符(可打印字符):94 个。

2) 常用字符的 ASCII 码

常用字符的 ASCII 码如表 1.4 所示。

表 1.4　常用字符 ASCII 码

字符	二进制表示	十六进制表示	十进制表示
空格	00100000	20H	32
0~9	00110000~00111001	30H~39H	48~57
A~Z	01000001~01011010	41H~5AH	65~90
a~z	01100001~01111010	61H~7AH	97~122

(2) 汉字编码

由于汉字是象形文字,种类繁多,它在输入、输出、存储和处理过程中所用的编码方式不尽相同,较之 ASCII 码汉字编码要复杂得多。

1) 汉字国标码

1980 年,我国颁布了《信息交换用汉字编码字符集·基本集》(代号 GB2312 - 80)。它是中文信息处理的国家标准,又称汉字交换码,简称 GB 码。该标准收入了 6763 个常用汉字(其中一级汉字 3755 个,按拼音排列;二级汉字 3008 个,按偏旁部首排列),以及英、俄、日文字母与其他符号 687 个,共有 7000 多个符号。

国标码与 ASCII 码属同一制式,甚至可看成是 ASCII 码的扩展。因为 ASCII 码中字符代码为 94 个,因此汉字和符号的编码也就分成 94 个区,每区 94 个位,最多可以组成 94×94 ＝8836 个汉字或符号。

根据以上的区位划分,引入了区位码输入法。区位码输入法由区号和位号共 4 位十进制数组成,区号在高 2 位,位号在低 2 位。例如,"啊"字的区位码为 1601。区位码最大的特点是没有重码,但是不易记忆,一般作为其他输入法的补充。

国标码规定,每个字符由一个 2 字节代码表示,每个字节的最高位恒为"0",其余 7 位用于组成各种不同的码值。

汉字编码的扩充标准　GB18030－2000《信息技术　信息交换用汉字编码字符集·基本集的扩充》,2000 年 3 月 17 日由信息产业部和国家质量技术监督局联合发布的汉字编码新标准。该标准从发布之日起开始实施。内码采用单/双/四字节混合编码,收录了 27000 个汉字和藏、蒙、维吾尔等主要的少数民族文字,总的编码空间超过了 150 万个码位,为将来计算机的中文信息处理及计算机在中国的应用奠定了基础。

ISO/IEC10646.1　1993 年国际标准化组织颁布的多八位编码体系,包含全世界几乎所有的文字,建立了一个统一的基本多文种平面(BMP),共分配给汉字 20902 个码位空间。

2) 汉字机内码

计算机既要处理汉字,也要处理西文。为了实现中、西文兼容,通常利用字节的最高位来区分某个码值是代表汉字还是 ASCII 码字符。具体的做法是,若最高位为"1"视为汉字字符,为"0"视为 ASCII 字符。汉字机内码是在上述国标码的基础上,把 2 个字节的最高位一律由"0"改"1"构成。

例如:

汉字	国标码	机内码
大	3473H($00110100\ 01110011$)$_2$	($10110100\ 11110011$)$_2$　B4F3H
中	5650H($01010110\ 01010000$)$_2$	($11010110\ 11010000$)$_2$　D6D0H

由此可见,同一汉字的汉字交换码与汉字机内码并不相同,而对 ASCII 字符来说,机内码与交换码的码值是一样的。

3) 汉字输入码

汉字输入码又称外码,是用计算机标准键盘上的按键的不同组合来对汉字的输入进行编码。汉字输入法的研究和发展很快,目前已有几百种。一种好的汉字输入法应该具备以下优点:编码短(减少击键次数),重码少(可以实现盲打),易学易用。

目前汉字输入法大致分两类:音码类和形码类。常见的输入法有拼音法、智能 ABC 法和五笔字型法。

需要指出,无论采用哪一种汉字输入法,当用户向计算机输入汉字时,存入计算机中的总是它的机内码,与所采用的输入法无关。实际上不管使用何种输入法,在输入码与机内码之间总是存在着一一对应的关系,很容易通过"键盘管理程序"把输入码转换为机内码。可见输入码仅是用户选用的编码,故也称为"外码",而机内码则是供计算机识别的"内码",其码值是唯一的。两者通过键盘管理程序来转换,其转换过程如流程图 1.5 所示。

各种汉字输入码　　　　　　　键盘管理程序　　　　　　　统一的汉字机内码

(外码)　　　　　　　　　　　　　　　　　　　　　　　(内码)

图 1.5　汉字输入码到汉字机内码的转换

4) 汉字字形码

字形码是指文字信息的输出编码,又称汉字字模,用于汉字的显示和输出。字形码有两种表示方式:点阵方式和矢量方式。

汉字显示和打印使用点阵码,常见的有 16×16、24×24、32×32、48×48 点阵等。点数愈多,打印的字体愈美观,占用的存储空间也愈大。例如,一个 24×24 的汉字占用空间为 72 个字节,一个 48×48 的汉字将占用 288 个字节。汉字之所以能在屏幕上显示,就是这些字节中的二进制位为 0 的对应的点为暗,二进制位为 1 的对应的点为亮。如图 1.6 所示为 16×16 点阵的汉字"大"的字形点阵及编码情况。

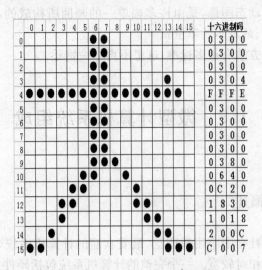

图 1.6　汉字"大"的字形点阵及编码

字形码的矢量表示方式存储的是描述汉字的轮廓特征。汉字输出时,通过计算机的计算,由汉字字形描述生成所需大小和形状的汉字点阵,与文字显示的大小、分辨率无关,因此可产生高质量的汉字。Windows 中使用的 TrueType 技术就是汉字的矢量表示方式。

5) 汉字地址码

汉字字形在字库中的相对位移地址称为汉字地址码。输出汉字时,必须通过地址码,才能在汉字字库中取到所需的字形码。地址码和机内码要有简明的对应关系。

(3) 汉字处理过程

汉字处理过程如图 1.7 所示。

图 1.7　汉字处理过程

4. 音频、视频的编码

计算机中处理的都是数字化的信息,上面讨论了数值、字符以及汉字的编码,对声音、图像、视频等多媒体信息,也必须先转换成二进制的编码,计算机内部才能处理。

(1) 音频信息的数字化

音频信息的数字化,就是对模拟音频信号每隔一定时间间隔进行采样,捕捉采样点的振幅值,并将获取到的振幅值用一组二进制脉冲表示,这个过程称为声音的数字化,也叫模数(A/D)转换。输出时,进行逆向转换,即数模(D/A)转换。

（2）图像的数字化

图像可以看成是一定的行和一定的列的像素（Pixels）点组成的阵列，每个像素点又用若干个二进制代码进行编码，表示像素的颜色，这就是图像的数字化。

（3）视频（Video）信息的数字化

视频信息实际就是动态图像，是由许多幅单一的画面所构成的，每幅画面叫做一帧，帧是构成视频信息的最小、最基本的单位。

视频信息具体编码方法有很多标准，这里不再一一赘述。

1.3 微型计算机系统组成

1.3.1 微型计算机概述

微型计算机是当今社会中应用最广泛、最受欢迎的计算机系统，其特点是体积小、价格低、功能强、对环境要求相对较宽。一个完整的计算机系统包括硬件系统和软件系统两大部分，计算机工作既要有硬件系统的支持，也必须配备必要的软件系统。硬件是软件的基础，硬件通过软件发挥作用。图1.8是目前常见的微型机的硬件外观，图1.9是计算机系统的基本组成。

图 1.8　微型计算机的外观

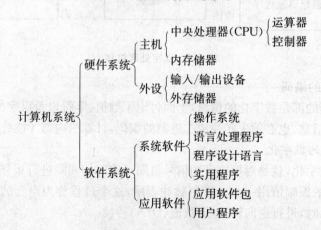

图 1.9　计算机系统组成

1.3.2　计算机硬件系统

硬件是组成计算机的物理实体,它提供了计算机工作的物质基础。

从功能方面来看,一个完整的计算机硬件系统应该包括运算器、控制器、存储器、输入设备和输出设备五个核心部分,每个部分相互协调地工作。

微型计算机也包括这五个核心部分,根据其特点,常把微机硬件分为主机和外设两部分,各部件之间采用总线结构连接以实现信息传送,其基本结构如图 1.10 所示。

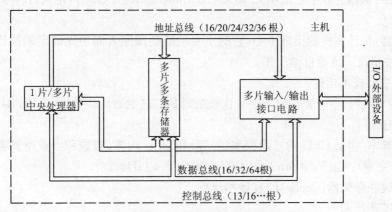

图 1.10　微型机硬件基本结构

1. 主机硬件组成

(1) 系统主板

系统主板(如图 1.11 所示)是微型计算机中最大的一块电路板,它是一种将高科技和高工艺融为一体的集成产品,是由多层印刷电路板和焊接在电路板上的 CPU 插槽、BIOS 控制芯片、内存插槽、高速缓存、控制芯片组、总线扩展(ISA、PCI、AGP)、USB 接口、外设接口(鼠标口、键盘口、COM 口、LPT 口)等组成。

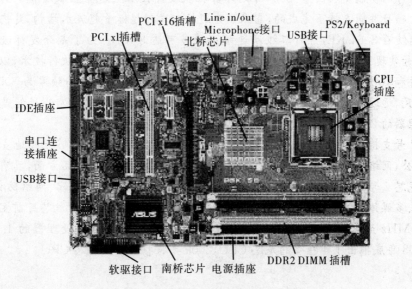

图 1.11　系统主板

主板的功能主要有两个：一是提供安装 CPU、内存和其他功能卡的接口槽，也有一些主板直接集成了一些功能卡的功能；二是为常用外设提供接口。

另外，芯片组是主板的核心，它决定了主板的功能。主板的标准分为 AT 结构和 ATX（AT eXternal）结构，目前多采用 ATX 结构，它对 AT 结构进行了改进，除改进了板上元件布局外，配合 ATX 电源，还实现了软关机（程序关机）和 Modem 远程遥控开关机。

（2）中央处理器 CPU（Central Processing Unit）

微型计算机中，运算器、控制器和一组寄存器，集成制作在一个半导体芯片上，称为中央处理器，简称 CPU（见图 1.12）。

● 运算器：也称为算术逻辑单元 ALU（Arithmetic Logic Unit），是执行算术和逻辑运算的功能部件。

● 控制器：是计算机的指挥中心，它的主要功能是按照人们预先确定的操作步骤，控制计算机各部件步调一致地自动工作。

CPU 的主要技术指标：

● 字长：单位时间内（同时）CPU 一次能处理的二进制数的位数，由 CPU 对外的数据总线的位数决定。

● 时钟频率：包括 CPU 的总线频率（外频）和 CPU 内核（整数和浮点运算器）电路的实际运行频率（主频）。如 Pentium 4/2.4 G，主频为 2.4 GHz。

● 高速缓冲存储器（Cache）的容量和速率。

● 生产工艺技术。

国产 CPU：龙芯

2005 年 4 月 18 日，由国家科技部、中国科学院和信息产业部共同主办的"龙跃神州'芯'动中国"——龙芯 2 号成果发布及产业化基地成立大会在人民大会堂召开，中国科学院计算技术研究所正式对外发布其自主研发的龙芯系列 CPU 的最新研究成果——"龙芯 2 号高性能通用处理器"（简称龙芯 2 号，见图 1.13）。

龙芯 2 号的研制是在国家"863"计划计算机软硬件技术主题重点课题和中科院知识创新工程重大项目共同支持下完成的，它采用先进的四发射超标量超流水结构，片内一级指令和数据高速缓存各 64 KB，片外二级高速缓存最多可达 8 MB。为了充分发挥流水线的效率，龙芯 2 号实现了先进的转移猜测、寄存器重命名、动态调度等乱序执行技术，以及非阻塞的高速缓存和取数操作猜测执行等动态存储访问机制。龙芯 2 号最高频率为 500 MHz，功耗为 3～5 瓦，远远低于国外同类芯片，其 SPEC CPU2000 测试程序的实测性能是 1.3 GHz 的威盛处理器的 2～3 倍，已达到 Pentium Ⅲ 的水平。

龙芯 2 号支持 64 位 Linux 操作系统和 X－window 视窗系统，能够流畅地支持视窗系统、桌面办公、网络浏览、DVD 播放等应用，此款芯片在低成本信息产品方面，具有很强的性能优势。龙芯 2 号的主要应用目标是 Linux 桌面网络终端、低端服务器、网络防火墙、路由器、交换机、多媒体网络终端机、无盘工作站等，具有广阔的应用前景。龙芯目前主流版本为 2F，有 800 MHz 至 1 GHz 等不同规格，其性能相当于英特尔奔腾 4 处理器的 1.5 GHz 至 2 GHz。2008 年底推出了 4 核心的龙芯 CPU，2009 年将推出 8 核龙芯 CPU。

图 1.12　Intel 公司的 CPU　　　　　　　　　　图 1.13　龙芯 CPU

（3）微机总线

计算机的总线结构有利于系统的硬件模块化，系统各个功能部件之间的相互关系变为各部件面向总线的单一关系。在计算机中，总线（Bus）是 CPU、主存储器、I/O 接口之间相互交换信息的公共通道。总线的根数称为总线宽度。

在微型机中，按层次结构总线分为：

① 内部总线：常见的有 I2C（Intel‐IC）总线、SPI（Serial Peripheral Interface，串行外部设备接口）、SCI（Serial Communication Interface，串行通信接口）等。

② 系统总线：常见的有 ISA（Industrial Standard Architecture）总线、EISA 总线、VESA（Video Electronics Standard Association）总线、PCI（Peripheral Component Interconnect）总线。目前 PCI 总线是最流行的总线之一，它是 Intel 公司推出的一种局部总线，主要是基于奔腾等新一代微处理器而发展的总线。

③ 外部总线（计算机与外设、计算机与计算机之间的通信线路）：一个新功能部件只要符合总线标准，就可连接在采用这种总线标准的系统中，使系统功能容易得到扩展。常见的有 RS‐232C、RS‐485、IEEE‐488、USB（Universal Serial Bus，通用串行总线）等。

按传递信息种类总线又分为：

① 数据总线 DB（Data Bus）：是 CPU 向内存储器、I/O 接口传送数据的通道，同时也是从内存、I/O 接口向 CPU 传送数据的通道。它的宽度（总线的根数）决定了 CPU 与外部部件并行传送二进制位的最多位数。

② 地址总线 AB（Address Bus）：是 CPU 向内存和 I/O 接口传递地址信息的通道。它的宽度决定了微型机的直接寻址能力。Pentium Ⅱ 以上的 CPU 有 36 根地址线，最大寻址空间可达 2^{36} 即 64 GB。

③ 控制总线 CB（Control Bus）：是 CPU 向内存和 I/O 接口传递控制信号以及接收来自外设的状态信号的通道。

（4）内部存储器

内部存储器又称主存储器，用半导体材料制成，其存取速度较快，但容量相对较小，CPU 可以直接访问。一般分为只读存储器、随机读写存储器、高速缓冲存储器等类型。

① ROM（Read Only Memory，只读存储器）：是指只能读数据而不能往里写数据的存储器。ROM 中的数据由制造商或设计者事先在里面固化好，使用者不可更改，一般用来存放计算机开机时所必需的数据和程序。它保存的信息不会因断电而消失。

② RAM（Random Access Memory，随机读写存储器）：用来存放计算机开机以后的临时数据和程序；断电后，RAM 中保存的信息会全部消失；是计算机工作的存储区，基本上以内

存条的形式进行组织,使用时只要将内存条插到主板的内存插槽上即可。

③ Cache:高速缓冲存储器,是指 CPU 与内存之间设置的一级或两级高速小容量存储器。计算机工作时,系统先将数据读入 RAM,再由 RAM 读入 Cache,然后 CPU 从 Cache 中取得数据进行操作。因为 Cache 的速度比 RAM 快,所以设置高速缓存可以部分解决 CPU 与 RAM 之间速度不匹配的问题,从而达到提高计算机系统性能的目的。

2. 外部设备

(1) 外部存储器(外存)

外部存储器又称辅助存储器,可以大容量地保存数据,以满足计算机大容量地处理信息的要求。外存中的信息一般不能由 CPU 直接访问,而只能先成批地转移到内存,再由 CPU 进行处理。外存的特点是:容量大,保存时间长,处理速度较慢。常见的有软盘(驱动器)、硬盘(驱动器)、光盘(驱动器)、U 盘等。

1) 软盘和软盘驱动器

软盘存储器包括软盘驱动器和软盘(图 1.14)。软盘盘片为软质聚酯材料制成的圆形薄片,表面涂有磁性材料,利用磁的特性来存储信息,然后被封装在一个方形的硬塑料保护套里。

图 1.14 软盘驱动器和软盘

2) 硬盘与硬盘驱动器

硬盘(Hard Disk)具有容量大、读写快、使用方便、可靠性高等特点。它是由多张硬质的合金材料构成的盘片组成,连同驱动器一起密封在壳体中。硬盘的多层磁性盘片被逻辑划分为若干同心柱面(Cylinder),每一柱面又被划分成若干个等分的扇区。

硬盘驱动器把盘片和读写盘片的电路及机械部分做在一起,简称硬盘。目前硬盘大体分 3 类:内部硬盘,盒式硬盘(可移动硬盘)和硬盘组(图 1.15)。硬盘通常固定在主机箱内。

外观　　　　　　内部结构　　　　　移动硬盘　　　　硬盘组

图 1.15 硬盘

3) 光盘存储器

光盘存储器包括光盘驱动器和光盘(图 1.16)。光盘驱动器是多媒体计算机中最基本的硬件之一,它是采用激光扫描的方法从光盘上读取信息。光盘读取速度快、可靠性高、使用寿命长、携带方便,现在大量的软件、数据、图片、影像资料等都是利用光盘来存储的。

图 1.16　光盘驱动器和光盘

常用光盘有两类:CD 型和 DVD 型。

CD(Compact Disk)型光盘包括 CD - ROM(用户只读)、CD - R(用户只写一次可读多次)和 CD - RW(可写可删除)。

DVD 型包括两类:① Digital Video Disk,数字视频光盘,是一种只读型光盘,必须用专门的硬碟机播放。② Digital Versatile Disk,数字通用光盘,以 MPEG - 2 为标准,容量达 4.7 GB以上。

4) U 盘存储器(Flash 存储器)

U 盘(有时也称为锐盘、优盘、魔盘或闪盘)是一种可以直接插在通用串行总线 USB 端口上的能读写的外存储器,存储介质是快闪存储器(Flash Memory),如图 1.17 所示。

图 1.17　U 盘

U 盘有许多优点:体积小,重量轻,便于携带;防震性能好;无需使用驱动器;使用 USB 接口,无需外接电源,支持即插即用和热拔插;存储容量较大;存取速度较快;耐用性好(可重复擦写 100 万次)等。

(2) 输入/输出(I/O)接口电路

输入/输出接口简称 I/O 接口,是 CPU 与外部设备间交换信息的连接电路,它们通过总线与 CPU 相连。I/O 接口通常称为适配器或适配卡,如软驱适配卡、硬盘适配卡(IDE 接口)、并行打印机适配器,还包括显示接口、音频接口、网卡接口(RJ45 接口)、Modem 使用的电话接口(RJ11 接口)等。有的微机系统将这些适配器做在一块电路板上,成为复合适配卡,通常称为多功能卡。

1.3.3　计算机软件系统

软件是指程序,程序运行所需要的数据以及开发、使用和维护这些程序所需的文档的集合。

所谓的软件系统是指计算机正常运行时所必需的各种程序和数据,是为了运行、维护、管理、应用计算机所编制的"看不见"、"摸不着"的程序集合。发展软件的目的是为了扩展计算机的功能,为用户编制解决各种问题的源程序提供更加简单、方便、可靠的手段。软件是建立在硬件基础上的,没有硬件的物质支持,软件就无法生根,所谓的软件功能也就更加谈不上。没有装软件的机器称为"裸机",而"裸机"是无法工作的,因此只有将硬件系统和软件系统有机地组合在一起,形成一个完整的计算机系统,才能使计算机正常运转,发挥出其作用。

软件系统一般分为系统软件和应用软件两类。

1. 系统软件

系统软件是指控制和协调计算机及其外部设备工作、支持应用软件的开发和运行的软件。其作用是对计算机系统进行调度、管理、监控和服务,扩展计算机的功能,提高使用效率,给使用计算机的用户提供方便。系统软件一般包括操作系统、语言处理程序和服务性软件等。

(1) 操作系统(Operation System)

为使计算机系统的所有资源协调一致、有条不紊地工作,必须用软件来进行统一管理和统一调度,这种软件称为操作系统。它的功能就是管理计算机系统的全部硬件、软件资源,使计算机系统所有资源最大限度地发挥作用,并为用户提供方便的、友好的服务界面。

操作系统可分为单用户操作系统、批处理操作系统、实时操作系统、分时操作系统、网络操作系统、分布式操作系统六种。

目前常用的操作系统有 Windows、Unix、Linux 等。

(2) 程序设计语言和语言处理程序

程序设计语言就是用户用来编写程序的语言。程序设计语言是软件系统重要的组成部分,一般分为机器语言、汇编语言和高级语言。

1) 机器语言

机器语言(Machine Language)是由"0"、"1"代码组成的计算机能够直接识别和执行的语言。机器语言编写的程序能够直接被计算机所执行,运行速度快,节省内存。缺点是难读、难记、难编程、难修改,且由于机器语言与具体机型密切相关,因此编写的程序通用性差,难以推广。

2) 汇编语言

汇编语言(Assemble Language)是采用一定的助记符号表示的语言,即用助记符代替了二进制形式的机器指令。例如用"ADD"(Addition)表示做加法。每条汇编语言指令通常对应一条机器语言的代码。

计算机硬件只能识别机器指令,用助记符表示的汇编指令是不能直接执行的。CPU 要执行汇编语言编写的程序,必须先用一个程序将汇编语言源程序翻译成等价的机器语言程序,用于翻译的程序称为汇编程序。汇编程序可把用符号表示的汇编指令码翻译成与之对应的机器语言指令码。用汇编语言编写的程序称为汇编语言源程序,变换后得到的机器语言程序称为目标程序。

3) 高级语言

高级语言(High Level Programming Language)是一种与人的自然语言和数学语言相接近的,且易学、易懂、易书写的语言。用高级语言编写的程序称为"源程序",这个"源程序"必须通过语言处理程序"翻译",变成机器语言后,才能被计算机识别、执行,我们把"翻译"后形成的机器语言程序称为"目标代码"。翻译程序有两种类型:编译和解释。

编译方式就是把源程序用相应的编译程序翻译成相应的机器语言的目标代码,然后通过连接装配程序连接成可执行程序,再运行可执行程序,得到结果。下次再运行该程序时,只需直接运行可执行程序,不必重新编译、连接,因此执行速度快,但由于需要保存目标代码,因此程序占用内存较多。高级语言中如 C 语言、PASCAL 语言、FORTRAN 语言等翻译时都是采用编译方式。

解释方式就是将源程序输入计算机后,翻译程序翻译一条语句,计算机就执行一条语句,执行完就得出结果,而不保留解释所得的机器代码,下次再运行该程序时还要重新再翻译、执行,因此执行的速度较慢,但由于不需要保存翻译的机器代码,因此程序占用内存较少。高级语言中的 BASIC 语言翻译时采用解释方式。

必须指出,用任何高级语言编写的程序(源程序)都要通过编译程序翻译成机器语言程序(目标程序)后才能被计算机执行,如流程图 1.18 所示;或者通过解释程序边解释边执行。

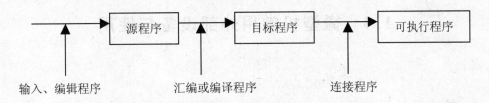

图 1.18　程序编译流程图

(3) 实用程序

实用程序是面向计算机维护的软件,包括错误诊断、自动纠错、系统的测试和调试程序等。

(4) 数据库管理系统(DBMS)

数据库管理系统软件作为一种通用软件,是处理基于某种数据模型的数据库的管理软件,如 FoxPro、Access、Oracle、Informix 等。

2. 应用软件

应用软件是指利用计算机及其提供的系统软件,为解决某一专门的应用问题而编制的程序集合。由于计算机的应用已经渗透到各个领域,所以应用软件也是多种多样的,例如科学计算、医院信息管理、文字处理、辅助系统、游戏等方面的程序。Windows 环境下,微软公司的集成软件包 Microsoft Office 中的 Word、Excel、PowerPoint 等都属于应用软件。

常用的应用软件有以下几种:

(1) 编辑软件

编辑软件是在计算机上对各类文件、表格进行编辑、排版、存储、传送、打印等所必需的工具。现在的编辑软件大都能够实现图文混排,并且可以含有复杂的数学公式。

专门用于字处理的应用软件主要有 Word、WPS 等,这些软件除了具有字处理功能外,还有一定的表格处理能力。

(2) 统计分析软件

此类软件将常用的统计分析方法编制成程序,组装成一个软件包,当用户需要用某种统计方法去分析数据时,可调用软件包中对应的程序,计算机执行该程序后,对所给的数据进行统计、分析,最后输出数据、图形或报表。如 SAS、SPSS 等。

(3) 计算机辅助设计软件

计算机辅助设计软件目前研究得比较多,应用也比较广泛,涉及工业、制造业和教育等,如 CAD、CAT、CAI、CAM 等。

（4）医院信息系统（Hospital Information System）

在医药领域中，医院信息系统是一种常用的应用软件。

此外，还有图形图像处理软件、保护计算机安全的软件、实时处理软件等。

总之，随着计算机技术的发展和应用的普及，计算机应用的范围越来越广，涉及的领域越来越多，因而面向不同对象、具有不同功能的应用软件的种类也越来越多。

计算机软件系统直接影响和制约着计算机的发展与应用。一台计算机只有配备了一定功能且使用方便的软件，才能更好地发挥它的作用，扩大它的应用领域。因此对计算机软件的研制和开发，是计算机工业的重要组成部分，它将会促进计算机的发展，推动计算机的进一步普及。

1.4　微型机常用外部设备与使用

1.4.1　输入设备

输入设备用于将文件、程序以及相关数据等信息输入到计算机的存储设备以备使用。

1. 键盘

键盘作为微机的标准输入设备，常用于向计算机人工输入字符、数字等信息，另外还可通过键盘向计算机发布命令等。键盘通过一根带有5针插头的五芯电缆与主板上的DIN插座相连，使用串行数据传输方式。

键盘上键位的排列有一定的规律，按用途可分为基本键区、功能键区、全屏幕编辑键区、小键盘区，如图1.19所示。

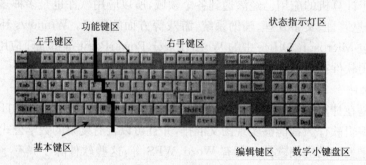

图1.19　键盘平面图

（1）基本键区

基本键区是键盘操作的主要区域，各种字母、数字、符号以及汉字等信息都是通过在这一区域的操作输入计算机的（数字及运算符还可以通过小键盘输入）。

此键区的一些按键的作用如下：

CapsLock	大小写字母切换键
Enter	回车键或换行键
Shift	上档键，常与其他键或鼠标组合使用

Ctrl	控制键,常与其他键或鼠标组合使用
Alt	变换键,常与其他键组合使用
Backspace	退格键,按一次,消除光标左边的一个字符
Tab	制表键,按一次,光标跳 8 格

（2）功能键区

键盘操作一般有两大类:一类是输入具体的内容,另一类是某种功能操作。功能键区的键位就属于第二类。

功能键(F1~F12):每个键位具体表示什么操作由具体的应用软件定义。不同的程序可以对它们有不同的操作功能定义。

暂停键(Pause):操作时直接击打一下该键,就可暂停程序的执行,如需要继续往下执行,可以击打任意一个字符键。

（3）编辑键区

编辑是指在整个屏幕范围内对光标的移动和有关的操作。编辑键区的光标移动键只有在具有全屏幕编辑功能的程序中才起作用。该键区的操作主要有:

↑、↓、←、→:光标上移一行、光标下移一行、光标左移一列、光标右移一列。

Home、End、PageUp、PageDown:光标移动键,它们的操作与具体软件的定义有关。

Del:删除光标位置处的一个字符。

Insert:设置改写或插入状态。

（4）小键盘区（数字/全屏幕操作键区）

该键区的键位几乎全是其他键区键位的重复,是为提高纯数字数据输入的速度而设。

NumLock:控制转换键。当键盘右上角的指示灯(NumLock)亮时,表示小键盘的输入锁定在数字状态;当需要小键盘输入为全屏幕操作键的下档操作键时,可以击打一下<NumLock>键,即可看见 NumLock 指示灯灭,此时表示小键盘已处于全屏幕操作状态,输入为下档全屏幕操作键。

2. 鼠标（Mouse）

鼠标是用于图形用户界面的操作系统和应用系统的快速输入设备,主要用途是用来定位光标或用来完成某种特定的操作(如发出指令、选择选项等)。

3. 扫描仪

扫描仪作为一种计算机输入设备,可以将纸张、照片等上的文字和图形以扫描的方式输入到电脑,以做进一步的处理。

1.4.2　输出设备

1. 显示器

显示器(又称监视器)是微机必备的基本输出设备,用来将系统信息、键盘输入的命令或数据、处理结果、用户程序等显示到屏幕上,是人机对话的一个重要工具。分辨率是显示器的一项重要技术指标,一般用横向点数×纵向点数表示,分辨率越高,则显示效果越好。

2. 打印机

打印机是计算机系统中常用的输出设备之一。利用打印机可以打印出各种资料、文书、图形、图像等。根据打印机的工作原理,可以将打印机分为 3 类:针式打印机,喷墨打印机和激光打印机,如图 1.20 所示。

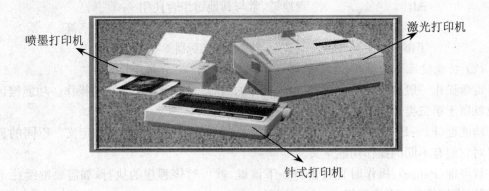

喷墨打印机

激光打印机

针式打印机

图 1.20　打印机

1.4.3　其他外部设备

1. 声卡

声卡是多媒体计算机的核心设备之一,是处理声音信息的设备。声卡完成声音信号与数字信号的转换。

2. 视频卡

视频卡是多媒体计算机的主要设备之一,其功能是完成各种制式的模拟信号的数字化,并将这种信号压缩和解压缩后与 VGA 信号叠加显示。

3. 调制解调器(Modem)

调制解调器是调制器和解调器的简称,用于进行数字信号与模拟信号间的转换。当通过电话线联网时,在计算机与电话线之间需要连接一台调制解调器来完成电话线传输的信号(模拟信号)与计算机处理的信号(数字信号)之间的转换。

1.5　计算机的基本工作原理

1.5.1　"存储程序"工作原理

计算机的工作过程就是 CPU 执行程序并对数据进行处理的过程。程序是完成指定任务的有限条指令的集合,每一条指令都对应于计算机的一种基本操作,计算机的工作就是识别并按照程序的规定执行这些指令。冯·诺依曼于 1946 年提出了一个完整的计算机原型,称之为冯·诺依曼原理,即存储程序原理。它包括以下三个方面的内容:

　① 计算机的硬件由五部分组成:输入设备,输出设备,运算器,存储器和控制器。

　② 计算机中的信息是以二进制表示的。

　③ 程序是自动执行的(存储程序原理)。

冯·诺依曼原理决定了计算机的工作方式取决于计算机在以下两个方面的能力,一是计算机是否能够存储程序,二是计算机是否能够自动执行程序。遵循冯·诺依曼原理的计算机利用主存储器存放需执行的程序,中央处理器依次从主存储器中取出每一条指令,经过分析后加以执行,直到全部指令执行完毕。这就是计算机的存储程序工作原理。

虽然计算机技术的发展速度很快,今天人们可以不编程而能使用计算机,且科学家已经提出了研制非冯·诺依曼式的计算机,但是目前存储程序工作原理仍然是计算机的基本工作原理。

1.5.2　计算机的指令系统

计算机能够直接识别并执行的指令为机器指令。一台计算机可以识别许多机器指令,每一条指令都有不同的作用,计算机能够执行的全部指令的集合称为指令系统。

一条指令由操作码和操作数两个部分组成,其格式如下:

1. 操作码

指明计算机应执行的操作的二进制代码,它对应于一个动作,代表一种功能,如加法、减法、取数、存数等。

2. 操作数

指明操作对象的内容或所在的单元地址。操作数在大多数情况下是地址码,也可以是某个具体数值。

指令按功能可分为以下 5 类:

① 数据处理指令:主要完成对数据的运算,如算术和逻辑运算。

② 数据传送指令:实现数据存取和数据传送等操作。

③ 程序控制指令:主要是控制程序本身的执行顺序,实现程序的分支和转移。

④ 输入/输出指令:实现输入/输出设备与主机之间的数据传递,如读/写数据。

⑤ 其他指令:控制和管理计算机的硬件。

1.5.3　程序的自动执行

1. 程序的自动执行

启动一个程序的执行只需将该程序的第一条指令的在内存中的地址放入程序计数器(PC);从 PC 中取出程序的第一条指令的地址,再从地址中取出指令到 CPU 内部的指令译码器进行译码;由控制器发出相应的控制信号,按该指令的要求完成相关的操作;之后自动从内存中取出下一条指令,送到 CPU 中进行译码并执行;直到把程序中的指令执行完毕为止。程序的自动执行过程如流程图 1.21 所示。

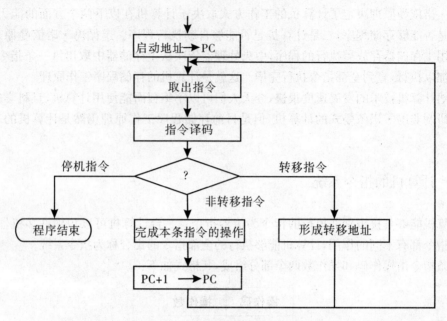

图 1.21　计算机自动执行程序的过程

2. 指令的执行过程

指令的执行过程分为以下几个步骤：

① 取指令：按照程序计数器中的地址，从内存中取出指令并送往指令寄存器。

② 分析指令：分析指令寄存器中的指令，从中找到指令的操作码和操作数（或操作数的地址）。

③ 执行指令：根据分析结果，由控制器发出一系列控制信息，完成该指令的操作。

指令的执行过程如图 1.22 所示。

程序的执行过程就是以上指令执行过程的不断重复：执行完一条指令后，程序计数器加1，取下一条指令，重复上述 3 个步骤……如果遇到转移指令，则将转移地址放入程序计数器；如果为结束指令，则结束程序的执行。

一般把计算机完成一条指令所花费的时间称为一个指令周期。指令周期越短，指令执行越快。所谓 CPU 主频就反映了指令周期的长短。

总之，计算机的工作就是执行程序，即自动连续地执行一系列指令。一条指令的功能虽然有限，但由多条指令组成的指令序列可以完成的任务是无限的。

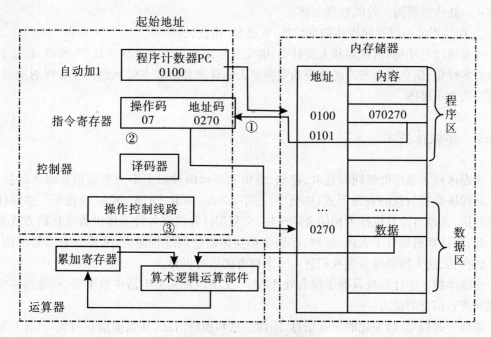

图 1.22 指令的执行过程

1.6 多媒体技术概述

多媒体技术以其多种多样的信息服务融入了社会生活的方方面面,进入了千千万万普通老百姓家,为大众提供了丰富多彩的娱乐享受。多媒体技术已成为当今世界的研究热点之一。

1.6.1 媒体

媒体(Media)也即媒介、媒质,是信息的载体。如文字、数字、声音、影像等。

国际电信联盟(International Telecommunication Union,ITU)下属的国际电报电话咨询委员会(CCITT)将媒体分为感觉媒体、表示媒体、显示媒体、存储媒体和传输媒体5种。

① 感觉媒体直接作用于人的视觉、听觉、嗅觉、味觉和触觉等器官,并产生一定知觉,诸如物体的质地、形状、颜色、声音、气味、温度和湿度等。感觉媒体是人接触信息的感觉方式。

② 表示媒体则是为了更有效地处理和传输感觉媒体而人为研制出来的媒体,常见的有数据、图形、图像、音频、视频等信息的数字化编码表示。表示媒体是人表示信息的表达方式。

③ 显示媒体实现了感觉媒体与通信中的电信号之间的相互转换。如键盘、摄像机、光笔、话筒等输入显示媒体,显示器、打印机、扬声器等输出显示媒体。显示媒体是人用以表现和获取信息的物理设备。

④ 传输媒体是传送媒体数据信息的载体,如电磁波、电缆、光缆等通信信道,是将表示

媒体从一处传送到另一处的物理实体。

⑤ 存储媒体用以存储媒体数据信息,如磁盘、光盘、磁带等。

人是通过与环境(自然界和人类社会)的交互作用来获取并处理信息的,所以,信息表示媒体的多样化、信息表示方式的改进和完善是人们普遍关注的主要问题。除非特别指明,媒体就是指表示媒体。

1.6.2　多媒体技术

多媒体技术是指能够同时获取、存储、编辑和展示两种以上不同类型信息媒体的技术,这里的媒体是指信息的表现形式,如数字、文字、声音、图形、图像、动画、影像等。多媒体技术是通信、音像与计算机技术相结合的产物,它利用计算机将各种媒体以数字化的方式集成在一起,使计算机具有了表现、处理、存储多种媒体信息的综合能力,从而以它多彩的图像、悦耳的声音、迷人的影像带领我们进入一个神奇的信息世界。

多媒体技术使计算机具有了综合处理数字,文字以及人类生活中最重要、最普遍的影像信息和声音信息的能力。

值得一提的是,数字化的声音信息、图像信息和视频信息,其数据量相当大,只有对其进行压缩处理,才能缓解存储和传输它们而引起的困难,因此,数字压缩技术是多媒体技术的一个非常重要的方面。

1.6.3　多媒体计算机系统

多媒体计算机(Multimedia Personal Computer,简写作 MPC)是指具有多媒体处理能力的计算机。从实际应用角度看,多媒体计算机具备了多种媒体文件的播放功能,以及简单的媒体采集、处理和编辑制作功能。

MPC 在硬件配置上的要求:Pentium MMX 或 Pentium Ⅱ 档次以上的 CPU,16 MB 以上内存,2.1 GB 以上的硬盘,24 倍速的 CD‐ROM 驱动器,16 位声卡,音箱(或耳机),具有图形加速功能的视频显示卡等。从此要求上来看,现在的个人电脑基本都是多媒体计算机。除此之外,还可选择配置输入声音的麦克风,将印刷品、照片、图片等输入到计算机的扫描仪,采集图像信息的数码相机等设备。

在 MPC 的软件方面,涉及操作系统、媒体素材处理软件和多媒体创作工具。Windows XP 是具备多媒体技术的操作系统,其中还融入了许多多媒体播放工具软件。媒体素材处理软件是用来对某种单一媒体素材进行采集、存储、加工等处理的软件,例如图像编辑处理工具软件 Photoshop、Adobe PhotoDeluxe,视频编辑软件 Premiere 等。多媒体创作工具是用于创作多媒体应用程序的软件工具,例如 Authorware、Toolbook 等。

习　题

一、单项选择题

1. 世界上发明的第一台电子数字计算机是(　　　)。
   A. ENIAC　　　　　B. EDVAC　　　　　C. EDSAC　　　　　D. UNIVAC

2. 经常提到的"IT 技术"中的"IT"指的是(　　　)。
   A. 信息　　　　　B. 信息技术　　　　　C. 通信技术　　　　　D. 感测技术

3. 通常人们所说的一个完整的计算机系统应该包括(　　　)。
   A. 主机、键盘、显示器　　　　　　　　B. 系统硬件与系统软件
   C. 计算机及其外部设备　　　　　　　　D. 硬件系统与软件系统

4. 微型计算机系统中的 CPU 通常是指(　　　)。
   A. 内存储器和控制器　　　　　　　　B. 内存储器和运算器
   C. RAM 中的信息　　　　　　　　　　D. 控制器和运算器

5. 在计算机内部,一切信息存取、处理和传递的形式是(　　　)。
   A. ASCII 码　　　　　B. 二进制　　　　　C. BCD 码　　　　　D. 十六进制

6. 下面的数值中,(　　　)只可能是十进制数的表达形式。
   A. 1011　　　　　B. 128　　　　　C. 74　　　　　D. 12A

7. 在微型计算机内部,汉字"医学"一词占(　　　)字节。
   A. 1　　　　　B. 2　　　　　C. 3　　　　　D. 4

8. 下列各种进制的数据中最小的数是(　　　)。
   A. $(101001)_2$　　　　　B. $(53)_8$　　　　　C. $(2B)_{16}$　　　　　D. $(44)_{10}$

9. 对于 N 进制数,每一位上的数字可以有(　　　)种。
   A. N　　　　　B. N−1　　　　　C. N−2　　　　　D. N+1

10. 字符的 ASCII 编码在机器中的表示方法准确的描述应是(　　　)。
    A. 使用 8 位二进制代码,最右边一位为 1
    B. 使用 8 位二进制代码,最左边一位为 0
    C. 使用 8 位二进制代码,最右边一位为 0
    D. 使用 8 位二进制代码,最左边一位为 1

11. 1 个 32×32 点阵的汉字字模信息所占的字节数为(　　　)。
    A. 128　　　　　B. 32　　　　　C. 32×32　　　　　D. 64

12. 计算机之所以能实现自动工作,是由于计算机采用了(　　　)原理。
    A. 布尔逻辑　　　　　　　　　　　　B. 程序存储与程序执行
    C. 数字电路　　　　　　　　　　　　D. 集成电路

13. 某微型机标明 Pentium 800,其中 800 的含义是(　　　)。
    A. CPU 序号　　　　　　　　　　　　B. 内存的容量

  C. CPU 的速率   D. 时钟频率

14. 在微机的性能指标中,内存条的容量通常是指( )。

  A. RAM 的容量   B. ROM 的容量

  C. RAM 和 ROM 的容量之和   C. CD - ROM 的容量

15. 微机中配备高速缓存(Cache)目的是解决( )之间速度不匹配的问题。

  A. 主机与外设 B. 内存与辅存 C. CPU 与辅存 D. CPU 与内存

16. 以下是 CD - ROM 同硬盘的比较,正确的是( )。

  A. CD - ROM 同硬盘一样可以作为计算机的启动系统盘

  B. 硬盘的容量一般都比 CD - ROM 容量小

  C. 硬盘同 CD - ROM 都能被 CPU 正常地读写

  D. 硬盘中保存的数据比 CD - ROM 稳定。

17. 微机的字长取决于( )。

  A. 通信总线 B. 控制总线 C. 地址总线 D. 数据总线

18. 软件是指( )。

  A. 各种程序和相关文档资料   B. 系统程序和文档资料

  C. 应用程序和数据库   D. 各种程序

19. PCI 系统 586/100 微型机,其中 PCI 是( )。

  A. 产品型号   B. 总线标准

  C. 微型机系统名称   D. 微处理器的型号

20. 下列存储设备中,断电后其中信息会丢失的是( )。

  A. ROM   B. RAM   C. 硬盘   D. 软盘

21. 在微机中,I/O 接口位于( )。

  A. 总线和 I/O 之间   B. CPU 和 I/O 设备之间

  C. 主机与总线之间   D. CPU 与主存储器之间

22. 不是存储容量单位的是( )。

  A. bit   B. KB   C. MB   D. GB

23. 下面 4 种存储器中,存取速度最快的是( )。

  A. U 盘   B. 软盘   C. 硬盘   D. RAM

24. 9 cm(3.5 英寸)双面高密度软盘的存储容量是( )。

  A. 360 KB   B. 720 KB   C. 1.20 MB   D. 1.44 MB

25. 微型机中硬盘工作时,应特别注意避免( )。

  A. 光线直射 B. 震动   C. 环境卫生不好 D. 噪声

26. U 盘插入 USB 端口后,对它可以进行的操作是( )。

  A. 只能读盘,不能写盘   B. 既可读盘,又可写盘

  C. 只能写盘,不能读盘   D. 不能读盘,也不能写盘

27. 在 9 cm(3.5 英寸)软盘上有一个带滑块的小方孔,其作用是( )。

  A. 进行读写保护 B. 没有任何作用 C. 进行读保护 D. 进行写保护

28. 软磁盘格式化时,被划分为一定数量的同心圆磁道,软盘上最外圈的磁道是( )。

  A. 0 磁道   B. 1 磁道   C. 39 磁道   D. 79 磁道

29. CD - ROM 光盘的存储容量是( )。

A. 1.2 MB   B. 1.44 MB   C. 650 MB   D. 4.75 GB

30. 显示器的分辨率一般用( )表示。

    A. 能显示多少个字符   B. 能显示的信息量

    C. 横向点数×纵向点数   D. 能显示的颜色数

31. CAI 是计算机主要的领域之一,它的含义是( )。

    A. 计算机辅助教学   B. 计算机辅助测试

    C. 计算机辅助设计   D. 计算机辅助管理

32. 邮局利用计算机对信件进行自动分捡的技术是( )。

    A. 机器翻译   B. 自然语言理解   C. 过程控制   D. 模式识别

33. 同时具有输入和输出功能的是( )。

    A. 扫描仪   B. 绘图仪   C. 磁盘驱动器   D. 鼠标器

34. "存储程序"的核心概念是( )。

    A. 事先编好程序   B. 把程序存储在计算机内存中

    C. 事后编好程序   D. 将程序从存储位置自动取出并逐条执行

35. 能将高级语言源程序变成可执行模块的方法是( )。

    A. 汇编和编译   B. 解释和汇编   C. 解释和编译   D. 编译和连接

36. 程序在计算机中是通过( )形式体现的。

    A. 地址   B. 指令   C. 文件   D. 程序

37. 操作系统的主要功能是( )。

    A. 提高计算的可靠性

    B. 对硬件资源的分配、控制、调度、回收

    C. 对计算机系统的所有资源进行控制和管理

    D. 实行多用户及分布式处理

38. 媒体是信息的( )。

    A. 存在形式   B. 表现形式

    C. 存在形式和表现形式   D. 存在形式或表现形式

39. 下列设备中,( )是多媒体计算机的必备部件。

    A. 软驱   B. 网卡   C. 声卡   D. 扫描仪

40. ( )格式不是图像文件格式。

    A. TIF   B. BMP   C. JPG   D. WAV

二、多项选择题

1. 下列( )可能是二进制数。

    A. 1111111   B. 000000   C. 1101001   D. 212121

2. 主机主要由( )组成。

    A. 存储器   B. 运算器和控制器

    C. 指令译码器   D. I/O 接口电路

3. 计算机软件系统包括( )。

    A. 系统软件   B. 编辑软件   C. 实用软件   D. 应用软件

4. 计算机指令包括(　　　　)。
　　A. 原码　　　　　　　B. 操作码　　　　　　C. 机器码　　　　　　D. 地址码

5. 以下属于外部设备的是(　　　　)。
　　A. 显示器　　　　　　B. 硬盘　　　　　　　C. CD-ROM　　　　　D. ROM

6. 在下列设备中,能作为微机的输入设备的是(　　　　)。
　　A. 触摸屏　　　　　　B. RAM　　　　　　　C. 磁盘　　　　　　　D. 键盘

7. 在下列设备中,能作为微机的输出设备的是(　　　　)。
　　A. 打印机　　　　　　B. 显示器　　　　　　C. 磁盘　　　　　　　D. CD-ROM

8. 以下(　　　　)属于内存储器。
　　A. DVD　　　　　　　B. ROM　　　　　　　C. RAM　　　　　　　D. Cache

9. 计算机语言按其发展历程可分为(　　　　)。
　　A. 低级语言　　　　　B. 高级语言　　　　　C. 汇编语言　　　　　D. 机器语言

10. 下列叙述中,正确的是(　　　　)。
　　A. 个人微机键盘上的<Ctrl>键是起控制作用的,它必须与其他键同时按下才有作用
　　B. 键盘属于输入设备;外存储器既是输入设备,又是输出设备
　　C. 计算机指令是指挥CPU进行操作的命令,指令通常由操作码和操作数组成
　　D. 个人微机使用过程中突然断电,内存RAM中保存的信息全部丢失,ROM中保存的信息不受影响

三、填空题

1. 电子计算机的发展按其所采用的逻辑器件可分为4个阶段(或者说40代):_____(1946～1959年),晶体管计算机(1959～1964年),集成电路计算机(1964～1970年),大规模和超大规模集成电路计算机(1970年以后)。

2. 中央处理器的英文全称是_____。

3. 微型机若按字长分类,则286属于16位机,386、486及奔腾(Pentium)系列属于____位机。

4. 微型机最常用的输入设备有_____。

5. 二进制整数10101101等于十进制数_____,等于十六进制数_____,等于八进制数_____。

6. ASCII码的含义是_____。

7. 已知大写字母"A"的ASCII码为65,那么小写字母"a"的ASCII码为_____。

8. 国家标准GB2312用_____位二进制数表示一个字符。

9. 若采用32×32点阵的汉字字模,则存储3755个一级汉字的点阵字模信息需要的存储容量是_____KB。

10. 系统总线(Bus)通常分为三组,它们是数据总线,地址总线,_____。

11. 在计算机工作时,微处理器只能直接与_____存储器打交道。内存储器的一个基本单元中可存储_____位二进制,称为一个字节。

12. 软盘处在写保护时可否删除文件?_____。软盘上的每个扇区(基本I/O单位)有_____字节。

13. 十进制数 246 的 8421BCD 编码是＿＿＿＿＿＿＿＿＿＿＿,对应的二进制数是＿＿＿＿＿＿。

14. Flash 盘的存储体由＿＿＿＿＿＿＿材料制成。

15. 英文缩写"IT"的含义是＿＿＿＿＿＿＿＿＿,"CAD"是指＿＿＿＿＿＿＿＿。

四、简答题

1. 简述计算机系统的基本组成。

2. 简述冯·诺依曼计算机的基本原理。

3. 计算机有哪些主要技术指标? 简述其内容。

4. 简述存储器的分类及各种存储器的特点。

5. 简述 MPC 的系统组成。

五、操作题

1. 上网了解计算机在远程诊断、医学影像、HIS 方面的新进展。

2. 网上检索关于"龙芯 CPU"、"曙光 5000A"和"深腾 7000"的介绍,了解我国计算机科研发展的新动态。

实　　验

实验 1.1　初识计算机

一、实验目的

1. 认识微型计算机及其基本配置。

2. 掌握开机和关机的操作。

二、预备知识

从外观上看,微机硬件包括主机箱、显示器、键盘、鼠标等。

主机箱内包括主板、CPU、内存条等,硬盘、软驱、光驱一般也固定在主机箱内。

三、实验内容

1. 找到主机和各种外部设备的电源开关和工作指示灯;找到软驱和光驱的位置;学会如何插入软盘和放入光盘;找到常用外设,如显示器、打印机、键盘、鼠标、优盘等与主机的连接端口。

2. 启动计算机。为了保护计算机，要求开机时先开外部设备如显示器等，后开主机；关机时先关主机，后关外部设备。尽量只加电启动主机一次，当需要重启动时（如死机），通过热启动（<Ctrl>＋<Alt>＋<Del>）或复位启动（Reset）来实现。

3. 掌握显示器的调整亮度、对比度、上下左右对准等操作。

4. （选做）在教师的指导下打开主机箱，观察计算机内部结构，了解主板的基本概况，I/O接口位置，软盘、硬盘、显卡的接入及内存条的插入方法。

5. （选做）进入 CMOS 设置窗口，了解计算机基本配置方法。

实验 1.2　键盘的基本操作

一、实验目的

1. 熟悉键盘上键位的分布。
2. 掌握键盘操作的基本指法。
3. 利用练习软件进行键盘指法操作。

二、预备知识

1. 基本键位。"A"、"S"、"D"、"F"和"J"、"K"、"L"、";"这八个键位为基本键位，这几个键位在英文文章中使用频率最高。

2. 十指分工。左、右手分工如图 1.23 所示。

图 1.23

3. 击键要求：

（1）击键用各手指第一指关节击键。

（2）击键时第一指关节应与键面垂直。

（3）击键应由手指发力击下。

（4）击键完毕,应使手指立即归位到基本键位。

（5）不击键时手指不要离开基本键位。

（6）当需要同时按下两个键时,若这两个键分别位于左、右手区,则左、右手各击其键。

（7）熟练掌握基本键的键位位置及击键动作,有助于熟练敲击其他键。

（8）初学者进行录入练习时,首先就要掌握基本键位的打法。

4. <Shift>键的使用。键盘左右两边都有一个<Shift>键,称为上档键,是用来控制输入键位的上档字符的。按住<Shift>键,再按相关的符号键,则输入的是该键位的上档键位内容。

三、实验内容

1. 使用金山打字通等练习软件进行指法练习,可根据个人情况选择练习起点。

2. 输入一篇英文文章。

第 2 章　Windows XP 操作系统

Windows 是 Microsoft 公司为个人计算机(PC)开发的基于可视化窗口的多任务操作系统,Windows XP 是该公司继 Windows 2000 之后推出的又一个 Windows 版本。Windows XP 集 Windows 2000 的安全性、可靠性、即插即用管理功能、友好用户界面和创新支持服务等各种先进功能于一身,并在功能上做了扩充和改进,使得运行更稳定、安全,网络管理功能更强大。

本章将介绍 Windows XP 的基本概念和基本操作,要求重点掌握 Windows XP 的磁盘管理、文件(文件夹)管理以及 Windows XP 的控制面板。

2.1　操作系统概述

操作系统是计算机必不可少的最重要的系统软件,是计算机正常运行的指挥中枢(总管)。操作系统的内容是一组程序,用于管理和控制计算机所有的硬件和软件资源,以便充分利用资源;也是用户与计算机通信的接口,为用户提供访问计算机资源的工作界面;每个应用软件都要通过操作系统获得必要的资源后才能执行。

2.1.1　操作系统的主要功能

1. 处理器管理

一般来讲,一台计算机只有一个 CPU,同一时刻只能处理一个任务,这种工作方式下 CPU 的效率非常低。为了充分利用 CPU,计算机内存中同时存放了多道相互独立的程序,从宏观上看,多道程序同时在执行;从微观上看,各程序轮流地占有 CPU,交替执行。因此操作系统要有效地、合理地分配 CPU 的时间,要具有处理中断事件的能力和进行处理器调度的方案。

处理器管理又称进程管理。进程就是程序的一次执行过程。进程的基本特征如下:

- 动态性:进程有一定的生命期。
- 并发性:系统中可以同时有几个进程在活动。
- 独立性:能独立运行的基本单位,资源分配的基本单位。
- 异步性:进程按异步方式运行,各自独立。

2. 存储器管理

存储器管理就是内存空间使用的管理。内存中一般存放有许多数据信息,有系统数据,也有用户的程序和数据,操作系统要对内存的使用进行统一的管理,保证数据之间不会发生空间使用冲突。具体地讲有四个方面的管理：① 内存空间的分配与回收；② 内存保护；③ 地址映射；④ 内存扩充。

3. 设备管理

设备管理是指对外部设备的管理和控制。当用户需要使用外部设备时，必须向操作系统提出申请，设备管理程序将根据设备目前的状态进行分配，用户一旦拥有使用权，设备管理将控制用户工作的全过程，并在用户使用结束后回收相应的设备。

4. 文件管理

文件是存储在外部存储器（磁盘、光盘等）中的一批关联信息的集合，也就是说磁盘的使用是以文件为单位的。文件管理的主要任务是：① 文件存储空间管理；② 目录管理；③ 文件读、写管理；④ 文件保护。

5. 作业管理

作业是用户请求计算机完成的一个独立的任务。一个任务可能要由若干个程序协同工作才能完成，因此，作业管理的主要任务是：① 作业的输入和输出；② 作业的调度与控制等。

2.1.2 操作系统的分类

按用户分为单用户、多用户操作系统。

按任务分为单任务、多任务操作系统。

按功能分为批处理、分时、实时、网络操作系统。

2.1.3 常用操作系统

1. DOS(Disk Operate System)

单用户字符界面的操作系统，由 Microsoft 公司研制，配置在 PC 机上的操作系统，从1.0 版发展到 7.0 版，后被 Windows 取代。

2. Windows

多任务图形界面的操作系统，由 Microsoft 公司研制，比 DOS 功能更强大、操作更方便。目前流行的版本有 Windows 2000、Windows XP 等。

3. Unix

分时操作系统，主要用于服务器/客户机体系。

4. Linux

由 UNIX 发展而来，主要运行在微机上，它的源代码对用户开放。

5. Novell Netware

基于文件服务和目录服务的网络操作系统，用于构建局域网。

2.2 Windows XP 概述

2.2.1 Windows XP 的特点

Windows XP 使用了焕然一新的界面,更友好,更美观;功能在 Windows 2000 的基础上也有了很大的改进。Windows XP 具有以下特点:

1. 使用安全简单

Windows XP 使个人计算机的使用变得更加简单、更加赏心悦目! 强大的功能、性能,漂亮的全新外观,完善的使用帮助,使不懂计算机的人也能方便上手。Windows XP 还具有无与伦比的可信任性和安全性。

2. 开启数字媒体世界

Windows XP 集成了强大的数字媒体工具,可以欣赏摄影、音乐、视频等,打开了一个激动人心的数字媒体世界。

3. 强大的网络功能

网络功能更强大,可以共享文件、照片、音乐,甚至打印机等。另外,网络的配置也更简单,更容易。

2.2.2 Windows XP 的运行环境和安装

运行环境包括两方面,硬件环境和软件环境。但对 Windows XP 来说,它是最基础的软件,没有其他软件可以包容它,所以它的运行环境指的就是硬件环境。

1. 硬件环境

在安装 Windows XP 之前,要保证计算机硬件符合以下要求:

● 微处理器 1.0 GHz 以上。

● 内存 256 MB 以上。

● 硬盘 40 GB 以上。

● VGA 或更高分辨率的显示器。

● 键盘、鼠标。

● 要实现多媒体功能,需安装声卡、光驱等。

2. Windows XP 的安装

安装过程是一个向导,只要按照向导一步一步地回答相关问题,单击"下一步"按钮便可以完成安装。安装过程中,用户必须接受协议并正确输入产品序列号。整个安装过程大约需要 1 小时。

2.2.3 Windows XP 的启动和关闭

1. 启动计算机

（1）冷启动

按下计算机电源，机器首先进行自检，接下来自动启动 Windows XP，在输入账户和密码登录后便进入桌面状态，如图 2.1 所示。

（2）热启动

在计算机运行过程中，单击"开始"→"关闭计算机"菜单，打开"关闭计算机"对话框，单击"重新启动"按钮，即可重新启动计算机。

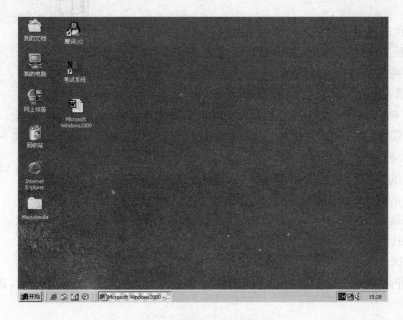

图 2.1 Windows XP 桌面

2. 桌面

Windows XP 桌面如图 2.1 所示。用户在 Windows XP 中的各种操作都是通过桌面来完成的。桌面上的内容有系统的对象和用户自定义的对象，每个对象由图标（小图形）和名字（简短文字说明）组成，用于表示应用程序、文件夹、文件等。对象可以移动、添加、删除、重命名。常见的系统对象有：

- 我的电脑：用以管理计算机的软、硬件资源。
- 我的文档：用以存放用户的各种文档。
- 网上邻居：访问网上的其他计算机，以便共享资源。
- 回收站：存放用户删除的文件或文件夹，可以恢复或可彻底删除。
- Internet Explorer：Internet 浏览工具。

"开始"按钮位于屏幕底端的最左侧，它是 Windows XP 的一个重要元素，通过它用户可以启动程序，可以使用 Windows XP 提供的所有功能项目。单击"开始"按钮，便弹出"开始"菜单，如图 2.2 所示。"开始"菜单中的主要菜单项有：

● 程序：系统已安装的应用程序的快捷方式，只要用户选择便启动相应的程序。"程序"菜单项的内容和次序可以重新组织。

● 文档：该项菜单列出了用户最近处理过的文档的名字，方便用户快速查阅近期的工作。

● 设置：系统设置和个性化定义。各项具体功能将在后面专题介绍。

● 搜索：快速查找本地硬盘上的文件、文件夹，网络上的计算机等。

● 帮助：Windows 的联机帮助，以各种方式提供用户需要的帮助。

● 运行：通过键入命令运行程序或打开文件。

● 关机：关闭计算机或重新启动计算机。

"开始"按钮右边是快速启动区，图 2.1 中的 4 个图标分别为 IE 浏览器、电子邮件、恢复桌面、媒体播放器，单击图标便可启动相应的程序。

屏幕底端的中间位置是任务栏。其上的每个按钮代表一个运行中的应用程序或打开的窗口，并显示相应的标题栏。单击任务栏上的按钮可方便地在不同应用程序窗口间切换。凸

图 2.2   Windows XP"开始"菜单

现的按钮为活动窗口（也称当前窗口），凹陷的按钮为后台工作模式。

屏幕底端最右侧是工具栏，一般有输入法转换、时间显示、音量控制等按钮。

3. 关闭计算机

（1）系统关机

单击"开始"按钮，选择"关闭"，出现"关闭计算机"对话框，如图 2.3 所示，选择"关闭"即可。

（2）直接关机

按下主机电源数秒后，自动关闭计算机。

为了保证文件和数据的安全，建议系统关机。

图 2.3   Windows XP"关闭计算机"对话框

2.3　Windows XP 的基本概念和基本操作

2.3.1　鼠标和键盘的基本操作

鼠标和键盘是 Windows XP 的基本输入设备。鼠标操作方便、直观；键盘操作快速、高效，但要记忆按键。一般操作多用鼠标。

1. 鼠标的操作

● 指向：移动鼠标，使光标指针指向某个对象。

● 单击左键：快速按下并释放鼠标左按键，一般为选定某个对象。

● 单击右键：快速按下并释放鼠标右按键，操作结果为弹出所选对象的快捷菜单。

● 双击：快速地连续按两次鼠标左键，用于执行、运行、启动程序或打开、关闭某个窗口。

● 拖动：按住鼠标左键的同时移动鼠标，以移动对象或选择区域范围。

鼠标操作的方法很简单，但是鼠标指向不同的位置时，其形状不同，代表的含义也不同。鼠标常见的形状及代表的含义如表 2.1 所示。

表 2.1　鼠标指针的形状及其功能说明

鼠标形状	功能说明
↖	鼠标指向桌面、窗口、菜单、图标、按钮等，是标准选择
↖⧗	后台运行
＋	精确定位
↖?	帮助选择
⧗	忙，表示系统正忙
Ｉ	文件选择，表示系统在文本区域
✎	手写
↕	通过鼠标的拖动操作可以在垂直方向调整对象的大小
↔	通过鼠标的拖动操作可以在水平方向调整对象的大小

↖↘	通过鼠标的拖动操作可以在对角线 1 方向调整对象的大小
↙↗	通过鼠标的拖动操作可以在对角线 2 方向调整对象的大小
✛	移动
👆	链接选择,单击可打开相应的主题
⊘	不可用

2. 键盘

(1) 键盘的基本功能

Windows XP 环境下,键盘对文本的输入和编辑等起着重要的作用。

键盘大致分为四个区:

● 打字键区:数字(0~9)、字母(A~Z)、符号(#、$、%、`、&、*等)、常用功能键(<Ctrl>、<Alt>、<Shift>)。

● 编辑控制键区:←、↑、→、↓、<Insert>、<Home>、<PageUp>、<PageDown>、<Delete>、<End>等。

● 功能键区:<F1>~<F12>、<Esc>。

● 数字键区:数字键、编辑键。

常用功能键及其作用如表 2.2 所示。

表 2.2　常用功能键及其作用

键　名	功　能
Enter	回车键。按键后计算机执行输入的命令或输入换行
Esc	中止程序执行,在编辑状态放弃修改的数据
Shift	上档键。按住不放,按字母键,则改变字母大小写;按数字键,则输入键上方的符号
CapsLock	字母大小写转换键。按键后,CapsLock 灯亮,输入为大写字母;否则为小写字母
NumLock	数字、功能转换键。NumLock 灯亮,此时小键盘上 0~9 为数字键,否则小键盘上均为功能键
Insert 或 Ins	插入、改写键
BackSpace	删除光标之前的一个字符
Delete 或 Del	删除光标所在处的一个字符
Home	左移光标到起始位置
End	右移光标到结束位置
PageUp	按一次键上翻一页
PageDown	按一次键下翻一页
PrintScreen	将屏幕上显示的内容通过打印机打印出来

Tab	光标移动跳格键。跳过的字符数由程序指定
Ctrl	控制功能键。仅按此键无作用,它与其他一些键组合起来可完成特定的操作
Alt	组合功能键。仅按此键无作用,它与其他一些键组合起来可完成特定的操作

（2）快捷键

在 Windows XP 中,常将两个或多个键联合起来使用形成组合键,使用组合键操作可加快工作速度。组合键也称快捷键。

使用快捷键时,应先按下一个功能键不放,再敲击另一个键。

在 Windows XP 中,快捷键很多,仅给出常用的快捷键,记住这些常用快捷键可提高操作速度。常用的快捷键如表 2.3、表 2.4、表 2.5 所示。

表 2.3 对象操作快捷键

快 捷 键	功 能
Alt＋Tab	在当前打开的各窗口间进行切换
Alt＋Shift＋Tab	在当前打开的各窗口间进行切换,当有两个以上的窗口时,转换顺序与 Alt＋Tab 快捷键相反
PrintScreen	复制当前屏幕图像到剪贴板
Shift＋箭头键	选中多个对象
Alt＋ PrintScreen	复制当前窗口、对话框或其他对象到剪贴板
Alt＋F4	关闭当前窗口或退出程序

表 2.4 对象操作快捷键

快 捷 键	功 能
Ctrl＋A	选中所有显示的对象
Ctrl＋X	剪切
Ctrl＋C	复制
Ctrl＋V	粘贴
Ctrl＋Z	撤消
Del/Delete	删除选中对象

表 2.5 自然键盘快捷键

快 捷 键	功 能
⊞	显示或隐藏"开始"菜单
⊞+D	显示桌面
⊞+M	最小化所有窗口
⊞+E	打开"资源管理器"窗口
⊞+F	搜索文件或文件夹
⊞+F1	显示 Windows 帮助
⊞+R	打开"运行"对话框

2.3.2 菜单及其操作

菜单是 Windows XP 图形界面提供信息的重要工具,是各种应用程序命令的集合,对其中的命令进行选择即可进行相应的操作。

1. 菜单的约定

很多应用程序的窗口中都含有主菜单(水平方向),单击主菜单中的某个菜单项,就会展示出这个菜单项的下拉菜单(垂直方向),如图 2.4 所示。

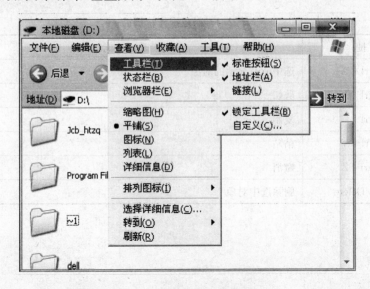

图 2.4 Windows XP 窗口菜单

Windows XP 中有各类菜单,如:

● 开始菜单:启动界面的左下角,它是 Windows XP 应用程序、各类设置的入口。

● 控制菜单:单击窗口左上角的图标产生,用于对窗口的操作。

● 快捷菜单:鼠标右键单击一个对象时,出现与这个对象操作相关的菜单。

● 窗口菜单:也叫应用程序菜单,用于对窗口的内容进行相关的操作。

在 Windows XP 的窗口中,对菜单有如下的约定:

① 菜单项的文字呈灰色,表示该菜单项不可使用,一旦条件具备,恢复为正常状态便可使用。

② 菜单项后有符号"…"的,表示选中此菜单时将弹出一个对话框,用户需要提供进一步的信息。

③ 菜单项右边有符号"▶"的,表示该项有下一级菜单,选中此菜单项时会弹出一个子菜单。

④ 菜单项前有符号"√"的,表示此菜单项被选中,正在起作用。若再次单击选择,符号"√"消失,表示该项不再有效。

⑤ 菜单项名字后的组合键符为快捷键,通过键盘直接按下快捷键便可执行相应的菜单命令,而不必选菜单,从而提高工作效率。

有些菜单项前有个小图标,这些菜单可放到工具栏上,如图 2.5 所示。

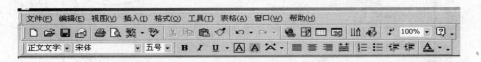

图 2.5　Windows XP 窗口菜单

工具栏由一系列小图标组成,每个图标对应一个菜单命令。工具栏只是菜单命令的一部分,是常用的菜单命令,单击图标操作比选择菜单更方便、高效。

工具栏可以显示、隐藏,也可移动位置。鼠标停留在某个图标上片刻,就会显示相应图标的功能说明。

2. 菜单的操作

① 选择菜单项。选择菜单项即打开菜单项的下拉菜单,鼠标指向某个菜单项单击即可。

② 在下拉菜单中选择某命令。用鼠标指向并单击对应命令。也可按下<Alt>＋菜单后面带下划线的字母,再利用 →、←、↑、↓ 键移动到需要打开的命令项,按<Enter>键即可打开菜单中的命令。

③ 取消下拉菜单。在菜单外空白处单击鼠标左键或按<Esc>键。

④ 打开控制菜单。鼠标单击窗口左上角的图标,便可打开此窗口的控制菜单,选择其中的命令可以操作窗口。

⑤ 打开快捷菜单。选定对象,单击鼠标右键,弹出快捷菜单,再单击相应的菜单命令。

2.3.3　窗口及其操作

窗口是指屏幕上用于应用程序的执行或文档的显示、处理的一个特定"区域"。窗口是 Windows 中重要的组成部分。Windows 中有应用程序窗口、文档窗口、对话框窗口。屏幕上可同时打开多个窗口。用户正在操作的窗口称为活动窗口、当前窗口或前台窗口,其他窗口称为非活动窗口或后台窗口。活动窗口的标题栏高亮显示,与众不同,任一时刻只有一个活动窗口。利用有关操作(单击后台窗口的任一部分或单击任务栏上的标题)可以改变后台窗口为活动窗口。

1. 窗口的组成

Windows 的窗口一般由以下几个部分组成,如图 2.6 所示。

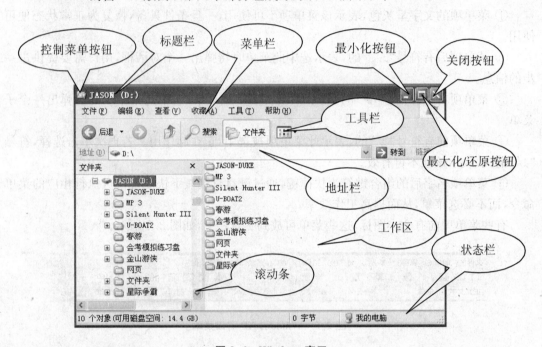

图 2.6 Windows 窗口

(1) 标题栏

位于窗口最上部的水平条,显示窗口的名称(如"我的电脑")。标题栏的颜色与众不同即是活动窗口。标题栏的左边有控制菜单,右边有最小化、最大化/还原和关闭按钮。

(2) 控制菜单

单击标题栏左边的图标按钮可打开控制菜单,如图 2.7 所示。控制菜单的命令项就是对窗口的操作。

(3) 最小化、最大化/还原、关闭按钮

这些按钮位于窗口的右上角。单击最小化按钮,窗口缩小为任务栏上的一个小图标。单击最大化按钮,窗口充满整个屏幕,同时最大化按钮变为还原按钮;单击还原按钮,则将最大化的窗口还原为原来的大小。单击关闭按钮,可关闭此窗口,也就终止了一个任务。

(4) 菜单栏

位于标题栏下面的水平条,包含应用程序的所有菜单项(如文件、编辑等),一般都还有下拉式菜单。

图 2.7 控制菜单

（5）工具栏

位于菜单栏的下方,提供了执行常用命令的快捷方式,单击工具栏中的一个按钮相当于从菜单中选择一个命令。

（6）工作区域

窗口内部的区域,是用户输入信息的显示区域,也是计算机与用户对话的区域。

（7）状态栏

位于窗口的底部,用于显示与窗口中的操作有关的提示信息。

（8）滚动条

当窗口中的内容较多不能全部显示时,就会出现滚动条。滚动条由两个滚动箭头和一个滚动块组成,滚动块的位置表示当前可见内容在整个内容中的位置,滚动块的大小表示当前可见内容占整个内容的比例。水平滚动条可在水平方向翻动,垂直滚动条可在垂直方向翻动,以便阅读。可以单击滚动箭头、滚动条空白处或拖动滚动块实现翻动。

（9）边框

窗口的四条边。鼠标指向一个边框或一个角,鼠标指针就会变成双箭头状,拖动鼠标可调整窗口的大小。

2. 窗口的操作

（1）打开窗口

打开文件夹窗口,可双击相应的文件夹图标。

打开应用程序窗口,可双击相应的快捷方式或通过菜单单击相应的程序项。一旦打开应用程序窗口,说明应用程序处于运行状态,即使窗口处于最小化状态。

（2）移动窗口

鼠标指向标题栏,按住鼠标左键并拖动,即可移动窗口。

（3）改变窗口大小

鼠标指针移动到窗口的边或角,此时鼠标指针变为双向箭头,拖动鼠标,则可改变窗口的大小。

（4）切换窗口

桌面上可同时打开多个窗口,但活动窗口只有一个,切换窗口就是将非活动窗口切换成活动窗口。操作方法有:

● 利用任务栏。单击任务栏上的图标则对应的窗口成为活动窗口。

● 利用快捷键。反复按＜Alt＞＋＜Tab＞键可以在各窗口间进行循环切换。

● 单击非活动窗口任何部位。这也可使非活动窗口切换成活动窗口。

（5）排列窗口

若用户同时打开的窗口较多,则桌面上显得较乱,且有的窗口被其他窗口覆盖,为方便操作,需对窗口进行重新排列。操作方法为:将鼠标移到任务栏的空白处,单击右键弹出快捷菜单,如图2.8所示,单击某个排列方式即可。

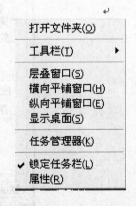

图 2.8　任务栏的快捷菜单

"层叠窗口"就是一个窗口在另一个窗口之上,每个窗口的标题栏可见,便于窗口切换。"平铺窗口"就是把窗口一个挨一个地排列起来,使打开的窗口平均享受桌面空间,便于不同窗口之间交换信息。

（6）捕获窗口内容

复制当前窗口:按下＜Alt＞＋＜PrintScreen＞组合键,可将活动窗口作为图像复制到剪贴板,在其他编辑环境下可使用"粘贴"命令粘贴到插入点。

复制桌面:按下＜PrintScreen＞键,可将整个桌面作为图像复制到剪贴板,在其他编辑环境下可使用"粘贴"命令粘贴到插入点。

2.3.4　对话框操作

当用户选中带"…"的菜单项时,系统就会弹出一个对话框。对话框是用户与系统之间进行信息交流的界面。

1. 对话框的组成

（1）标题栏

位于对话框的顶部,左端是对话框的名称（图2.9中为"页面设置"）,右端是"关闭"与"帮助"按钮。

（2）标签

也叫选项卡。图2.9中包含了"页边距"、"纸张"、"版式"、"文档网格"4个标签。单击不同的标签,能够从一个选项集转移到另一个选项集。

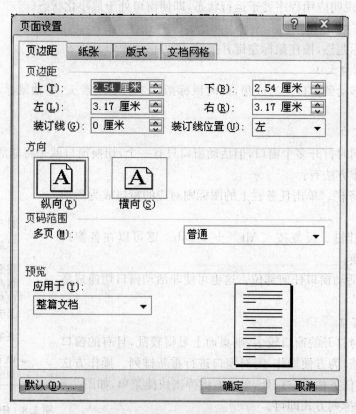

图2.9　对话框

（3）文本框

可输入文本信息的一种矩形区，并可修改所输入的内容。

（4）列表框

显示一个对象所对应的信息列表，用户可单击选择其中一项，但不能修改其内容。

（5）下拉列表框

下拉列表框只有一行文本，用来显示被选中的项目。单击右边"▼"时，打开下拉列表。

（6）组合框

文本框与下拉列表框的组合。用户既可输入文本也可从列表中选择文本。

（7）复选框

是一个方形框，单击选中框内出现"√"，再单击取消选中。在一组复选框中可选取 0 或多个。

（8）单选框

是一个圆形框，单击选中框内出现"●"。在一组单选框中，任何时候只可选中一个。

（9）微调框

由数值框、增加按钮和减小按钮组成。单击向上箭头，数值框中的值增大；单击向下箭头，数值框中的值减小。也可以直接在数值框中输入数字。

（10）命令按钮

即执行一个命令。"确定"表示对话框的设置生效，"取消"表示对话框不执行命令。

2. 对话框的操作

（1）移动对话框

拖动标题栏可移动对话框。

（2）关闭对话框

单击"确定"、"取消"命令按钮或标题栏"✕"按钮。

（3）帮助

单击标题栏" ? "按钮，再单击要了解的对象，就可获取相应的帮助信息。

3. 程序窗口与对话框的区别

① 程序窗口有菜单栏，而对话框没有菜单栏。

② 对话框的标题是菜单项名，而程序窗口的标题是应用程序名。

③ 对话框的右上角没有最大化和最小化按钮，其大小不能改变。

2.3.5　剪贴板

剪贴板是 Windows 提供信息共享与传递的方式。传递的信息可以是文本、图像、声音、文件等。这种信息共享与传递可用于各应用程序之间、应用程序中的不同文档或同一文档的不同位置。剪贴板实际上是 Windows 在内存中开辟的临时存储区，只要 Windows 在运行中，剪贴板就处于工作状态。

当用户需要在不同应用程序或文档之间传递信息时，只要在信息源的窗口中选定待传送的信息，并执行"剪切"或者"复制"命令，信息便自动传入剪贴板中；然后转到目标窗口，执行"粘贴"命令，剪贴板中的信息就会传递到插入位置。下面是剪贴板的三个操作：

1. 剪切

将选中对象移动到剪贴板,源内容不再存在,即删除源内容。操作方法有:

① "编辑"菜单中的"剪切"菜单项。

② 工具栏中的"剪切"按钮。

③ 组合键<Ctrl>+X。

2. 复制

将选中对象复制到剪贴板,源内容不改变。操作方法有:

① "编辑"菜单中的"复制"菜单项。

② 工具栏中的"复制"按钮。

③ 组合键<Ctrl>+C。

3. 粘贴

将剪贴板内容复制到当前位置(或插入点),剪贴板内容不变。操作方法有:

① "编辑"菜单中的"粘贴"菜单项。

② 工具栏中的"粘贴"按钮。

③ 组合键<Ctrl>+V。

2.4 Windows XP 的文件(夹)管理

2.4.1 文件的概念

文件是数据的一种组织形式,是存储在磁盘、光盘等外存储器上的一组相关信息的集合,是操作系统对外存进行管理的最小单位。它可以是一封信函、一份病历、一篇文章、一个计算机程序,还可以是一段音乐、一幅图像等。

文件夹是一个特殊的文件,它的内容是文件或文件夹。计算机的外存上可以存储许多文件,为了便于管理和查找,要对外存空间进行重新组织,分层管理,如同行政管理一样。用户可以将文件分类存放在不同的文件夹中,从而便于管理,方便操作。

1. 文件名

文件必须有一个名字,操作系统是按文件名对外存进行存取的。

文件名通常由两部分组成,以符号"."分隔,一般形式为"文件名.扩展名",如"install.exe"。

文件命名的原则:文件名的字符数可长达 255 个,字符可以是字母、汉字、空格及其他符号,但不允许包含字符:/、\、:、*、?、"、<、>、|。文件名中的字母不区分大小写,即"In-Stall.Exe"与"install.exe"视为同一个文件。

在显示、查找文件时,文件名中可含通配符"*"与"?","*"代表任意一串字符,"?"代表任意一个字符。如:"*.exe"表示扩展名为"exe"的所有文件,"a?b"表示所有首字符为"a"、第三个字符为"b"、第二个字符为任意的文件。

2. 文件的类型

在 Windows XP 中,根据文件的内容把文件划分为许多类型,常由扩展名来区分文件的类型,不同类型的文件其图标不同,使用方法也不同。所以文件的名字可以更改,但扩展名不能更改,否则文件就无法使用了。

Windows XP 中常见的扩展名有:

. COM	命令文件	. BAK	备份文件
. EXE	可执行程序文件	. DOC	Word 文档文件
. BAT	批处理文件	. BMP	Windows 位图文件
. OBJ	目标程序文件	. PAS	PASCAL 语言源程序文件
. LIB	库文件	. C	C 语言源程序文件
. SYS	系统专用文件	. MP3	声音文件
. INI	初始化文件	. PRG	关系数据库中命令程序文件
. BAS	BASIC 源程序文件	. JPG	图形文件
. TXT	文本文件	. HTM	网页文件

3. 文件夹

当磁盘上存放有许多文件时,管理起来较复杂。为了更好地使用磁盘空间,也为了方便文件的查找与存放,从而引入了文件夹的概念。可以把文件夹看成是一个容器,用来存放各种不同的文件。通过文件夹把文件分成不同的组,如办公室的文件放在 office 文件夹中,个人的文件放在 personal 文件夹中,音乐文件放在 music 文件夹中,照片文件放在 picture 文件夹中。

文件夹中可以存放文件,也可以存放文件夹(称子文件夹),这种包含关系使得 Windows 中的所有文件夹形成一个树型结构,如图 2.10 所示。

可以把文件夹看成是一个特殊的文件,因此,文件夹的命名规则与文件命名规则相同。

注意　在同一个文件夹下,不允许有两个相同文件名存在。

4. 驱动器

驱动器指读写信息的硬件,在 Windows 系统中,每个驱动器用一个字母来标识,如"A:"表示软盘驱动器,"C:"表示硬盘驱动器。

5. 路径

路径指文件存放的位置,即文件存放在哪个磁盘、哪个文件夹中,以及文件夹的层次。路径分为绝对路径和相对路径:

① 绝对路径:从根文件夹到文件所在的文件夹的路径。

② 相对路径:从当前文件夹到文件所在的文件夹的路径。

2.4.2　资源管理器

资源管理器是 Windows 系统提供的一个工具,用来查看和管理计算机上的软件资源和硬件资源。

1. 启动资源管理器

启动资源管理器有以下几种方法:

① 单击"开始"按钮,在"开始"菜单中选"程序",再选择"资源管理器"。

② 右击"开始"按钮,在弹出的快捷菜单中,单击"资源管理器"。

③ 右击"我的电脑"图标,在弹出的快捷菜单中,单击"资源管理器"。

④ 右击任一文件夹或驱动器,在弹出的快捷菜单中,单击"资源管理器"。

打开的资源管理器如图 2.10 所示。

资源管理器中,无论显示的是文件夹还是文件,一般都有相关的图标和名称。若是文件夹,其图标如同一个公文包;若是文件,其图标可具有不同的形式和图案(图 2.10)。

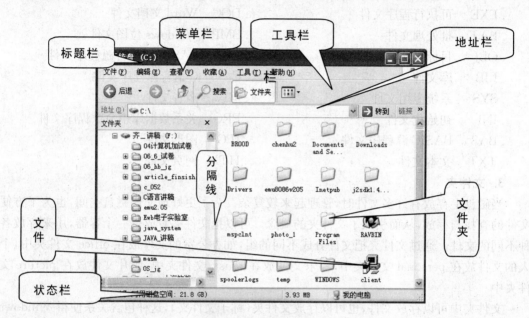

图 2.10   资源管理器

2. 资源管理器窗口

资源管理器窗口有标题栏、工具栏、状态栏,这些与一般窗口概念一样。

资源管理器的工作区分左窗格、右窗格,将鼠标指向左、右窗格中间的分隔线,此时鼠标指针变成水平的双向箭头状,拖动鼠标即可调整左、右窗格大小。

单击工具栏"文件夹"图标,将显示或隐藏左窗格。

左窗格以树型结构显示系统资源及磁盘上的文件夹层次结构。文件夹图标左边的"＋"、"－"符号表示此文件夹包含有子文件夹,无符号表示只有文件而无子文件夹。单击"＋"号可以展开该文件夹,看到其中的子文件夹,同时"＋"变为"－";单击"－"号可折叠此文件夹,使左窗格显得简洁。

右窗格显示左窗格被选对象(当前驱动器或文件夹)中的内容(文件和子文件夹)。

3. 资源管理器菜单

这里仅简单介绍一下"查看"和"工具"菜单中的部分选项,其他菜单请读者自己查看。

(1)"查看"菜单

单击"查看"菜单项,系统会弹出一个菜单,如图 2.11 所示。

① 前三项为"工具栏"、"状态栏"和"浏览器栏",对应项的左端有"√"标记的,表示该项有效,界面上会显示相应的信息,否则不显示该项的信息。

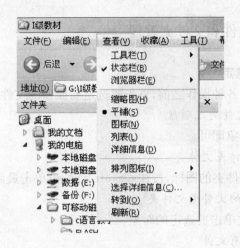

图 2.11　查看菜单

② 文件列表显示方式。

文件列表显示方式用于调整右窗格中文件的显示方式,有缩略图、平铺、图标、列表、详细信息 5 种形式,读者可以在实践操作中逐一实验。

③ 文件列表排列方式。

为了便于查看右窗格中的文件和文件夹,可按名称、日期、类型和存储大小排列文件列表。

(2)"工具"菜单

单击"工具"菜单项,选择"文件夹选项"命令,弹出对话框,如图 2.12 所示。复选框"隐藏已知文件类型的扩展名"选中,则文件扩展名不可见;未选中,则文件扩展名可见。要更改文件名时,此项最好未选中。

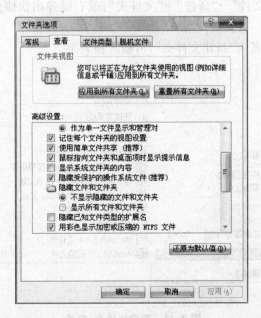

图 2.12　文件夹选项

2.4.3　Windows 的文件和文件夹管理

1. 文件和文件夹的选定

对文件或文件夹进行各种操作之前,首先要选定要操作的文件或文件夹。

(1) 选定一个文件、文件夹或磁盘

直接单击要选定的对象即可。

(2) 选定多个连续文件或文件夹

单击第一个文件或文件夹的图标,按住<Shift>键,再单击最后一个文件或文件夹。

(3) 选定多个不连续的文件或文件夹

按住<Ctrl>键,依次单击要选定的对象。

(4) 选定文件夹中所有文件

选择"编辑"菜单中的"全部选定"命令,或按组合键<Ctrl>+A,将选定文件夹中所有文件。

选择"编辑"菜单中的"反向选择"命令,将选定文件夹中除了选定文件之外的所有文件。

(5) 撤消选定

按住<Ctrl>键,单击要取消的某一项目;随意单击一项,可取消所有选定。

2. 新建文件夹、文件

要新建文件夹、文件,必须先选好位置,再建立。位置指的是桌面、磁盘或者某个文件夹。

(1) 新建文件夹

步骤如下:

① 选定位置,如 C:\CAI\KEY。

② 使用菜单命令"文件"→"新建"→"文件夹";或右键弹出快捷菜单,选择"新建"→"文件夹",如图 2.13 所示。

默认新建的文件夹名为"新建文件夹",可输入新名字。

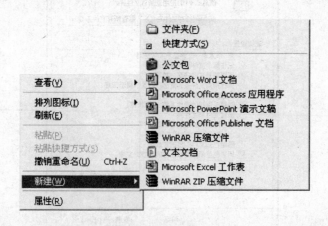

图 2.13　新建文件夹、文件

（2）新建文件

步骤如下：

① 选定位置，如 C:\CAI\KEY。

② 使用菜单命令"文件"→"新建"→"文本文档"；或右键弹出快捷菜单，选择"新建"→"文本文件"。

默认新建的文件名为"新建文本文档.txt"，可输入新名字。

3. 更改文件或文件夹的名字

（1）使用菜单更名

步骤如下：

① 选定要更改的某个文件或文件夹。

② 选择"文件"菜单中的"重命名"命令。

③ 键入文件或文件夹的新名字。

④ 按回车键确定。

（2）直接更名

两次单击（不是双击）某个文件或文件夹，在方框中输入新的文件或文件夹名。

（3）利用快捷菜单

选定要更名的文件或文件夹，右击鼠标出现快捷菜单，选择"重命名"命令，输入新的名字。

4. 删除文件或文件夹

（1）删除文件或文件夹。

删除文件、文件夹步骤如下：

① 选定要删除的一个或多个文件或文件夹。

② 打开"文件"菜单，选择"删除"命令；或者按下键盘上的＜Delete＞键；或者单击工具栏上的"删除"按钮。

③ 出现对话框，如图 2.14 所示，在对话框中选择"是"按钮。

图 2.14　确认文件删除

注意　被删除的文件并没有真正从磁盘上删除，而是被暂时存放在"回收站"中，如果确定被删除的对象不再有用，可进入"回收站"删除。

（2）从"回收站"中恢复删除的文件或文件夹

桌面上有"回收站"图标，实际上它是硬盘上的一块区域，用来暂时存放被删除的文件或文件夹，误删除的文件可以在此处得到恢复，类似办公桌旁的垃圾篓。

双击"回收站"图标便打开回收站，如图 2.15 所示。

1) 恢复删除的文件

在"回收站"窗口中,选择要恢复的对象,选择"文件"菜单中的"还原"命令,对象就恢复到原来的位置。

2) 清空回收站

删除"回收站"中的所有文件,可以选择"文件"菜单中的"清空回收站"命令。

3) 永久删除文件

如果想从磁盘上永久删除某文件,在"回收站"中选定该文件,然后选择"文件"菜单中的"删除"命令。

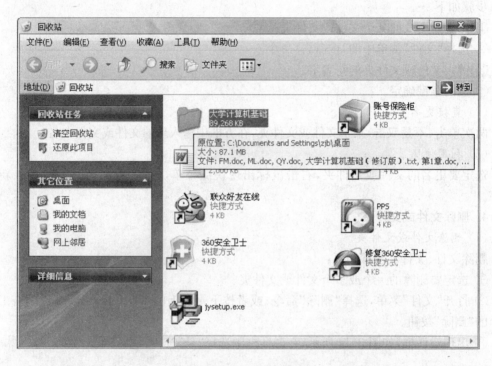

图 2.15　回收站

5. 移动或复制文件或文件夹

文件或文件夹的复制:源文件(夹)不变,目标文件(夹)同源文件(夹)相同。

文件或文件夹的移动:源文件(夹)不再存在,目标文件(夹)同源文件(夹)一样。

(1) 方法一:拖放法

① 选定源文件(夹)的路径:在哪个盘,哪个文件夹。

② 选定源文件或文件夹(一个或者多个)。

③ 拖放到目标位置:哪个盘,哪个文件夹。

注意　同盘拖放为移动;异盘拖放为复制;按住<Ctrl>拖放总是复制;按住<Shift>拖放总是移动。

(2) 方法二:粘贴法

① 选定源文件(夹)。

② 单击"编辑"菜单中的"复制"命令项(表示将选中对象复制到剪贴板上,源还存在),或单击"编辑"菜单中的"剪切"命令项(表示将选中的对象移动到剪贴板上,源不存在);或单

击工具栏上的"复制"、"剪切"按钮；或按组合键<Ctrl>+C、<Ctrl>+X。

③ 选定目标位置，使用"编辑"菜单中的"粘贴"命令（表示将剪贴板内容复制到程序窗口，剪贴板内容不变）。也可以单击工具栏上的"粘贴"按钮，或按组合键<Ctrl>+V。

（3）方法三：发送法

通过发送法，可将文件（夹）复制到软盘上。

① 将软盘插入软驱。

② 选中待复制的文件（夹）。

③ 打开"文件"菜单，选择"发送到"命令，在子菜单中选择"3.5 软盘"。

6. 搜索文件或文件夹

计算机磁盘中存放的文件或文件夹非常多，如果不知道对象的位置，则寻找起来会相当的麻烦，此时可使用系统提供的搜索功能进行查找。通过文件或文件夹的名称、日期、类型、大小可以准确、快速地在计算机的外存上对文件或文件夹进行定位。具体操作如下：

① 启动搜索程序。在"开始"菜单中选择"搜索"的子菜单项"文件或文件夹"，打开"搜索结果"对话框，如图 2.16 所示。

② 在"全部或部分文件名"文本框中输入要查找的文件或文件夹名称。可以使用通配符"*"和"?"。

③ 在"文件中的一个字或词组"文本框中输入要查找的文件或文件夹的内容。

④ 在"在这里寻找"下拉框中选择要搜索的驱动器名或文件夹名。

⑤ 可根据需要限定待搜索文件的修改日期、大小和更多内容。

⑥ 单击"搜索"按钮，系统开始搜索，搜索结果显示在右边窗格中。

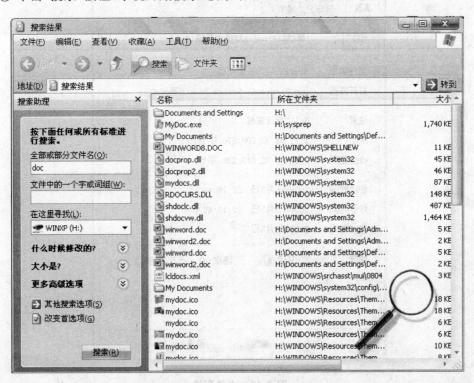

图 2.16　搜索结果

7. 设置文件属性

磁盘中的文件或文件夹都有各自的属性。文件属性是文件的相关信息，而不是文件的内容。用户可查看或修改文件属性。

（1）文件属性

文件有以下几个只能查看不允许修改的属性：

● 文件类型：指系统文件、用户文件、数据文件、程序文件等。

● 文件大小：指文件的长度和在磁盘上占据的空间。

● 文件位置：指文件所在的驱动器及文件夹。

● 文件时间：指文件创建、修改、访问的日期和时间。

可以设置的属性有：

● 只读：文件只能被读取，不能被修改或删除。

● 隐藏：隐藏后，文件名不可见。若在"资源管理器"下设置显示所有文件，被隐藏的文件显示颜色要淡一点。

● 存档：表示该文件未做备份，或文件备份后被改动过。

（2）设置文件属性

在"资源管理器"窗口中，选定待设置属性的文件，在该文件上右击调出快捷菜单，选择"属性"，出现对话框，如图2.17所示。在"属性"对话框中，选中或取消相应复选框可以更改文件的属性。

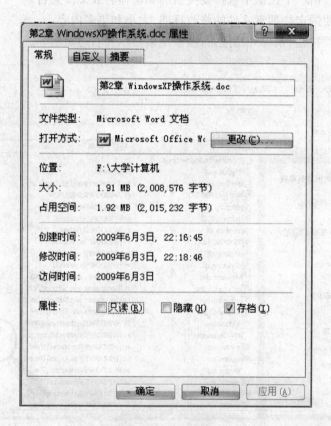

图 2.17　文件属性

2.5　磁 盘 管 理

1. 磁盘格式化

磁盘格式化就是对磁盘进行划分磁道、扇区,建立引导区、文件分配表、文件目录表和数据区,以便于使用、管理磁盘的空间。

磁盘使用之前必须格式化,使用过的磁盘一旦格式化,原有的信息将全部丢失。

这里介绍的格式化是指软盘或 U 盘的格式化,而对硬盘,格式化需经过三个步骤(低级格式化,硬盘分区,高级格式化)。由于硬盘容量大、数据多,一般情况下不要进行格式化。

在"我的电脑"或"资源管理器"窗口中,右键单击 G:盘驱动器图标(这里的 G:盘是 U盘,具体操作时,根据具体机器的情况,盘符可能不同),弹出快捷菜单,单击"格式化"命令项,打开对应的磁盘格式化窗口,如图 2.18 所示。选择"快速格式化",则格式化时将不检查坏扇区。

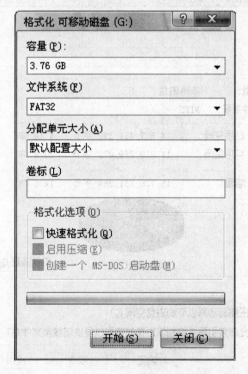

图 2.18　磁盘格式化

2. 磁盘的属性

在"我的电脑"或"资源管理器"窗口中,右键单击某个磁盘驱动器图标,弹出快捷菜单,单击"属性"命令项,即可打开对应磁盘的属性对话框,如图 2.19 所示。

磁盘属性对话框中有 5 个选项卡,分别为:常规、工具、硬件、共享、配额。

（1）常规

单击"常规"标签，可以看到对应磁盘的卷标、类型、已用空间、可用空间、容量等。单击"磁盘清理"按钮，可打开磁盘清理程序。

（2）工具

在"工具"选项卡中，有三个按钮："开始检查"、"开始备份"、"开始整理"。单击相应按钮，可打开对应的磁盘扫描程序、磁盘备份程序、磁盘碎片整理程序。

（3）硬件

在"硬件"选项卡中，用户可在其列表框中浏览计算机的所有驱动器。

（4）共享

在"共享"选项卡中，用户可以确定是否共享此磁盘，可以指定共享名并限制共享用户的数目等。

（5）配额

在"配额"选项卡中，可以对磁盘空间的使用进行有效的控制（必须为 NTFS 分区才会有此选项卡）。

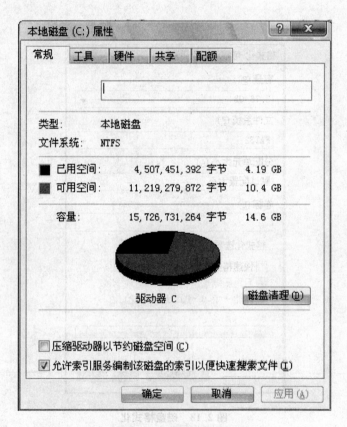

图 2.19　磁盘属性对话框

2.6　Windows XP 的控制面板

Windows XP 的控制面板是系统提供的一个工具,通过它可以设置计算机的软件、硬件资源的配置,满足个性化的需求。

打开控制面板的方法:

① 在"我的电脑"或"资源管理器"窗口中,双击"控制面板"图标。

② 在"开始"菜单中选择"设置",在子菜单中选择"控制面板"。

"控制面板"窗口如图 2.20 所示。

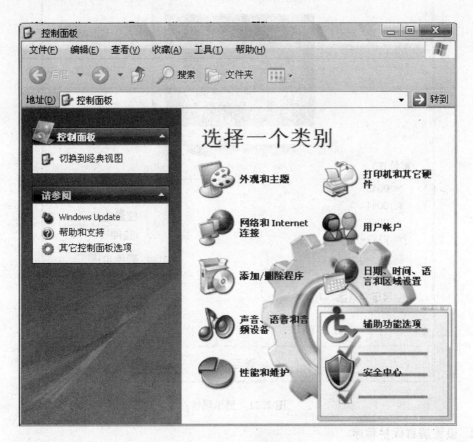

图 2.20　控制面板

2.6.1　显示器的设置

在"控制面板"窗口中,双击"显示"图标,打开"显示属性"窗口,如图 2.21 所示。"显示属性"窗口有 6 个选项卡,每个选项卡内又有许多的设置项目。在进行设置后,单击"应用"按钮,设置立即起作用;单击"确定"按钮,设置在计算机下次启动后起作用;单击"取消"按钮,设置不起作用。

1. 设置屏幕背景

打开"显示属性"对话框,选择"桌面"选项卡,如图 2.21 所示。

● "背景"列表框中用户可选择图片,单击图片名即可。

● 单击"浏览"按钮可浏览计算机中的文件。

● "位置"提供三种图片显示方式:平铺、居中、拉伸。

● "颜色"按钮用于设置桌面最底层背景,墙纸总是覆盖图片。若用户选择了小的墙纸并"居中"显示,则可同时显示墙纸和颜色背景;若墙纸覆盖整个桌面,"颜色"按钮不可用。

图 2.21　显示属性

2. 设置屏幕保护程序

屏幕保护程序就是设置一些运动的图像在屏幕上不断地变化,从而避免显示器局部过热,以延长显示器的使用寿命。用户一旦设置屏幕保护程序及其启动时间,在指定的等待时间内用户没有操作计算机,屏幕保护程序就将自动启动。屏幕保护程序起作用后,用户只要按任意键即可退出屏幕保护程序,恢复原来的状态。

在"显示属性"对话框中,选择"屏幕保护程序"选项卡。

● "屏幕保护程序"下拉列表中可选择屏保程序,选中的图案将显示在上方的预览框中。

● "预览"按钮可观看全屏幕的效果。

● "设置"按钮可对屏幕保护程序设置某些参数,如长度、宽度、速度等。

● "等待"数值框中的数据是计算机启动屏幕保护程序的时间。

● "密码保护"复选框选中时,退出屏幕保护程序要回答口令,用以保证系统的安全。

3. 设置窗口外观

在"显示属性"对话框中,选择"外观"选项卡。在此选项卡中,系统允许用户对桌面的外观进行设置。在"方案"列表框中,用户可根据自己的喜好选择一个,一般情况下选择系统提供的"Windows 标准"。除此之外,用户还可对桌面上图标的大小和间距、菜单及其文字的大小进行设置,也可对列表框中文字的大小和颜色进行设置。

4. 设置显示特性

在"显示属性"对话框中,选择"设置"选项卡。

● "颜色"下拉列表框中用户可以对颜色进行设置。

● "屏幕区域"中的滑杆可以改变屏幕的分辨率,如 640×480, 800×600, 1024×768 像素等。一般分辨率为 800×600 以上时,浏览的网页无水平滚动条。

2.6.2　鼠标的设置

双击"控制面板"中的"鼠标"图标,弹出"鼠标属性"对话框,如图 2.22 所示。

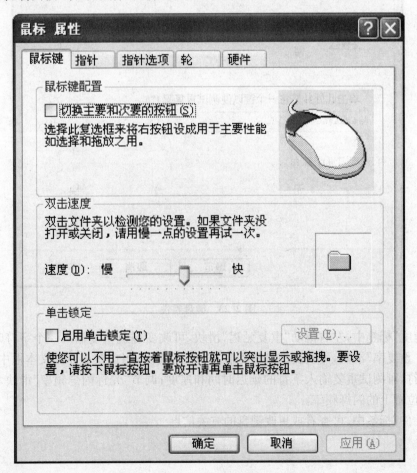

图 2.22　鼠标属性

在"鼠标键"标签中,"鼠标键配置"区可设置左手习惯或右手习惯;在"双击速度"区调节滑块,可设置双击鼠标按键时两次单击之间的时间间隔。

在"指针"标签中,在"方案"下拉列表框中可选择某种方案,以改变鼠标指针在不同操作下的形状。

在"硬件"标签中,用户可看到所用鼠标的名称、制造商、位置和类型等。

2.6.3 键盘的设置

双击"控制面板"中的"键盘"图标,弹出"键盘属性"对话框,如图 2.23 所示。

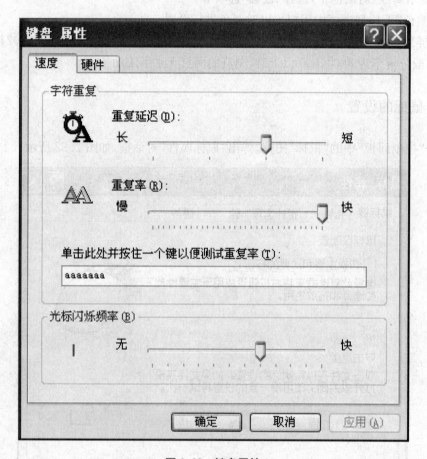

图 2.23 键盘属性

在"速度"标签中,左右拖动"重复延迟"滑块,可改变键盘重复输入一个字符时的速度;左右拖动"重复率"滑块,可改变键盘重复输入字符的速度,用户在下面的文本框中连续输入同一个字符,可测试重复输入字符的延迟时间和速度;调节"光标闪烁频率"滑块,可改变光标在编辑位置上的闪烁频率。

在"硬件"标签中,可查看或更改键盘的有关信息。

2.6.4　打印机设置

在"控制面板"窗口中，双击"打印机"图标，打开打印机对话框，如图 2.24 所示。

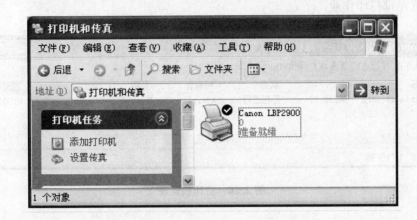

图 2.24　打印机

1. 安装打印机

安装打印机就是将打印机的驱动程序安装到 Windows 系统中，而不是指简单地复制到硬盘。

双击"添加打印机"图标，按"打印机向导"回答是"本地打印机"还是"网络打印机"，在列表框中选择打印机的制造厂商和打印机的型号，选择打印机驱动程序的位置（如"从磁盘安装"）。

2. 设置打印机

在打印机安装完成后，右键单击"打印机"图标，在弹出的快捷菜单中选"属性"菜单项，弹出对话框，如图 2.25 所示，按照屏幕的提示，设置打印机的名称、确定打印机是否共享、选择纸张大小、选择纸张来源等。

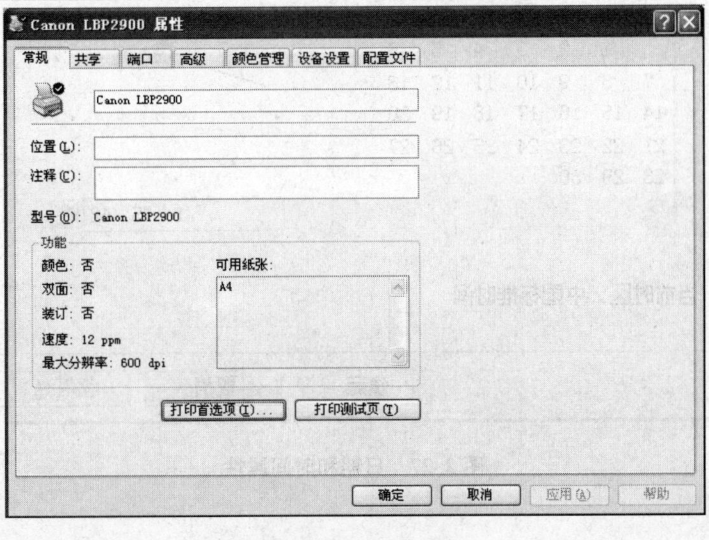

图 2.25　打印机属性

3. 打印管理

单击"打印机"窗口中要管理的打印机或使用"打印机"窗口"文件"菜单中的"打开"命令即可打开所选打印机的打印管理窗口,如图 2.26 所示。

使用打印管理器可以查看打印队列中打印作业的状态、暂停打印作业和取消打印队列中的某些或全部打印作业。

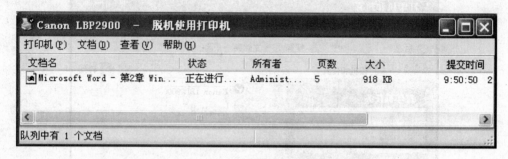

图 2.26　打印机管理

2.6.5　设置日期和时间

双击"控制面板"中的"日期和时间"图标,弹出"日期和时间属性"对话框,如图 2.27 所示。双击任务栏右侧的时间指示器也可打开此对话框。

在"日期和时间"标签中,可以设置年、月、日和时、分、秒,单击"确定"完成设置。

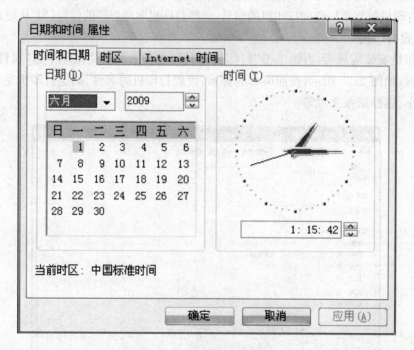

图 2.27　日期和时间属性

2.6.6 添加和删除应用程序

双击"控制面板"中的"添加/删除程序"图标,弹出"添加或删除程序"对话框,如图 2.28 所示。

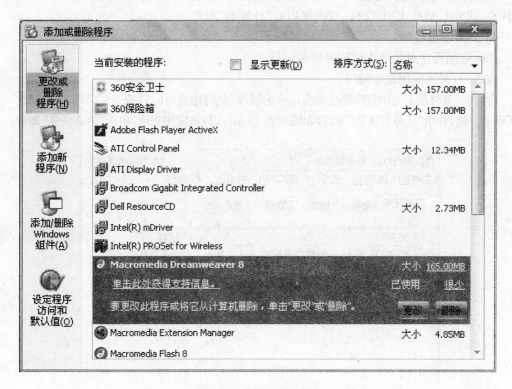

图 2.28 添加/删除程序

1. 添加应用程序

有些软件是自动安装的,只需要将光盘直接插入光驱,根据提示向导进行安装即可。使用"控制面板"中的"添加新程序"对话框,将光盘插入光驱也可以安装。

安装应用程序不同于文件复制。软件商一般会将研制的软件压缩、打包后提供给用户,用户若仅将文件复制到硬盘是不能运行的。安装应用程序包括将光盘中的软件解压缩到硬盘的指定位置,在 Windows 系统中进行注册,在"开始"菜单中生成菜单项等一系列任务。

2. 删除应用程序

只需要在对话框中(图 2.28)选择要删除的应用程序,点击"更改或删除程序"按钮,就可以删除一个应用程序。

有些应用程序自带删除(卸载)应用程序,执行该卸载程序也可删除该程序。

删除应用程序不同于文件删除。删除应用程序包括删除应用程序的所有文件、注销系统注册表、删除相对应的菜单等。

3. 运行应用程序

运行应用程序也叫打开、执行应用程序,一般方法有:

① 双击桌面上的快捷方式。如双击桌面上(图 2.1)的"腾讯 QQ"。

② 单击"开始"菜单中相应的程序项。如单击"开始"→"程序"→"附件"→"计算器",可启动"计算器"程序。

③ 键盘输入程序的可执行文件名。如单击"开始"→"运行",在出现的对话框中输入"C:\WINDOWS\CALC.EXE",单击"确定"便启动"计算器"程序。

④ 双击程序的可执行文件名。如在"资源管理器"窗口中,选中 C 盘下的 WINDOWS 文件夹,找到 CALC.EXE 文件,双击便启动"计算器"程序。

4. 关闭应用程序

关闭应用程序就是终止应用程序的运行。

方法一:关闭应用程序窗口。

方法二:有时某个应用程序停止响应用户的操作,此时用户可同时按下<Ctrl>+<Alt>+<Delete>键,弹出"任务管理器"窗口,如图 2.29 所示,选择该应用程序,单击"结束任务"即可。

图 2.29　任务管理器

2.6.7　中文输入法

Windows 系统提供了多种中文输入法,如智能 ABC、全拼、区位、五笔等。用户根据需要可以安装和删除输入法。

1. 添加和删除输入法

在"控制面板"窗口中,双击"区域与语言选项"图标,弹出"区域和语言选项"窗口,再单击"语言"标签中的"详细信息",弹出对话框,如图 2.30 所示。

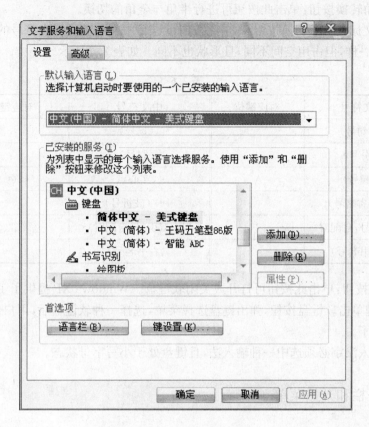

图 2.30　输入法设置对话框

（1）添加输入法

单击"添加"按钮，打开"添加输入语言"对话框，在"输入语言"下拉列表框中选中需要添加的输入法，最后单击"确定"按钮即可。

（2）删除输入法

要删除某个输入法，只需在"已安装的服务"列表框中选择该输入法，单击"删除"按钮即可。

2. 输入法的切换

安装中文输入法后，用户可随时打开并选择中文输入法。打开中文输入法有以下几种方法：

① ＜Ctrl＞＋空格键：在中文输入法与英文输入法之间切换。

② ＜Ctrl＞＋＜Shift＞：在各种输入法之间循环切换。

③ 用鼠标单击任务栏上的输入法图标，选择需要的输入法即可。

3. 输入法状态条的使用

打开中文输入法后，出现了如图 2.31 所示的状态条，它包含以下几个按钮：

图 2.31　输入法状态条

● 中、英文切换按钮：单击此按钮可进行中文与英文输入法的切换，同＜Ctrl＞＋空格键。

● 半、全角转换按钮：单击此按钮可进行半角与全角的切换。

● 中、英文标点符号切换按钮：单击此按钮可进行中文与英文标点符号的切换。中、英文标点的按键一样，但占用空间不同，且形状也不同。如表 2.6 所示。

表 2.6

中文符号	对应键位	中文符号	对应键位
。（句号）	.	，（逗号）	,
；（分号）	;	：（冒号）	:
、（顿号）	\	·（实心点）	@
……（省略号）	^	——（破折号）	—
' '（单引号，自配对）	'	" "（双引号，自配对）	"
《（左书名号）	<	》（右书名号）	>

● 软键盘按钮：单击此按钮可打开或关闭软键盘。Windows XP 提供了 13 种软键盘布局，用鼠标右键单击软键盘按钮，弹出键盘选择菜单，选择一种软键盘后，用户便可输入该软键盘上的内容了。

注意 输入汉字必须选中一种输入法，且键盘处于小写字母状态。

2.6.8 任务栏和开始菜单

1. 任务栏设置

鼠标右键单击任务栏上的空白区域，弹出快捷菜单，选择其中的"属性"菜单项，则打开"任务栏和开始菜单属性"对话框，如图 2.32 所示。

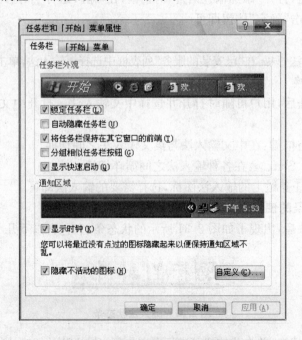

图 2.32 任务栏和开始菜单属性设置

"任务栏和开始菜单属性"对话框中有以下几个复选框：

● 总在最前：选中后，任务栏将保持在其他窗口的前端；如不选，则其他窗口最大化时就覆盖任务栏。

● 自动隐藏：选中表示任务栏将隐藏起来，不再显示。只有将鼠标指针移到任务栏的位置，隐藏的任务栏才会显示。

● 显示时钟：选中表示在任务栏中显示时间信息，否则不显示。

2. "开始"菜单的设置

在 Windows 系统中，"开始"菜单是用户进行各种操作的入口。"开始"菜单的内容可以进行设置。在图 2.32 中选择"开始菜单"标签项，再选"自定义"，出现如图 2.33 所示对话框，可对"开始"菜单进行设置，单击"确定"按钮即可让设置生效。

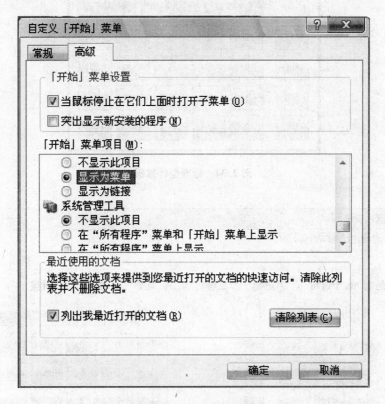

图 2.33　开始菜单设置

2.7　Windows XP 的附件

附件是 Windows XP 系统提供的一些实用程序，从"开始"菜单中选择"程序"下的"附件"子菜单，便可从中选择所需的程序。

1. 计算器

计算器程序提供了两种工作模式。标准型计算器可以进行简单的算术运算；科学型计算器的功能更强大,除一般算术运算外,还可以进行数的进制转换、三角函数计算和统计处理等。

单击"开始"菜单,选择"程序"、"附件"、"计算器"命令项,打开计算器窗口,如图 2.34 所示。单击"查看"菜单,选择"科学型"命令项,可以转换到科学型计算器窗口,如图 2.35 所示。

图 2.34 标准型计算器

图 2.35 科学型计算器

2. 记事本

记事本是用来创建、编辑文本文件的应用程序。文本文件扩展名为.TXT,文件大小不超过 64 KB,内容为纯文本,一个 ASCII 字符占 1 字节,一个汉字占 2 字节。单击"开始"菜单,选择"程序"、"附件"、"记事本"命令项,打开记事本窗口,如图 2.36 所示。

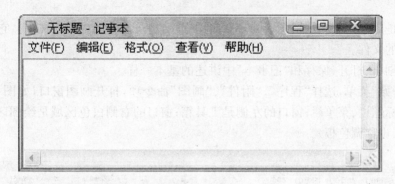

图 2.36　记事本

（1）创建文档

启动记事本时会自动新建一个名为"无标题"的文档，接着便可以在文本区输入文字，并能进行编辑（插入、删除、修改等）。

（2）打开文档

① 单击菜单栏中的"文件"、"打开"菜单命令，出现"打开"对话框，选择指定的文本文件。

② 双击指定的文件，将启动记事本，并打开该文件。

（3）保存文档

单击菜单栏中的"文件"、"保存"菜单命令，第一次存盘将出现"另存为"对话框，选择指定位置、文件名后单击"保存"即可；下次存盘将不再提示。

文件也可以另存为其他名称，选择菜单中的"文件"、"另存为"，出现"另存为"对话框，操作与首次文档存盘类似。

3. 写字板

写字板是 Windows 在附件中提供的另一个文字处理程序，适于编辑具有特定格式的小文档。写字板的功能比记事本强大，而不如 Microsoft Word。写字板具有一定的格式化功能，如字体选择等。

写字板可处理文本文档、Word 文档、RTF 文档。文档的创建、打开、保存类似前面介绍的记事本。

单击"开始"菜单，依次选择"程序"、"附件"、"写字板"命令项，打开写字板窗口，如图2.37所示。

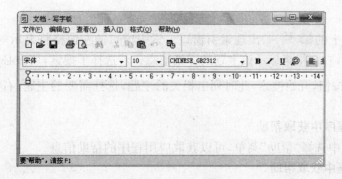

图 2.37　写字板

4. 画图

"画图"是用来绘制和编辑图形的一个应用程序,也可以在图中插入文字。它支持 bmp、jpeg 等格式的文件。

文件的创建、打开、保存和"记事本"中讲述的基本一样。

单击"开始"菜单,选择"程序"、"附件"、"画图"命令项,打开画图窗口,如图 2.38 所示。窗口上部是标题栏、菜单栏;窗口的左侧是工具箱;窗口的右侧白色区域是绘图区;窗口的底部是颜料盒(也称调色板)。

图 2.38　画图

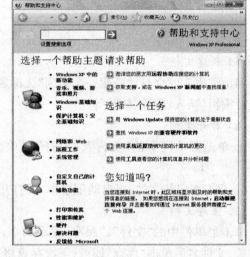

图 2.39　系统帮助

2.8　Windows XP 的帮助系统

Windows XP 提供了综合的联机帮助系统,用户通过帮助系统可以快速找到问题的答案。用户获取系统帮助有多种途径。

1. 获取系统帮助

按下 ![win] +<F1>打开"帮助和支持中心"窗口,如图 2.39 所示,选择一个帮助主题,请求帮助。

单击工具栏上的 ![索引] ,出现索引窗口。索引窗口的左窗格将显示一系列帮助主题,鼠标双击某主题,右窗格将显示该主题的详细信息。若选择了搜索,用户必须键入要查找的关键字,单击 ![→] 按钮,开始搜索,此时列出相关的主题,选择需要的主题,右窗格将显示该主题的详细信息。

2. 在应用程序中获取帮助

在应用程序中选择"帮助"菜单,可以获取应用程序的帮助信息。

3. 在对话框中获取帮助

在对话框中单击"?"按钮,再单击需要求助的项目,便可获取关于这个项目的帮助信息。

习　题

一、单项选择题

1. Windows 是(　　)。
   A. 高级语言　　　　B. 语言处理程序　　　C. 数据库系统　　　D. 操作系统
2. Windows XP 操作系统是一个(　　)。
   A. 单用户多任务操作系统　　　　　　　B. 单用户单任务操作系统
   C. 多用户单任务操作系统　　　　　　　D. 多用户多任务操作系统
3. Windows 环境中,整个屏幕显示界面称为(　　)。
   A. 对话框　　　　　B. 窗口　　　　　　　C. 资源管理器　　　D. 桌面
4. 当一个应用程序窗口被最小化后,该应用程序将(　　)。
   A. 被终止执行　　　　　　　　　　　　B. 继续在前台执行
   C. 被暂停执行　　　　　　　　　　　　D. 被转入后台执行
5. 放入回收站中的可以是以下内容(　　)。
   A. 文件夹　　　　　B. 文件　　　　　　　C. 快捷方式　　　　D. 以上都对
6. 在 Windows 中,回收站是(　　)。
   A. 软盘中的一块区域　　　　　　　　　C. 内存中的一块区域
   B. 硬盘中的一块区域　　　　　　　　　D. 高速缓存中的一块区域
7. Windows 中的任务栏上存放的是(　　)。
   A. 系统正在运行的所有程序
   B. 系统前台运行的所有程序
   C. 系统保存的所有程序
   D. 系统后台运行的所有程序
8. 按一般操作方法,下列对于 Windows XP 桌面图标的叙述错误的是(　　)。
   A. 所有图标都可以重命名　　　　　　　B. 所有图标都可以重新排列
   C. 所有图标都可以删除　　　　　　　　D. 桌面图标样式都可更改
9. 下列关于对话框的叙述中,错误的是(　　)。
   A. 对话框是提供给用户与计算机对话的界面
   B. 对话框中没有菜单栏
   C. 对话框的位置和大小都不能改变
   D. 对话框的位置可以移动,但大小不能改变
10. 用鼠标点击并拖动(　　)可以移动窗口。
    A. 状态栏　　　　　B. 标题栏　　　　　　C. 菜单栏　　　　　D. 工具栏
11. Windows 菜单中"…"表示(　　)。
    A. 是一个可选项　　　　　　　　　　　B. 有一个对话框

C. 有一个子菜单   D. 该项不可用

12. 在 Windows 环境下,用键盘关闭任务窗口的按键为( )。

    A. <Esc>   B. <Tab>

    C. <Alt>+<F4>   D. <Alt>+<Tab>

13. 在 Windows XP"资源管理器"中,如果想一次选定多个分散的文件或文件夹,正确的操作是( )。

    A. 按住<Ctrl>键,用鼠标右键逐个选取

    B. 按住<Shift>键,用鼠标右键逐个选取

    C. 按住<Ctrl>键,用鼠标左键逐个选取

    D. 按住<Shift>键,用鼠标左键逐个选取

14. 在 Windows 的资源管理器窗口中,在同一硬盘的不同文件夹之间移动文件的操作为( )。

    A. 选择该文件后用鼠标单击目的文件夹

    B. 选择该文件后用鼠标拖动该文件到目的文件夹

    C. 按下<Ctrl>键并保持,再用鼠标拖动该文件到目的文件夹

    D. 按下<Shift>键并保持,再用鼠标拖动该文件到目的文件夹

15. 在 Windows XP 中,若已选定某文件,不能将该文件复制到同一文件夹下的操作是( )。

    A. 用鼠标右键将该文件拖动到同一文件夹下

    B. 用鼠标左键将该文件拖动到同一文件夹下

    C. 先执行"编辑"菜单中的"复制"命令,再执行"粘贴"命令

    D. 按住<Ctrl>键,再用鼠标右键将该文件拖动到同一文件夹下

16. 在 Windows XP 中,为保护文件不被修改,可将它的属性设置为( )。

    A. 只读   B. 存档   C. 隐藏   D. 系统

17. 剪贴板中的内容可以被( )。

    A. 粘贴一次   B. 粘贴任意次

    C. 放在回收站里   D. 直接存放在磁盘上

18. 在某个文档窗口中,已经进行了多次剪贴操作,当关闭该文档窗口后,剪贴板中的内容为( )。

    A. 第一次剪贴的内容   B. 最后一次剪贴的内容

    C. 所有剪贴的内容   D. 空白

19. Windows 系统中的磁盘碎片整理程序是用来( )。

    A. 删除回收站里的程序   B. 检查磁盘是否有损坏

    C. 扩大磁盘空间   D. 重新安排文件在磁盘上的位置

20. 在 Windows XP 中,通过"控制面板"中的( )可调整显示器的桌面背景。

    A. 键盘   B. 系统   C. 显示   D. 添加删除程序

21. Windows XP 在实施打印时,是将打印作业( )。

    A. 直接送往打印机打印

    B. 直接送往打印队列排队等候打印

    C. 直接送往磁盘缓冲区等候打印机打印

　　D. 直接送往内存储器等候打印机打印

22. Windows XP 中,要将整个桌面的内容复制到剪贴板上,应该按(　　　)键。

　　A. <Ctrl>　　　　　　　　　　　　　B. <CapsLock>

　　C. <Tab>　　　　　　　　　　　　　D. <PrintScreen>

23. 在 Windows 系统中,按(　　　)键可在中、英文输入法之间切换。

　　A. <Ctrl>＋<Shift>　　　　　　　　B. <Ctrl>＋空格

　　C. <Shift>＋空格　　　　　　　　　D. <Alt>＋<Shift>

24. 在 Windows XP 系统中,进入"MS‐DOS 方式"后,如需返回 Windows XP,应键入(　　　)命令。

　　A. Down　　　　　B. Quit　　　　　C. Exit　　　　　　　　D. Delete

25. 在 Windows XP 中配置"打印机",若某打印机图标带有"√",则表示该打印机(　　　)。

　　A. 正处于打印工作状态　　　　　　B. 是系统默认打印机

　　C. 现在不可用　　　　　　　　　　D. 是本地打印机

二、填空题

1. Windows XP 操作系统是＿＿＿＿＿＿＿＿＿界面操作系统。

2. 在 Windows 系统中,灰色显示的命令项表明该命令＿＿＿＿＿＿;前面有"√"的命令项表明该命令＿＿＿＿＿＿;后面带有"..."的命令项表明该命令＿＿＿＿＿。

3. 应用程序窗口的标题栏按钮有＿＿＿＿＿＿、＿＿＿＿＿＿、＿＿＿＿＿＿。

4. 在 Windows XP 中,打开"资源管理器"窗口后,要改变文件或文件夹的显示方式,应选用＿＿＿＿＿＿菜单。

5. 在 Windows 系统中,复制当前窗口到剪贴板可按＿＿＿＿＿＿＋＿＿＿＿＿＿键。

6. 在 Windows 系统中,用"记事本"创建的文件的扩展名为＿＿＿＿＿。

实　　验

实验 2.1　Windows XP 基本操作

一、实验要求和目的

1. 掌握 Windows XP 操作系统的启动和退出。

2. 熟练地进行鼠标、键盘的基本操作。

3. 熟悉 Windows XP 的桌面、"开始"菜单和任务栏。

4. 掌握窗口、菜单的基本操作。

二、实验内容和步骤

1. Windows 的启动：打开电源（一般在面板上），系统将自动启动，观察启动过程（屏幕的内容有何变化）。

2. Windows 的关闭：单击菜单"开始"→"关闭系统"，选择"关闭"。不能直接关电源。

3. 鼠标操作：边操作边观察界面的变化。

移动：使鼠标达到屏幕任何位置。

单击：单击"我的电脑"；移动鼠标并单击"网上邻居"。

双击：双击"我的电脑"。

右击：鼠标在空白处右击；鼠标在"我的电脑"处右击。

两次单击：（与双击比较）两次单击"我的电脑"。

4. Windows 界面的认识。

桌面对象："开始"按钮，"我的电脑"，"我的文档"，"回收站"，"网上邻居"，"我的公文包"。

对象的创建：在桌面上创建一个对象"新建文件夹"。

对象的删除：拖放"新建文件夹"到"回收站"。

5. 任务栏：切换窗口，查看日期，改变输入法。

6. 窗口的操作。

(1) 打开窗口：双击桌面上的"我的电脑"图标，了解窗口的组成。

(2) 移动窗口：拖动窗口的标题栏，放到合适的位置，观察其变化。

(3) 缩放窗口：拖动窗口的边框缩小、放大，拖动窗口角按比例缩放。

(4) 窗口的最大化、最小化、还原。

(5) 活动窗口的切换。

(6) 浏览窗口的内容：拖动滚动条可实现窗口内容的滚动，或单击滚动箭头实现内容的滚动。

(7) 窗口的关闭：打开一个窗口，双击"控制菜单"实现窗口的关闭；或单击窗口右上角的"关闭"按钮；或单击菜单"文件"、"退出"；或按<Alt>＋<F4>组合键。

7. 对话框的操作。

(1) 双击任务栏上的日期按钮，出现"日期/时间属性"对话框。移动对话框，改变对话框的大小。与窗口操作比较，了解它们的差异。

(2) 关闭对话框。

(3) 双击桌面上的"我的电脑"，打开窗口，单击菜单"工具"，单击"文件夹选项"，出现对话框，单击"查看"选项卡；认识单选按钮、复选按钮；单击相应按钮，查看其变化；最后关闭对话框。

8. 菜单的操作。

(1) 单击"开始"按钮，观察"开始"菜单的布局，熟悉菜单的约定。

(2) 打开"我的电脑"窗口。

(3) 重复选择"查看"菜单的"状态栏"，观察窗体的变化。

(4) 重复选择"查看"菜单的"工具栏"中的各选项，观察窗体的变化。

（5）按<Alt>＋E 键选择"编辑"菜单。

（6）关闭窗口。

9. 练习：打开"我的电脑"、"我的文档"，分别调整两个窗口大小到并列状态。

实验 2.2　Windows XP 资源管理器

一、实验要求和目的

1. 熟悉"资源管理器"的界面。

2. 掌握磁盘的使用。

3. 掌握文件及文件夹的管理（选定、复制、删除、移动、更名、查找）。

二、实验内容和步骤

1. 用三种方法打开"资源管理器"，然后打开一个文件夹进行以下操作：

（1）显示、隐藏"文件夹"（即左窗口）。

（2）显示、隐藏工具栏。

（3）调整左、右窗格的大小。

（4）选择"查看"菜单下的不同的显示方式（4 种），观察窗口的变化。

（5）选择"查看"菜单下的不同的排列图标方式（4 种），观察窗口的变化。

2. 磁盘的操作。

（1）格式化软盘：打开"我的电脑"，选定磁盘驱动器（单击盘符，不能双击，双击盘符则打开磁盘），从"文件"菜单中选择"格式化"命令，弹出"格式化"对话框，进行相应设置后执行格式化操作。

（2）查看磁盘内容：利用"我的电脑"或"资源管理器"查看磁盘中的文件夹层次结构、文件个数、文件的位置。

（3）查看磁盘属性：选中磁盘，右键弹出菜单，选择"属性"。

3. 文件和文件夹操作（在 A 盘或 D 盘上分别用菜单、按钮、快捷菜单操作）。

（1）新建：以自己的姓名为名创建一个文件夹；在该文件夹内建 PHOTO、TEXT 子文件夹；在 TEXT 文件夹中创建"ZHANG. TXT"和"WANG. TXT"两个文件。

（2）复制：用两种方法（拖放、剪贴板）将 TEXT 文件夹中的文件复制到 PHOTO 文件夹中。

（3）改名：将 TEXT 文件夹中的两个文件改名为"张. TXT"、"王. TXT"。

（4）移动：将文件"张. TXT"和"ZHANG. TXT"位置交换。

（5）删除：删除文件"王. TXT"和"WANG. TXT"。

（6）将文件"张. TXT"设置为隐藏属性，将文件"ZHANG. TXT"设置为只读属性。

实验 2.3   Windows XP 控制面板和附件

一、实验要求和目的

1. 了解控制面板。
2. 掌握显示器、鼠标等设备的设置。
3. 学会使用 Windows 提供的附件。
4. 学会使用 Windows 的系统工具。

二、实验内容和步骤

1. 显示器的设置。

(1) 设置桌面的背景，并采用三种方式：居中、平铺和拉伸。

(2) 设置屏幕保护程序为三维文字"大学计算机基础"，旋转方式为随机。

(3) 将屏幕的分辨率设置为 1024×768。

2. 对系统日期和时间进行设置。

3. 鼠标设置为显示指针轨迹。

4. 使用"记事本"录入一些文字，含有标点符号、数字、英文大小写、汉字等内容，以个人名字为名存入磁盘（输入法切换、中英文标点）。

5. 使用"画图"读入"计算器"窗口，以个人名字为名存入磁盘。

6. 系统工具的操作。单击"开始"、"程序"、"附件"、"系统工具"：

(1) 进行"磁盘清理"。

(2) 进行"磁盘碎片整理"。

第 3 章　Word 2003

Word 2003 是微软公司开发的办公自动化软件系统 Office 2003 中的一个主要组件，是目前世界上最流行的文字编辑软件之一。使用它我们可以编排出精美的文档，方便地编辑和发送电子邮件，编辑和处理网页等等。Word 2003 充分利用了 Windows 图文并茂的特点，为处理文字、表格、图形、图片等提供了一整套功能齐全、运用灵活、操作方便的运行环境。用户界面使用了"所见即所得"技术。Word 2003 中文版的窗口、菜单、对话框与帮助信息全部为中文，使用方便快捷。

3.1　Word 2003 概述

3.1.1　Word 2003 的基本功能

Word 2003 可以帮助我们写信、报告、论文并进行编辑、排版、打印，能产生同书籍、杂志、报刊一样的排版效果。它还可以处理各种表格与图片，并具有同 Windows 相同风格的图形操作界面，易上手。具体介绍如下：

1. 文件管理功能

Word 2003 可以打开用户需要的特定类型文件，也可以同时打开多个文件，并对这些文件（通过窗口切换）进行保存、编辑、排版、打印、删除、文档加密和意外情况恢复等操作。Word 2003 还可以打开及存取其他文字处理软件的文件，并自动进行格式转换，例如打开 WPS 等文字处理软件生成的文书文件。

实际处理的文件常常有固定的格式，如报告、公文、信函、简历等，这些格式在 Word 2003 中称为模板（Template）。Word 2003 为用户提供了大量丰富的文件格式模板，用户在创建文件后可随时设定文件格式模板，Word 2003 将根据用户给定的模式进行自动的内容编排。

2. 编辑功能

Word 2003 具有强大的编辑功能，它可以非常方便快捷地进行各种编辑工作，例如插入、删除、查找、替换、复制、移动等。它的查找功能不仅能对字、词进行查找，还可对样式、某种特定段落、特殊的字符进行查找和替换，例如将所有的软回车换成硬回车等。用户可以建立自己的图文词条，将常用的词或图连同它们的格式一同定义在词条中，在工作中随时取用。

3. 版面设计

使用基于页面的"所见即所得"模式，可完整地显示字体及字号、页眉和页脚、图片、表格、图形、文字，并可分栏编排。

4. 表格处理功能

Word 2003 处理表格非常方便，支持自动处理和手工处理两种方式，可随时对表格进行编辑调整，并且能方便地生成各种统计图表。

5. 图形处理功能

Word 2003 可以在文档中插入不同应用程序生成的不同格式的图形文件或图片，实现图文混排，例如 bmp、jpg 格式。同时 Word 2003 也提供了图形文件格式的转换功能。

6. 在线帮助功能

在 Word 2003 的操作过程中，可以通过以下几个途径获取帮助：

① 通过 Office"助手图案"。"助手图案"若是关闭的，单击"帮助/显示 Office 助手"。助手图案有十个，可通过右击助手图案在弹出菜单中选择"选项"或"选择助手"两个按钮，然后在弹出的对话框中按提示选择。要获取助手帮助，可左键单击助手图案，在弹出的对话框的下半部键入要询问的内容，点"搜索"，再在助手提供的数条内容中双击相应的条款，即可获得相应的帮助。

② 通过帮助索引或目录。单击菜单栏中的"帮助"菜单，执行"Microsoft Office Word 帮助 F1"命令，在弹出的助手对话框中获得帮助。

③ 通过在菜单右侧的输入框 `键入需要帮助的问题` 中键入问题获得相关帮助信息。

④ 在对话框中一般均有 `?` 按钮，用鼠标点击此按钮，然后再点击有关的项目，即可获得解释。

⑤ 按<F1>键获得帮助。

在 Word 2003 的操作中，在线帮助功能可以帮助你解决很多问题。

7. 其他功能

包括使用样式、建立目录、创建和使用宏等，以提高对文档自动处理的功能。

3.1.2　Word 2003 的新特点

Word 2003 适用于制作各种文档，比如信件、传真、公文、报纸、书刊和简历等。初看上去 Word 2003 与它的前一版本几乎没有什么变化，只是界面显得更加友好，但实质上 Word 2003 做了很大的变动。Word 2003 与以往版本的最大不同之处就是用 Word 2003 与他人交流更加方便，能够很好地进行协同工作。

下面列出 Word 2003 中主要的几个特点：

1. 更加方便地开始工作

在我们启动 Word 2003 后，不但创建了一个新的空白的文档，同时还显示出"开始工作"任务窗格。"开始工作"，顾名思义，在这里用户可以开始进行新的工作。例如用户可以从"打开"区域打开文档；可以在"搜索"文本框中输入信息开始搜索；单击"新建文档"选项，则可以创建一个新的文档；如果用户的计算机已与网络相连，还可以在"Office online"区域到网上寻找更多的信息。

2. 全新的文档保护

在原来版本的 Word 中,为了防止他人在自己的文档上为所欲为,可以为它设置修改权限。但这种设置有不足之处,那就是在同一篇文档中有的内容不允许被人修改,有的内容又必须让人修改时,修改权限对此无能为力。在 Word 2003 中,用户就不必为这种问题而困扰,在它的"保护文档"任务窗格中,用户可以为文档中特定的编辑方式设置权限。用户可以使用"格式设置限制"功能来设置在文档中允许使用的格式;可以使用"编辑设置"功能设置他人的编辑限制,例如可以设置允许他人批注而不允许其他的编辑工作等;用户还可以为文档中的部分内容设定编辑权限,并且还可以为特定的用户设置编辑权限。

3. 共享文档

Word 2003 提供了一个非常有用的新功能:"同一部门中的多名用户同时编辑同一个文件",即在协同工作中非常有用的新功能"共享工作区"。

利用电子邮件虽然能够迅速地交换在同一部门内同时编辑的文件,但此时的问题是,由于每个人手中的文件不相同,时间越长,各自的内容就相差越大,另外,也不清楚是谁在编辑这个文件。

新版本的 Word 2003 就不需担心这一点,用户可以创建"共享工作区",然后利用文档更新的功能对工作区中的文件进行更新。"共享工作区"中还具有记录编辑过程的历史备忘,并能显示正在编辑同一个文件的用户所使用的消息软件的在线状态等。由于在打开 Word 文件时,在工作窗口中会显示这些信息,因此能够顺利地进行协同工作。

4. 使用 XML 文档

在 Word 2003 中,可以从 XML 兼容的数据源中导入数据,这样 Office 将与非微软出品的服务器端应用软件紧密集成。不同平台之间、服务器与客户端之间的数据访问、共享、编辑、存储变得非常方便。

在 Word 2003 中,用户可以使用自己的 XML 元素。不过在使用自己的 XML 元素之前,应首先选择一个架构。在创建结构化的文档时,应用软件的任务窗口提供了可定制的帮助和浏览栏。一方面,它给用户的感觉就像是使用传统的 Word;另一方面,它又提供了后台数据库和信息管理系统的扩展。

5. Office 任务窗格

Microsoft Office 中最常用的任务现在被组织在与 Office 文档一起显示的窗格中。在下列情况下,该任务窗格可继续工作:使用"搜索"任务窗格搜索文件,从项目库中选取项目粘贴在"Office 剪贴板"任务窗格,使用启动 Office 程序时的任务窗格创建新文档或打开文件。其他任务窗格根据每个 Office 程序的不同而不同。

6. 声音命令和听写

现在,除了使用鼠标和键盘,您还可以通过朗读来选择菜单、工具栏和对话框项。还可以通过朗读输入文本。在简体中文、美国英语和日语语言版的 Microsoft Office 中可使用该功能。

7. 支持手写体输入

可用手写体输入设备(例如图形输入板或 PC 输入板)写字,或者用鼠标写字,您的自然手写字将转换成键入的字符。在 Word 和 Microsoft Outlook 中,还可以选择将文字保留为手写体的形式。

8. 翻译

Word 2003 提供基本的双语词典和翻译功能,并可访问因特网上的翻译服务。

3.1.3 启动 Word 2003

启动 Word 2003 有以下几种方法:

① 单击任务栏上的"开始"按钮,从弹出的菜单中选择"程序"→"Microsoft Office 2003"→"Microsoft Word 2003"命令启动 Word 2003。

② 在"我的电脑"或"资源管理器"中找到一个 Word 文档,双击该文档可以启动 Word 2003。

③ 如果桌面上已有 Word 2003 的快捷方式,则双击该快捷方式可启动 Word 2003。

3.1.4 Word 2003 界面组成

Word 2003 界面包括标题栏、菜单栏、工具栏、格式栏、标尺、编辑区、状态栏等,如图 3.1 所示。

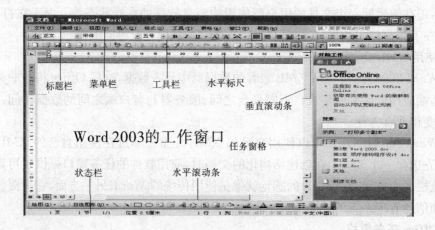

图 3.1 Word 2003 界面

下面分别介绍它们的作用:

1. 标题栏

标题栏主要由控制菜单按钮、当前编辑文档名、窗口标题和窗口控制按钮四部分组成,位于窗口的第一行。

标题栏最左边的 ▓ 图标为 Word 窗口的控制菜单按钮,单击该图标可打开窗口控制菜单,双击该图标可关闭 Word 窗口。

紧跟在 ▓ 图标右边的是当前编辑的文件名。如果是新建文档,Word 会自动建立一个临时文档,文件名为"文档1",以后再创建新的文档,则文件名依次为"文档2"、"文档3"……据此来标记那些未曾命名的文档。如果装入的是磁盘上已有的文档,则该处显示实际的文件名。

标题栏右端是三个窗口控制按钮,分别为"最小化"、"最大化/还原"和"关闭"按钮。

2. 菜单栏

菜单栏位于窗口的第二行。Word 2003 有 9 组菜单项，Word 2003 的所有功能都可通过选择主菜单上的菜单项和选择由此而出现的下拉菜单或对话框中的选项来实现。

在通常情况下，Word 2003 的下拉菜单中仅仅显示最常用的选项，如果用户需要使用的命令没有出现在常用菜单中，可以单击菜单底部的双箭头  或将鼠标指针在其上停留片刻，则会自动打开带有完整内容的详细下拉菜单（图 3.2）。当用户从详细下拉菜单中单击选中一个菜单命令后，原先隐藏的菜单项会自动出现在常用菜单上，下次就可以直接从菜单中选取了，这就是 Word 的个性化的特点。

图 3.2　编辑菜单

3. 工具栏

工具栏位于窗口的第三行。工具栏主要是为方便用户操作，将菜单中最常用的命令以形象的图标形式排列在一行（栏）。当把鼠标指针放在某按钮上并停留数秒时，其下方将显示出该按钮的命令名称。每个图标称为一个工具按钮，用鼠标单击某工具按钮即可执行相应的操作命令，效果与选择菜单栏中的相应命令相同。

工具栏上默认显示"常用"工具栏和"格式"工具栏。其他工具栏可通过"视图"菜单→"工具栏"→单击选择某工具栏，从而将该工具栏调入窗口。

● "常用"工具栏：可以完成打开文件、文件存盘、打印、复制、粘贴等操作。

● "格式"工具栏：可以设置已被选定文字的格式，如字体、字形、对齐方式等。

Word 的工具栏也具备类似菜单栏的个性化特性。在通常情况下，Word 的工具栏中也与菜单一样仅仅显示最常用的工具选项，如果用户需要使用的工具没有出现在工具栏中，可以单击工具栏后面的向下箭头，即可展开工具栏上的所有工具按钮供选择。

用户可以单击"工具/自定义"或"视图/工具栏/自定义"，打开工具栏自定义对话框，对工具栏进行个性化设置。

4. 标尺

标尺有水平标尺和垂直标尺两种。使用标尺上的符号和拖动水平标尺上的滑块，可以对选中的文本或光标所在的段或行设置页边距、制表位和段落的缩进。用户通过标尺可以看出文稿的宽度，从而精确定位。在页面视图方式下还会出现垂直标尺（左边第一列）。标尺中部的白色部分表示版心的宽度，两端灰色部分是页面四边的空白区（页边距），该区域内不能写入文字。选择"视图/标尺"，可显示或关闭标尺。

5. 文档窗口

窗口中部的大面积区域为文档窗口,用户输入和编辑文本、表格、图形和图片都是在文档窗口中进行的,排版后的结果可以立即在文档窗口中看到(所见即所得)。文档窗口中有一个不断闪烁的竖线,为插入点,又称光标,它标记新键入字符的位置。用鼠标单击某位置或移动键盘上的光标键,可以改变插入点的位置。双击鼠标于文本任意空白处,可直接将插入点定位在该处,这是 Word 的即点即输功能。

6. 状态栏

状态栏显示当前文档的页码、节号、当前页数/总页数、插入点位置等信息,如图 3.3 所示

| 86 页 | 1 节 | 5/56 | 位置 23.4厘米 | 40 行 | 10 列 | 录制 修订 扩展 改写 | 中文(中国) |

图 3.3　状态栏

当执行某项操作时,在状态区中将显示该项操作位置的提示信息,具体含义如下:

● 页、节、分数:显示文档窗口中的内容所在的页、节及“当前所在页码/当前文档总页数”。

● 位置、行、列:位置为插入点距当前页头的厘米数,行、列为插入点在当前页中的行号和列号。如果插入点不在当前页,则不显示。

● 录制、修订、扩展、改写:以黑字显示时,表示当前编辑状态处于该模式;淡色显示时,表示该模式无效。双击某项可改变模式。

7. 滚动条

垂直滚动条中的滑块位置(滑块的大小表示文档内容的长短)指示出文档窗口中显示的内容在整个文档中的相对位置。用鼠标点住滑块拖动,可快速移动文档内容,同时滚动条附近会显示当前移动内容的页码。

单击垂直滚动条中滑块的上部或下部,则文档内容向上或向下移动一屏幕。垂直滚动条下部还有四个按钮:下箭头、上双箭头、圆点、下双箭头。单击下箭头一次,文本向下走一行;圆点为“选择浏览对象”按钮;上、下双箭头按钮的功能会随着选择的浏览对象的不同而改变,默认为按页浏览,即“前一页”、“下一页”。

使用键盘上的方向键(↑、↓、←、→)也可使文档内容滚动一行或一列,使用<PageUp>或<PageDown>键可使文档内容滚动一个屏幕。

单击水平滚动条两端的左、右箭头,可使文档内容向左或向右移动。在水平滚动条左侧还有五个按钮:普通视图、Web 版式视图、页面视图、大纲视图和阅读版式,通过这些按钮可以方便地在不同的视图间进行切换。

8. 任务窗格

任务窗格是 Word 2003 的一个重要功能,它可以简化操作步骤,提高工作效率。Word 2003 的任务窗格显示在编辑区的右侧,包括“开始工作”、“帮助”、“新建文档”、“剪贴画”、“剪贴板”,“信息检索”、“搜索结果”、“共享工作区”,“文档更新”、“保护文档”、“样式和格式”、“显示格式”、“合并邮件”、“XML 结构”14 个任务窗格选项。

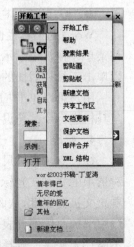

图 3.4　任务窗格菜单

　　默认情况下,第一次启动 Word 2003 时打开的是"开始工作"任务窗格。如果在启动 Word 2003 时没有出现任务窗格,可以执行"视图/任务窗格"命令,将其调出。在任务窗格中,每个任务都以超级链接的形式给出,单击相应的超级链接即可执行相应的任务。任务窗格给文档的编辑带来了极大的方便,用户可以在任务窗格中快捷地选择所要进行的部分操作,从而摆脱了单一的从菜单栏中进行操作的模式。

　　在创建文档的过程中,如果因为任务窗格的存在影响文档的整体效果,可以单击任务窗格退出按钮⊠,暂时关闭任务窗格。如果要切换到其他的任务窗格,可以单击任务窗格右上角的下三角按钮,弹出如图 3.4 所示的菜单。选项前面有标记"√"的,表明是当前的选择项,要选择其他选项只需单击相应的选项即可。

　　用户还可以通过单击"返回"按钮和"向前"按钮,在已经打开的功能选项之间切换,如果单击"开始"按钮,则可回到"开始工作"任务窗格。

3.1.5　退出 Word 2003

　　退出 Word 2003 将关闭所有打开的文档,此时有些文档如果没有保存,系统会提示保存文档。常用的退出方法有:

　　① 单击菜单栏中的"文件"→"退出"命令。

　　② 双击标题栏的窗口控制菜单图标,在下拉菜单中选取"关闭"命令。

　　③ 按<Alt>+<F4>组合键。

　　④ 单击标题栏最右边的⊠按钮。

3.2　文档的创建、打开、编辑与保存

　　在这一节中,将介绍如何建立一个新文档以及如何对文档进行修改、保存和打开。

3.2.1　创建空文档

　　Word 在启动时会自动新建一个空文档,并将其暂时命名为"文档 1. doc",用户可在空文档中输入文本内容,保存该文档时可以重新命名。也可以根据需要自己创建一个空白文档。

　　常用的创建空白文格的方法有:

　　① 启动 Word 2003,单击工具栏上的"新建"按钮▣。

　　② 启动 Word 2003,单击菜单栏中"文件"→"新建"命令。

　　③ 按组合键<Ctrl>+N。

　　④ 在桌面上按鼠标右键,以快捷方式直接建立一个新的 Word 文档。

　　【例 3.1】　在桌面上建立一新的 Word 文档,名为"通知",而后以双击的方式打开此文件。

　　① 在桌面空白处单击鼠标右键,出现快捷菜单。

　　② 选择"新建"→"Microsoft Word 文档"命令。

③ 默认的文件名为"新建 Microsoft Word 文档",修改为"通知"。

④ 双击文件名为"通知"的 Word 文件图标,即可将其打开。

创建过程如图 3.5 所示。

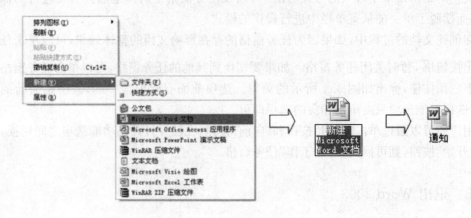

图 3.5　新建 Word 文档

3.2.2　文字的输入及修改

Word 中输入及修改文字,首先要确定光标的位置,然后根据输入的文本内容,设置输入状态。输入后需要修改,可移动光标到指定位置处加以修改。光标移动的方式见表 3.1。

表 3.1　Word 光标移动的方式

按　　键	功　　能	按　　键	功　　能
Backspace	删除光标前边的内容	PageUp	上移一屏(滚动)
Delete	删除光标后边的内容	PageDown	下移一屏(滚动)
↑、↓、→、←	使光标上、下、左、右移动	Ctrl＋PageUp	移至上页顶端
Home	光标移动到行首	Ctrl＋PageDown	移至下页顶端
End	光标移动到行尾	Ctrl＋←或→	左或右移一个单词
Ctrl＋Home	光标移动到文件开始处	Ctrl＋↑或↓	上或下移一段
Ctrl＋End	光标移动到文件结尾处	Shift＋F5	移至前一处修订

也可以用鼠标点击确定光标位置。

【例 3.2】　打开"通知"文档,输入以下内容。

【通知】

下午 3:30 到 4 楼 302 教室开会,请同学们按时到会。

2005－4－19

① 单击菜单栏的"文件"→"打开",在查找范围中找到文件所在的文件夹,单击"通知"文件名,选择打开。

② 将光标移至输入文字处。

③ 先插入"通知"两旁的特殊符号。单击菜单栏中的"插入"→"特殊符号",打开"插入特殊符号"对话框,在其中选择所需特殊符号,如图 3.6 所示。

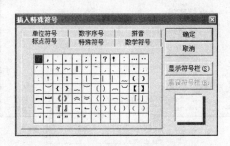

图 3.6　"插入特殊符号"对话框

④ 输入指定的内容,每行输完后按<Enter>键换行。

⑤ 单击菜单栏中的"文件"→"另存为"菜单命令,单击"保存"按钮。注意,此时如想修改文件名,可在"文件名"文本框中输入新文件名,然后保存。

3.2.3　文件的打开

打开文件的方法为:单击菜单栏中的"文件"→"打开"菜单命令或者单击工具栏上的按钮,出现如图 3.7 所示"打开"对话框,定位文件然后单击"打开"按钮即可。

图 3.7　打开文件对话框

3.2.4　文件的保存

1. 保存新建文件

保存新建文件的方法为:单击菜单栏中的"文件"→"保存"菜单命令或者单击工具栏上的按钮,第一次存盘将出现如图 3.8 所示的"另存为"对话框,选择指定位置和类型后,单击"保存"按钮即可。下次存盘将不再提示。

保存的文件类型可以为 Word 文档、RTF、网页、纯文本等格式,默认为 Word 文档,文件扩展名为.DOC。

文件也可以另存为其他名称,选择菜单栏中的"文件"→"另存为"菜单命令,出现如图 3.8 所示对话框,操作与首次文档存盘类似。

图 3.8　另存文件对话框

2. 保存已有文档

如果当前编辑的是已经命名的旧文档,可以单击"常用"工具栏上的"保存"按钮,或者按<Ctrl>+S键,或者从"文件"菜单中选择"保存"命令,这时不会出现"另存为"对话框,而直接保存到原来的文档中,并以当前内容代替原来内容,当前编辑状态保持不变。

3. 定时自动保存

编辑过程中,为确保文档安全,可以设置定时自动保存功能,Word将按用户事先设定的时间间隔自动保存文档。

具体方法是:单击"工具/选项"命令,弹出"选项"对话框,选择"保存"选项卡,选取"自动保存时间间隔"复选框,然后在数字框中输入需要的时间间隔(以分钟为单位),最后单击"确定"按钮。

3.2.5　保护文档

如果有重要文件要设置打开权限密码和修改权限密码,可以在保存时出现的"另存为"对话框中设置。操作方法是单击对话框中的"工具"下拉菜单,选择"安全措施选项"命令,在图 3.9所示的"安全性"对话框中输入相应的密码。也可以选择"工具/选项"命令,在"选项"对话框的"安全性"标签中操作,两者界面一致。

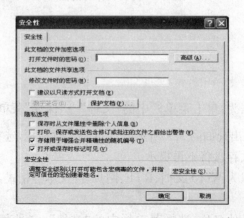

图 3.9　"安全性"对话框

3.2.6　文本内容的选取

要对文本内容进行复制、移动或删除,首先要选取文本内容。根据所需,对不同部分文本的选取方法有:

① 要任意选取某一部分,首先将光标移到选取文本内容的起始处,而后按住鼠标左键进行拖动,直到选取文本内容的结束处,此时被选取文本内容反白显示。

② 要选取某一词,可以双击词的任意一个字即可选中该词。

③ 要选取某一行,可将鼠标移到该行前面的选择区,鼠标形状变成 ⌐,然后单击鼠标左键,则该行被选取并呈反白显示。

④ 要选取某一段落,可将鼠标移到该段落前面的选择区,鼠标形状变成 ⌐,然后双击鼠标左键,则该段落被选取并呈反白显示。也可以按住<Ctrl>键然后单击段落的任意位置或者连续三次点击段落的任意位置。

⑤ 要选取全文,单击菜单栏中的"编辑"→"全选"命令或按<Ctrl>+A,则全文被选取。

⑥ 如果要取消选取文本操作,只要将光标放在任意位置上单击鼠标左键即可。

⑦ 如果要垂直方向选取,可以按住<Alt>键后用鼠标拖动选取。

3.2.7　文本的移动、复制与删除

常用的移动方法有:

① 文本移动的距离较远时,选取要移动的文本内容,单击"常用"工具栏中的"剪切"按钮或按<Ctrl>+X组合键,然后将光标移到文本移动的新位置,单击"常用"工具栏中的"粘贴"按钮或按<Ctrl>+V组合键,则选取的文本内容就移动到新位置上。

② 文本移动的距离较近时,选取要移动的文本内容,按住鼠标左键,将反白的文本内容拖曳到新位置上。

常用的复制方法有:

① 选取要复制的文本内容,单击工具栏中的"复制"按钮或按<Ctrl>+C组合键,然后将光标移动到复制处,再单击工具栏中的"粘贴"按钮或按<Ctrl>+V组合键即可。

② 选取要复制的文本内容,同时按住<Ctrl>键和鼠标左键,将反白内容拖曳到复制处即可。

常用的删除方法有:

① 选取要删除的文本内容,按<Delete>键。

② 选取要删除的文本内容,选择菜单栏中的"编辑"→"清除"命令。

【例 3.3】 将"人贵自然——中医的文化特点"文档中第一段的内容移到第二段之后。

① 选取第一段落的内容。

② 单击"常用"工具栏中的"剪切"按钮或按<Ctrl>+X组合键,将光标移到第三段的起始处,单击"常用"工具栏中的"粘贴"按钮或按<Ctrl>+V组合键。

文档内容如下:

人贵自然——中医的文化特点

一、"人命至重，有贵千金"的救死扶伤精神。中医学家在千百年的行医实践中形成了良好的医德医风。他们把不为名利，全力救治，潜心医道，认真负责作为自己的医德标准。对此，唐代名医孙思邈在《千金要方》中做了全面总结。他指出，名利思想"此医人之膏肓也"，是医生最应忌讳的，如果行医以收取绮罗财物，食用珍肴佳酿为目的，那就是一种无视"病人苦楚"的"人所共耻"、"人所不为"的行为。他认为，医生的首要任务，应当是维护和保障病人的健康与生命，把人的生命价值看作是医学的出发点和归宿，把挽救病人的生命，看作是医生的最可宝贵财富。所以，他反复强调，作为一名医生必须"无欲无求"、"志存救济"，对任何一个病人都要一视同仁，要有高度的同情心，处处为病人着想。对"有疾厄来救者，不得问其贵贱贫富，长幼妍媸，怨亲善友，华夷智愚"，都要把他们看作是自己的亲人；对治疗中的风险，"不得瞻前顾后，自虑吉凶"，考虑个人的利害得失；对病人的痛苦，"若己之心，深心凄怆"，不避"昼夜寒暑，饥渴疲劳，一心赴救"；对"有患疮痍下痢，臭秽不可瞻视，人所恶见者"，要不嫌脏臭。他说："如此，可谓苍生大医，反之，则为含灵巨贼。"这种医学上的人道主义，正是对儒家的"恻隐之心"、道家的"无欲无求"、墨家的"兼爱"、佛家的"慈悲"等人文观念的具体体现。

二、防重于治、未老养生的治未病思想。古典医著《黄帝内经》中就提出"不治已病，治未病"的观点。喻示人们从生命开始就要注意 防衰和防病于未然。《淮南子》说："良医者，常治无病之病，故无病；圣人者，常治无患之患，故无患也。"金元时期朱震亨亦说："与其治疗于有病之后，不如摄养于先病之前。"人不可能长生不老，也不可能"返老还童"，但防止未老先衰、延长生命是可以办到的，这种预防为主的医学思想告诉人们必须自幼注意调养，平时注意调养，尤其在生命的转折关头，尤应高度注意调养。如能持之以恒，即可防衰抗老，预防衰老 的发生，这种防病抗衰思想与中国文化中的忧患意识一脉相承，《周易·系辞下》说："安不忘危，存不忘亡。"这种注重矛盾转化、防微杜渐的辩证哲学思想是中国文化的精华。

三、天人合一，形神一体的整体观。中国传统哲学十分强调自然界是一个普遍联系着的整体，提出天人相应，天人感应等思想。认为天地万物不是孤立存在的，它们之间都是相互影响，相互作用，相互联系，相互依存着的。中医文化中亦体现出这种原则。

3.2.8　查找和替换

当需要在文章中查找某个符号、词或统一替换某一部分内容时，若用通常的查找方法去操作会感到非常困难，这时我们可以利用 Word"编辑"菜单中的查找和替换功能。

【例 3.4】　在"人贵自然——中医的文化特点"文档中查找"生命"两个字，并替换成"life"。

①　选择菜单栏中的"编辑"→"替换"菜单命令，打开"查找和替换"对话框。

②　在对话框中选择"替换"选项卡，在"查找内容"文本框中输入"生命"，在"替换为"文本框中输入"life"，如图 3.10 所示。

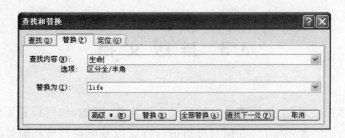

图 3.10　查找和替换

③ 单击对话框中的"全部替换"按钮。

Word 2003 还提供了很多特殊字符的查找和替换功能,例如段落标记可以用"^p"代替,任意字符用"^?"代替,任意数字用"^#"代替,任意字母用"^$"代替等,利用这些特殊字符可以实现很多特殊的查找替换功能。

如果需要使用特殊的查找替换功能,在图 3.10 中单击"高级"按钮,展开后的界面如图 3.11 所示。

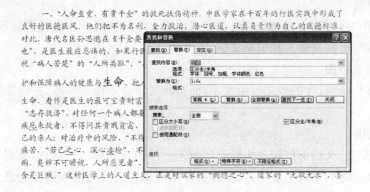

图 3.11　查找和替换

图 3.11 中的查找替换功能是将"宋体、四号、粗体、红色"的"生命"替换为"life",格式上不符合条件的将不被替换。

3.2.9　关闭文档

关闭当前正在编辑的文档,可从"文件"菜单中选择"关闭"命令,或者单击菜单栏右端的"关闭"按钮。

执行"关闭"后,如果编辑窗口中的文档没有存盘,屏幕显示保存提示对话框。若要存盘则单击"是";不存盘单击"否";若不想关闭文档,仍继续编辑,单击"取消"。

注意　"文件"菜单中的"关闭"和"退出"命令是不同的。如果用户只打开了一个文档,则"关闭"文档窗口后,该区域变为空白;如果打开了多个文档,则显示下一个文档窗口。"退出"则是结束 Word 程序。

3.3　排　版　文　档

这一节将介绍"格式"工具栏中各个按钮的主要功能,例如,如何设置字体、字号、字形以及其他文字格式,如何使用标尺,如何对段落进行排版以及项目符号和编号的用法等。

3.3.1　文档视图

为了更好地编写和查看文档,Word 提供了 7 种显示文档的方式。一般情况下,默认为页面视图。更改文档视图,可通过"视图"菜单来选择。

在水平滚动条的左边,提供了 5 个更改视图方式的按钮 ≡ ▫ ▣ ▤ ▥ ,从左到右依次为普通视图、Web 版式视图、页面视图、大纲视图和阅读版式视图。

1. 普通视图

在普通视图下,可输入、编辑文字,并且可编排文字的格式。普通视图显示文字的格式,简化了页面布局,可快速输入和编辑文字。

2. Web 版式视图

此视图不以实际打印的效果显示文字,而是将文字显示得大一些,并将文字换行以适应窗口大小。

3. 页面视图

在页面视图下,文档将按照与实际打印效果一样的方式显示。例如,页眉、页脚、栏和边框等,它们都在实际的位置上显示,与实际打印的效果相同。页面视图在处理大文档时速度较慢,但特别适合于所见即所得的排版。

4. 大纲视图

在大纲视图下,用缩进文档标题的方式显示文档结构的级别。可以通过拖动标题来快速地移动、复制或重新组织大段的正文。可以通过大纲工具栏方便地折叠文档,查看主标题,或者扩展文档。

5. 阅读版式视图

用于阅读和审阅文档。该视图以页面的形式显示文档,页面被设计为正好填满屏幕,可以在阅读文档的同时标注建议和注释。

6. 文档结构视图

利用文档结构视图可以很容易地组织和维护一个长文档,例如具有多个部分的报告或者具有多章的书。使用文档结构视图,可以把多篇 Word 文档组成一篇主控文档,然后可对长文档进行更改(例如,添加索引或目录,创建交叉引用)而不用打开单个的文档。

7. 全屏显示视图

全屏显示视图是为尽可能大地显示文档内容而设置的。单击"视图"菜单中的"全屏显示"命令,可以转换为全屏显示视图。在该视图下,只显示文档而隐藏其他屏幕组件,如标题、菜单、工具栏、标尺、状态栏等。

8. 打印预览视图

执行"文件"菜单中的"打印预览"命令,或者单击"常用"工具栏上的"打印预览"按钮 ,
可以切换到打印预览视图,预览文档打印出来后的实际效果。

3.3.2　"格式"工具栏的使用

用 Word 写好文章后,经常要对文章中的格式进行设置,如字体的大小、字形、字体颜色
等。在设置字符格式时,经常使用"格式"工具栏中的工具按钮,如图 3.12 所示。

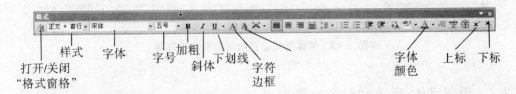

图 3.12　"格式"工具栏

"格式"工具栏上各按钮的作用分别为:

① 在"格式"工具栏"字体"下拉列表框"宋体　　　　　"中设置选定文本的字体。

② 在"格式"工具栏"字号"下拉列表框"五号"中设置选定文本的字号。

③ 在"格式"工具栏中单击"B"、"I"和"U"按钮,设置或取消选定文本加粗、斜体和
加下划线。

④ 在"格式"工具栏中单击"A"按钮,设置或取消选定文本的边框,如"边框"。

⑤ 在"格式"工具栏中单击"A"按钮,设置或取消选定文本的底纹,如"底纹"。

⑥ 在"格式"工具栏中单击"A"按钮,设置选定文本字符颜色。

⑦ 在"格式"工具栏中单击"x"将选定文本设置或取消作为下标,如"下标"。

⑧ 在"格式"工具栏中单击"x"将选定文本设置或取消作为上标,如"上标"。

3.3.3　设置字体、字号、字形、字体颜色

字符格式的设置有两种常用方法:

① 选择菜单栏中的"格式"→"字体"菜单命令,打开"字体"对话框,进行设置。

② 利用"格式"工具栏上的不同按钮对字符格式进行设置。

【例 3.5】　将"人贵自然——中医的文化特点"一文中的标题字体设置为四号、黑体、颜
色为蓝色。

① 选取要设置的文本,即"人贵自然——中医的文化特点"。

② 单击"格式"工具栏"字号"框右侧的下拉箭头,在列表框中选取四号字。

③ 单击"格式"工具栏"字体"框右侧的下拉箭头,在列表框中选取黑体。

④ 单击"格式"工具栏"字体颜色"按钮右侧的下拉箭头,在调色板中选取蓝色。

最后效果如图 3.13 所示。

图 3.13　字体格式设置对话框和设置效果

3.3.4　设置字体、段落的对齐效果

字体的对齐效果主要有两端对齐▣、居中▣、右对齐▣、分散对齐▣等，主要用来处理文字、段落在水平方向上的对齐方式。在表格的单元格中，还包括水平和垂直方向相结合的几种对齐方式，如图 3.14 所示。

图 3.14　单元格对齐方式

3.3.5　设置字体的边框、底纹、动态效果及间距

为了达到更好的输出效果，可以为字体设置边框、底纹、动态效果及间距。

【例 3.6】　续上例，为标题中的文字加边框、底纹、动态效果，并把标题中字与字的间距加宽 1 磅。

①　单击"格式"工具栏上的"字符边框"按钮▣，则给"人贵自然——中医的文化特点"添加了边框。

②　单击"格式"工具栏上的"字符底纹"按钮▣，则给"人贵自然——中医的文化特点"添加了底纹。

③　单击"格式"工具栏上的"下划线"按钮▣，单击"确定"按钮。

④　单击"格式"工具栏上的"居中"按钮▣，单击"确定"按钮。

⑤ 选择菜单栏中的"格式"→"字体"菜单命令,打开"字体"对话框,选取"字符间距"选项卡,单击"间距"框右侧的下拉箭头,在下拉列表框中选择"加宽"这一项,在右侧的"磅值"框内出现了数字 1,修改为 2,表示选取的内容字符间距加宽为 2 磅,单击"确定"按钮。

最后效果如图 3.15 所示。

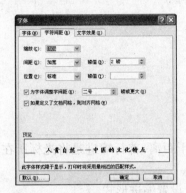

图 3.15　字体的边框、底纹、动态效果及间距

3.3.6　首字下沉的设置

可以将段落中的第一个字设置为首字下沉效果,具体操作如下:
① 将光标停在指定的段落中,选择"格式"→"首字下沉"。
② 在出现的对话框中,选择下沉或悬挂,设置下沉行数,单击"确定"按钮。

设置效果如图 3.16 所示。

重于治、未老养生的治未病思想。中医古典医著《黄帝内经》中就提出"不治已病,治未病"的观点。愉示人们从生命开始就要注意保健防衰和防病于未然。《淮南子》说:"良医者,常治无病之病,故无病;圣人者,常治无患之患,故无患也。"金元时期朱震亨亦说:"与其治疗于有病之后,不如摄养于先病之前。"人不可能长生不老,也不可能"返老还童",但防止未老先衰、延长生命是可以办到的,这种预防为主的医学思想告诉人们必须自幼注意调养,平时注意调养,尤其在生命的转折关头,尤应高度注意调养,如能持之以恒,即可防衰抗老,预防衰老疾病的发生,这种防病抗衰思想与中国文化中的忧患意识一脉相承,《周易·系辞下》说:"安不忘危,存不忘亡。"这种注重矛盾转化、防微杜渐的辩证哲学思想是中国文化的精华。

图 3.16　首字下沉

3.3.7　标尺的使用

在段落格式的编排中,设置段落的缩进、对齐、距离等,经常要用到标尺。选择菜单栏中的"视图"→"标尺"命令,则标尺显示在屏幕上。标尺的刻度是以厘米标识的。标尺上有 4 个标记,如图 3.17 所示,利用它们可以准确地设置段落的格式。每个标记的作用为:
首行缩进:使光标所在段落的第一行向右缩进。
左缩进:使光标所在段落整体从左边界向右缩进。
右缩进:使光标所在段落整体从右边界向左缩进。
悬挂缩进:使光标所在段落除第一行外,其他行按向左或向右的拖动方向缩进。

图 3.17   标尺

3.3.8   段落缩进

缩进是指相对于文档的左边界或右边界向内缩若干距离,首行缩进是将光标所在的段落第一行向右缩进。

【**例 3.7**】   对"人贵自然——中医的文化特点"一文设置缩进形式。

① 将光标移至第一段落任意位置,把鼠标指针移到标尺的"首行缩进"标记上,按住鼠标左键进行拖动,设置第一行的起始位置。

② 把鼠标指针移到标尺的"悬挂缩进"标记上,按住鼠标左键进行拖动,得到如图 3.18 所示的效果。

图 3.18   首行缩进和悬挂缩进

③ 将光标移至第三段落任意位置,把鼠标指针移到标尺的"左缩进"标记上,按住鼠标左键进行拖动。

④ 将光标移至第三段落任意位置,把鼠标指针移到标尺的"右缩进"标记上,按住鼠标左键进行拖动,得到如图 3.19 所示的效果。

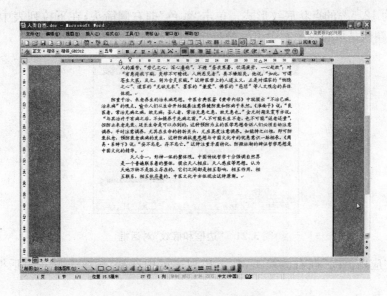

图 3.19　左缩进和右缩进

3.3.9　为段落添加边框和底纹

在 Word 中不但可以为文字加边框和底纹,也可以为段落添加边框和底纹,以进行段落的美化。

【例 3.8】　续上例,将文件标题居于中间位置,为第一段落内容加边框和底纹。

①　选取"人贵自然——中医的文化特点"。

②　单击格式工具栏中的"居中"按钮。

③　将光标移至第一段落任意位置,选择菜单栏中的"格式"→"边框和底纹"命令,打开"边框和底纹"对话框,如图 3.20 所示。

图 3.20　边框设置对话框

④　在对话框中选择"边框"选项卡。在"线型"列表框中选择边框线型样式,单击"宽度"框右侧的箭头,选择宽度为 3/4 磅线型,颜色为红色。

⑤　单击"应用范围"框右侧的箭头,选取段落,然后单击"确定"按钮。

⑥　打开"边框和底纹"对话框,在对话框中选择"底纹"选项卡。在"填充"下的调色板中选择底纹颜色,此处选取灰色-15%。单击"图案"下的"式样"框右侧箭头,在下拉列表中选

择图案式样为 12.5％的点状底纹形式。单击"颜色"框右侧箭头,在下拉列表中选择颜色为红色,这里的颜色是指底纹图案中点的颜色。如图 3.21 所示。

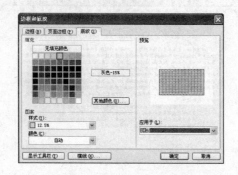

图 3.21　"边框和底纹"对话框

⑦ 单击"应用范围"框右侧箭头,在下拉列表框中选择"段落",并在对话框中单击"确定"按钮。

3.3.10　设置段落的间距

为了使文档输出更加清晰,可以改变段落与段落之间的距离。

【例 3.9】　续上例,设置第二段落与其他段落之间的距离为两行。

① 将光标移到第二段落任意位置上。

② 选择菜单栏中的"格式"→"段落"命令,打开"段落"对话框。

③ 在对话框中选取"缩进和间距"选项卡,如图 3.22 所示。

图 3.22　缩进和间距选项卡

④ 在"间距"区中选取段前、段后为 2 行,单击对话框中的"确定"按钮。设置效果如图 3.23 所示。

图 3.23　缩进和间距设置效果

3.3.11　设置行间距

行与行之间的间距一般为单倍行距，但为了排版的需要，有时要改变行与行之间的间距。

【例 3.10】　续上例，设置第三段落的行间距为 2 倍行距。

① 将光标移到第三段落任意位置上。

② 选择菜单栏中的"格式"→"段落"命令，打开"段落"对话框。

③ 在对话框中选取"缩进和间距"选项卡，单击"行距"右侧的箭头，调整为"双倍行距"。

3.3.12　设置段落的项目符号和编号

为了便于阅读，可以添加项目符号和编号来增加阅读性和展示文章的层次。

【例 3.11】　为选中的段落设置项目符号。

① 任意选取一个文档的三个段落的文本内容。

② 选择菜单栏中的"格式"→"项目符号和编号"命令，打开"项目符号和编号"对话框，如图 3.24 所示。

图 3.24　项目符号

③ 在对话框中选取"编号"选项卡,在所示的编号格式中选择一种编号格式,如图 3.25 所示。

图 3.25 编号

注意,若想为段落添加项目符号,则在第③步中选择"项目符号"选项卡,在列出的符号中选择一种符号即可。效果如图 3.26 所示。

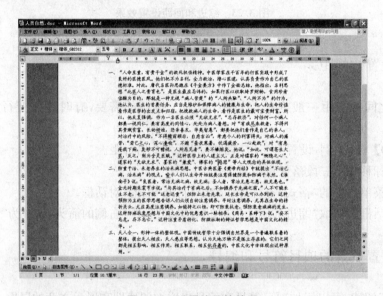

图 3.26 设置编号的效果

3.4 页面的设置与打印

本节介绍如何设置页边距,怎样为文档添加页眉和页脚,如何进行分栏等。在打印之前如何进行预览,怎样打印文档也是这一节要学习的内容。

3.4.1 设置页边距

页边距是指文本区到页边界的距离。设置页边距的一般步骤为:

① 将插入点定位在要设置页边距的文档中。

② 选择菜单栏中的"文件"→"页面设置"命令,打开"页面设置"对话框。

③ 在"页面设置"对话框中,单击"页边距"选项卡,如图 3.27 所示。

图 3.27 "页面设置"对话框

④ 要改变页边距大小,可调整上、下、左、右文本框中的数字。

若要添加装订线,在"装订线"文本框中调整数字。

在"应用于"下拉列表框中选择页边距的应用范围。

⑤ 在"方向"单选项中选"纵向"或"横向"打印。

3.4.2 设置纸张的规格

在打印中经常要根据纸张的大小设置纸张的规格。

【例 3.12】 将打印输出的纸张设置为 A4 纸。

① 选择菜单栏中的"文件"→"页面设置"命令,打开"页面设置"对话框。

② 在"页面设置"对话框中单击"纸张"选项卡,如图 3.28 所示。

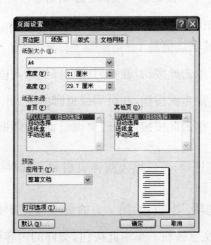

图 3.28 "纸张"选项卡

③ 在"纸张大小"下拉列表框中输入所需尺寸,并设置相应的高度与宽度。

3.4.3　设置页眉和页脚

页眉和页脚是指每页顶部或底部的特定内容,例如文档标题、部门名称、日期、作者名以及页码等。

在建立文档的页眉和页脚时,常用到"页眉和页脚"工具栏,如图 3.29 所示。

图 3.29　页眉和页脚

工具栏上各按钮的作用为:

① ：插入页码按钮。单击此按钮,在页眉或页脚的插入位置出现页码,若为多页文档,则页码自动生成。

② ：插入页数按钮。单击此按钮,在页眉或页脚的插入位置出现文件的总页数。

③ ：设置页码格式按钮。单击此按钮,打开"页码格式"对话框,在对话框中可选择页码的数字格式,如图 3.30 所示。

图 3.30　"页码格式"对话框

说明:若打印页码不是第一页,可以单击"页码格式"对话框中的"起始页码"选项,修改起始页码数字。若不修改,其默认值是 1。

④ ：插入日期按钮。单击此按钮,在页眉或页脚的插入位置出现当前系统日期。

⑤ ：插入时间按钮。单击此按钮,在页眉或页脚的插入位置出现当前系统时间。

⑥ ：页面设置按钮。单击此按钮,打开"页面设置"对话框,选取"版式"选项卡,在"页眉和页脚"下的复选框中:

● 若选取"奇偶页不同"选项,可以输入两种页眉和页脚,一种是奇数页的页眉和页脚,另一种是偶数页的页眉和页脚。

● 若选取"首页不同"选项,则可以给第一页的页眉和页脚输入单独的内容。

⑦ ：显示/隐藏文件文字按钮。单击此按钮,文件的内容被隐藏起来。再次单击此按钮,则恢复文档内容的显示。

⑧ ：在页眉和页脚间切换按钮。单击此按钮,可以在页眉和页脚区域之间进行切换。

⑨ 📇 ：显示前一项按钮。在页眉和页脚奇偶页不同及首页不同时,单击此按钮,转到上一个页眉或页脚的区域。

⑩ 📇 ：显示下一项按钮。在页眉和页脚奇偶页不同及首页不同时,单击此按钮,转到下一个页眉或页脚的区域。

3.4.4　打印预览

打印预览是在打印之前先看一下实际的打印效果,如果发现有不妥之处,可以及时调整,这样可以节约纸张。

【例 3.13】　在“人贵自然——中医的文化特点”一文中,添加页眉内容为“中医的文化特点”,页脚内容为页码,设置完后预览并打印。

① 选择菜单栏中的“视图”→“页眉和页脚”命令,使屏幕进入页面模式,在页面的上方出现了页眉的虚线框,同时还出现了“页眉和页脚”工具栏。

② 在页眉虚线框内输入“中医的文化特点”,如图 3.31 所示。

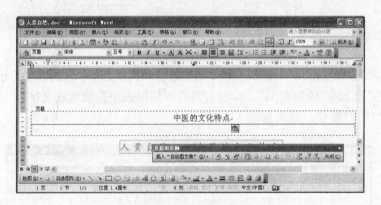

图 3.31　页眉设置

③ 单击“页眉和页脚”工具栏中的“在页眉和页脚间切换”按钮,进入页脚虚线框内,在框内右侧单击“页眉和页脚”工具栏上的“插入页码”按钮,如图 3.32 所示。

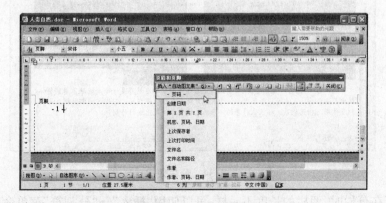

图 3.32　页脚设置

④ 单击“常用”工具栏中的“打印预览”按钮,可预览打印效果。

⑤ 单击"常用"工具栏中的"打印"按钮,即可在打印机上输出。

3.4.5　设置分栏

排版中的分栏设置可以使阅读更加方便。

【**例 3.14**】 将"人贵自然——中医的文化特点"一文分为两栏显示。

① 选取"人贵自然——中医的文化特点"一文第二段的内容。

② 选择菜单栏中的"格式"→"分栏"命令,打开"分栏"对话框,如图 3.33 所示。

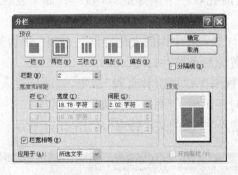

图 3.33　"分栏"对话框

③ 在对话框的"预设"区中选取两栏。在"宽度和间距"区中,设置栏宽为 18.78 字符, 间距为 2.02 字符。在"应用范围"文本框右侧的下拉列表中选取所选文字。

④ 单击"确定"按钮。效果如图 3.34 所示。

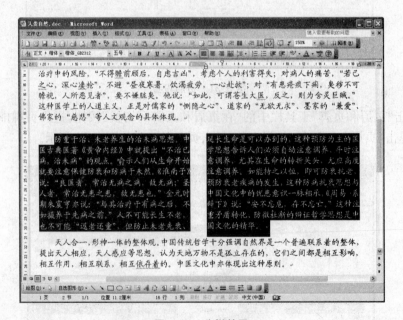

图 3.34　分栏效果

说明:若在分栏时,两栏的长度不一样,可以使用"插入"→"分割符"菜单命令,在文档后面加一条分节符,使两栏长度相等。在分栏之前,选取分栏段落时,不选段落的标记,也可以避免分栏时两栏的长度长短不一。

3.4.6 打印机的设置

打印机的设置主要是改变用户的打印机类型,提高打印效果。设置方法是:
① 选择菜单栏的"文件"→"打印"命令,出现如图3.35所示"打印"对话框。

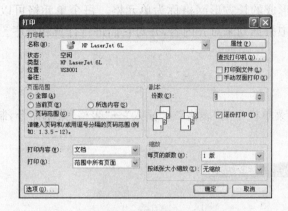

图3.35 "打印"对话框

② 在"打印机"区的"名称"列表框中,通过右边的向下箭头,选择打印机型号。
③ 若要设置打印机的属性,单击"属性"按钮。

3.4.7 打印文档

【例3.15】 将"人贵自然——中医的文化特点"一文输出在打印机上。
① 打开"人贵自然——中医的文化特点"文档。
② 选择"文件"→"打印"菜单命令,打开"打印"对话框,根据打印范围的不同,可进行如下选择:
● 在"打印"对话框的"页面范围"区中,若选中"全部"单选项,则打印文档的全部内容;若选中"当前页"单选项,则打印当前插入点所在页的内容;若选中"所选内容"单选项,则打印被选中的内容;若选中"页码范围"单选项,输入页码范围,则打印指定的页码,如输入"1,5-6,8-9"可打印1、5、6、8、9页的内容。
● 在"副本"区中,可选择打印文档的份数。
● 在"打印内容"列表框中可以选择打印的内容。除了可以打印文档内容外,还可以打印文档属性、批注、样式、自动图文集的词条等。
● 在"打印"列表框中可以选择打印奇数页或偶数页的内容。
● 在"缩放"区中,可将几页的文档内容缩小至一页中进行打印。例如,在"每页的版数"列表框中设置"2版",则两页的文档内容就会被整版缩小打印在一页中。
● 在"按纸张大小缩放"列表框中选择打印文档时要采用的纸张大小。例如,通过增加字体和图形的大小,可将一篇B5文档打印到A4纸上。该功能类似于复印机的缩小/放大功能。
③ 按"确定"按钮开始打印。

3.5　表格的制作

表格中行与列所形成的长方形网格称为单元格。每个单元格可以用来存放文字、数字或图形。可以在表格中根据列来对齐内容，并对它们进行计算和排序。

3.5.1　创建表格

【例 3.16】　使用菜单栏中的"表格"→"插入"→"表格"菜单命令，制作如图 3.36 所示的 5 行 7 列表格。

(a)"插入表格"对话框　　　　　　　　　　　　　(b) 插入的空表格

图 3.36　插入空表格

① 将光标移到要绘制表格处的左上角，即表格的插入点或起始点。

② 选择"表格"→"插入"→"表格"菜单命令，打开"插入表格"对话框，在对话框中"列数"选 7，"行数"选 5，单击"确定"按钮，此时会在插入点插入一个空白表格。

【例 3.17】　续上例，在图 3.36 所示的表格内输入信息，内容如图 3.37 所示。

① 将光标移到第 1 行第 1 列的单元格，输入"姓名"。按<Tab>键，光标会向右移动一个单元格，输入"性别"。按<Tab>键，输入"有机化学"。按<Tab>键，输入"无机化学"……直到输入完为止。

姓名	性别	有机化学	无机化学	物理化学	分析化学	总分
王晓军	男	80	80	95	90	
李　明	男	85	75	80	80	
郑　丽	女	90	85	75	70	
孙子鸣	男	95	70	80	60	

注：表中人名均为化名，请勿"对号入座"。此后类似情况不再做特别说明。

图 3.37　有内容的表格

② 对表格进行全选操作,然后按下"常用"工具栏上的"居中"按钮,效果如图 3.37 所示。

3.5.2　改变表格的列宽与行高

创建表格后,经常要根据表格的内容调整表格的列宽与行高。

【例 3.18】　续上例,改变表格的列宽与行高。

① 把鼠标指针指向要修改列的顶部,单击鼠标左键使这一列反白显示,如图 3.38 所示。

姓名	性别	有机化学	无机化学	物理化学	分析化学	总分
王晓军	男	80	80	95	90	
李　明	男	85	75	80	80	
郑　丽	女	90	85	75	70	
孙子鸣	男	95	70	80	60	

图 3.38　选中列

② 选择菜单栏中的"表格"→"表格属性"命令,打开"表格属性"对话框。

③ 在对话框中选择"列"选项卡,在"指定宽度"右侧文本框中输入列的尺寸为 1.5 厘米,如图 3.39 所示。

图 3.39　表格属性的"列"选项卡

④ 单击"确定"按钮。设置效果如图 3.40 所示。

姓名	性别	有机化学	无机化学	物理化学	分析化学	总分
王晓军	男	80	80	95	90	
李　明	男	85	75	80	80	
郑　丽	女	90	85	75	70	
孙子鸣	男	95	70	80	60	

图 3.40　列宽设置效果

如果想要调整某一行的行高,先要选定该行,然后按第②步打开"表格属性"对话框,选择"行"选项卡,在这张选项卡中,可以准确地设置该行的高度。

3.5.3 为表格添加边框和底纹

为了美化表格或突出表格的某一部分,可以为表格添加边框和底纹。

【例 3.19】 续上例,为图 3.40 中的表格添加边框和底纹。

① 将光标移到该表格中。

② 选择菜单栏中的"格式"→"边框和底纹"命令,打开"边框和底纹"对话框。

③ 在"边框和底纹"对话框中选择"边框"选项卡,可以选择合适的边框类型、线型和线的宽度。

④ 在"边框和底纹"对话框中选择"底纹"选项卡,边框线型用 1.5 磅,颜色用红色,底纹用 10%灰色填充,效果如图 3.41 所示。

姓名	性别	有机化学	无机化学	物理化学	分析化学	总分
王晓军	男	80	80	95	90	
李　明	男	85	75	80	80	
郑　丽	女	90	85	75	70	
孙子鸣	男	95	70	80	60	

图 3.41　表格边框和底纹效果

3.5.4 单元格的合并与拆分

根据表格中输入的内容,经常需要进行单元格的合并与拆分。

【例 3.20】 (1) 在图 3.41 表中插入一行,并对第一行进行单元格的合并,然后输入内容,如图 3.42 所示。(2) 使用拆分操作将第一行修改为 2 列,各列内容分别是"班级"、"药学1 班"。

学生成绩表						
姓名	性别	有机化学	无机化学	物理化学	分析化学	总分
王晓军	男	80	80	95	90	
李　明	男	85	75	80	80	
郑　丽	女	90	85	75	70	
孙子鸣	男	95	70	80	60	

图 3.42　学生成绩表

① 将光标移到表中第一行任意位置,选择菜单栏中的"表格"→"插入"→"行(在上方)",即在表中插入了一行。

② 选取要合并的表格第一行。

③ 选择菜单栏中的"表格"→"合并单元格"命令。

④ 单击"确定"按钮,这样所选定的单元格就被合并为一个单元格了。

⑤ 录入"学生档案表"内容。

⑥ 删除第一行的内容,选择菜单栏中的"表格"→"拆分单元格"命令。

⑦ 设置选项为 2 列 1 行,点击"确定"按钮。

⑧ 两列中分别输入"班级"、"药学 1 班"。最终操作结果如图 3.43 所示。

班级				药学 1 班		
姓名	性别	有机化学	无机化学	物理化学	分析化学	总分
王晓军	男	80	80	95	90	
李　明	男	85	75	80	80	
郑　丽	女	90	85	75	70	
孙子鸣	男	95	70	80	60	

图 3.43　单元格的合并与拆分

3.5.5　在表格中插入或删除行、列以及单元格

【例 3.21】　在图 3.43 表中的第 1 行与第 2 行之间插入 1 行,第 2 列与第 3 列之间插入 1 列,在第 1 列的第 2 行单元格与第 3 行单元格之间插入 1 个单元格,并删除第 3 行第 2 列单元格。

① 将光标移到第 2 行任意单元格位置。

② 选择菜单栏中的"表格"→"插入"→"行(在上方)"菜单命令,如图 3.44 所示。

图 3.44　表格插入行菜单

③ 将光标移到第 3 列任意单元格位置。

④ 选择菜单栏中的"表格"→"插入"→"列(在左侧)"菜单命令,即插入 1 列。

⑤ 将光标移到第 1 列第 2 行单元格位置上,选择菜单栏中的"表格"→"插入"→"单元

格"菜单命令,打开"插入单元格"对话框。如图 3.45 所示。

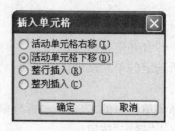

图 3.45　"插入单元格"对话框

⑥ 对话框中选取"活动单元格下移",单击"确定"按钮。

⑦ 将光标移到第 3 行第 2 列单元格位置上,选择菜单栏中的"表格"→"删除"→"单元格"菜单命令,打开"删除单元格"对话框,如图 3.46 所示。

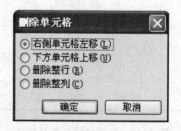

图 3.46　"删除单元格"对话框

⑧ 在对话框中选取"右侧单元格左移",单击"确定"按钮。

最终操作结果如图 3.47 所示。

姓名		性别	有机化学	无机化学	物理化学	分析化学	总分
王晓军	男	80	80	95	90		
李　明		男	85	75	80	80	
郑　丽		女	90	85	75	70	
孙子鸣		男	95	70	80	60	

图 3.47　删除单元格效果

3.5.6　自由表的制作

在 Word 中可以利用绘制表格功能绘制复杂表格,并在其中随心所欲地绘制横线、竖线及对角线。

【例 3.22】　制作如图 3.48 所示表格。

姓名	性别	有机化学	无机化学	物理化学	分析化学	总分
王晓军	男	80	80	95	90	
李　明	男	85	75	80	80	
郑　丽	女	90	85	75	70	
孙子鸣	男	95	70	80	60	
合计						

图 3.48　自由制作表格最终效果

① 选择菜单栏中的"表格"→"绘制表格"菜单命令,此时屏幕上出现"表格和边框"工具栏,如图 3.49 所示。

图 3.49　"表格和边框"工具栏

② 在"线型"下拉列表中选取 0.5 磅。

③ 单击"表格和边框"工具栏中的"绘制表格"工具按钮,使其处于启用状态。

④ 在编辑区中拉出如图 3.50 所示的长方形框。

图 3.50　长方形框

⑤ 先绘制 6 条垂直线、5 条水平线。

⑥ 选择菜单栏中的"表格"→"绘制表格"菜单命令,单击"表格和边框"工具栏的"绘制表格"工具按钮,使其处于非启用状态。

⑦ 选取表格右 5 列。

⑧ 在"表格和边框"工具栏中单击"平均分配各列"按钮,这样会使所选取的每个单元格都有相同的列宽。

⑨ 在表格中输入文字。

⑩ 删除多余的换行符,选取表格中要居中的内容,单击"格式"工具栏上的"居中"按钮,然后单击"表格和边框"工具栏中的"中部居中"按钮。

⑪ 选取单元格内容,在"表格和边框"工具栏的"底纹颜色"下拉列表中选取"灰色－10%",即产生图 3.48 所示的效果。

3.5.7 公式的使用

可以对刚才的表格进行自动公式计算。将插入点放在"合计"行"有机化学"列,选择菜单栏中的"表格"→"公式"菜单命令,出现如图 3.51 所示对话框,按图示进行输入。

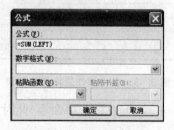

图 3.51 "公式"对话框

"合计"行的其他列均同样操作,总分列的前四行将公式改为"＝SUM(LEFT)",即计算左边数值之和。最后的效果如图 3.52 所示。

姓名	性别	有机化学	无机化学	物理化学	分析化学	总分
王晓军	男	80	80	95	90	345
李　明	男	85	75	80	80	320
郑　丽	女	90	85	75	70	320
孙子鸣	男	95	70	80	60	305
合计		350	310	330	300	1,290

图 3.52 公式运算效果图

同样可以利用的函数有 COUNT、AVERAGE、MAX、MIN 等,分别用来统计个数、求平均值、求最大数、求最小数等。

3.6 自动图文集的使用

为了减少重复输入,提高文件录入速度,可以把常用而输入又比较复杂的词、句子或图形定义成自动图文集中的词条。在录入文档时,只要键入词条的名称,再按<F3>键,即可在文档中插入该内容。

3.6.1 定义和使用图文集词条

在定义图文集词条时,应该用数字或英文字母代替该词条,以简化输入。

【例 3.23】　将"《安徽中医学院》"定义成自动图文集词条，并应用于文档。

　① 在文档中输入文本"《安徽中医学院》"。

　② 选取该文本，选择菜单栏中的"插入"→"自动图文集"→"新建"菜单命令，打开"创建'自动图文集'"对话框，如图 3.53 所示。

图 3.53　创建"自动图文集"

　③ 在对话框的文本框中输入词条名称"ZY"，并单击"确定"按钮。以后若要在文档中使用这个词条，只要在使用处输入"ZY"，再按＜F3＞键即可。

3.6.2　查看自动图文集词条名称及内容

　当定义的自动图文集词条数目较多时，时间长了可能会忘记图文集词条名称及相对应的内容，此时可通过"自动更正"对话框进行查看。

【例 3.24】　续上例，查看定义的自动图文集词条 ZY。

　① 单击"插入"→"自动图文集"→"自动图文集"菜单命令，打开"自动更正"对话框。

　② 在对话框中选择"自动图文集"选项卡。

　③ 在选项卡中选择或输入自动图文集的词条名称，随即在预览框中显示该词条内容，如图 3.54 所示。在对话框中还可插入或删除自动图文集词条。

图 3.54　自动图文集选项卡

3.6.3 使用 Word 2003 提供的自动图文集词条

为了使用方便,Word 2003 预定义了一些自动图文集词条。

【例 3.25】 续上例,使用"结束语"类自动图文集词条中的"临书仓促,不尽欲言"一词。

① 选择菜单栏中的"插入"→"自动图文集"菜单命令。

② 在下拉菜单中显示出预定义自动图文集词条的类型名称,选取"结束语"类自动图文集词条,随之出现这一类的一些词条,在其中选择"临书仓促,不尽欲言"一词,即可在光标所在处插入这个词条。如图 3.55 所示。

图 3.55　自动图文集菜单命令

3.7　插入文本框、图形和艺术字

为了文章输出的需要,有时需要在文章中插入文本框、艺术字或图形。Word 2003 可以帮助我们方便地将文本框、内建的图片、自定义的图片或自己画的一幅图,插入到已有文件的插入点位置。

3.7.1　文本框

1. 插入文本框

先选定需设置文本框的文本、段落或图形,从"插入"菜单中选择"文本框"命令,根据需要选择"横排"按钮或"竖排"按钮。插入的文本框如图 3.56 所示。

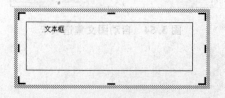

图 3.56　插入的文本框

插入文本框后,可对其格式等进行设置。可右键单击文本框边沿,在快捷菜单中设置;也可以双击文本框边沿直接打开"设置文本框格式"对话框进行设置。

文本框默认为黑色不透明细线框,如果不希望有框线,可在"颜色和线条"选项卡中设置"线条"颜色为"无线条颜色"。

2. 选定文本框

在页面视图中,移动鼠标,使其位于文本框边框之上,直到该指针变成十字箭头,然后单击鼠标,查看该文本框的尺寸控点是否出现。如果尺寸控点没有出现,说明文本框还没有被选中,再单击文本框边框,直到出现尺寸控点为止。

3. 调整文本框大小和位置

在页面视图中,单击文本框的边框以选定该文本框,拖动文本框尺寸控点至所需尺寸。也可用"格式"菜单中的"文本框"命令,在弹出的"设置文本框格式"对话框中选择"大小"选项卡,在"尺寸和旋转"框中调整文本框的尺寸大小。

4. 创建文本框链接

文本框的链接就是把两个以上的文本框链接在一起,不管它们的位置相隔多远,如果文字在上一个文本框中排满,则在链接的下一个文本框中接着排下去。其创建具体步骤如下:

① 创建一个以上的文本框,并选中第一个文本框,其内容可以为空,也可以为非空。

② 单击"文本框"工具栏中的"创建文本框链接"按钮 ,然后将鼠标移到空文本框上单击,即可创建链接,如果要继续创建链接,可继续单击空文本框。

③ 如果要结束文本框的链接,只需按<Esc>键即可。

以后对第一个文本框中的内容进行增删等修改时,Word 会自动对第二个文本框中的内容重新排版,如果添加内容,多出的部分会自动填充到第二个文本框的最前面;如果删减了内容,又自动从第二个文本框中移动一部分内容到第一个文本框中。

3.7.2　插入图形

可从"剪辑库"中插入剪贴画或图片,也可以从其他程序和位置插入图片或扫描照片。

1. 插入剪贴画

先定位,单击"插入"菜单中的"图片"子菜单,单击"剪贴画"命令,此时窗口右侧将打开"插入剪贴画"任务窗格。

在"搜索"文本框中输入图片的关键字,如"动物",单击"搜索"按钮,任务窗格将列出搜索结果。挑选合适的剪贴画单击,即插入指定位置。

也可以在出现任务窗格后,单击窗格下部的"管理剪辑..."命令,按照类别浏览图片,如图 3.57 所示。选中图片后,右键单击选择"复制"命令,然后将光标定位在要插入图片的位置,按右键选择"粘贴"命令,将其粘贴到正文中。

2. 插入图形文件

先定位,单击"插入"菜单中的"图片"子菜单,单击"来自文件"命令,则打开"插入图片"对话框。在对话框中找到包含所需图片的文件,选中该图片文件,单击"插入"按钮。

用户还可以直接从扫描仪和数码相机输入影像,不过在使用直接的输入方法前,要先安装扫描仪或数码相机的标准驱动程序。具体方法是:选择"插入"菜单中的"图片"命令,再单击"来自扫描仪或相机"命令。

图 3.57　剪辑管理器

3. 插入界面图标

Word 中可以直接插入 Word 或 Windows 等程序运行时界面显示的图标,这在直接用 Word 排版书稿时十分有用。

(1) 插入工具栏按钮图标

单击"工具"菜单下的"自定义"菜单命令;将鼠标指向所需的按钮图标,单击右键显示快捷菜单,如图 3.58 所示,选择"复制按钮图像"命令,按钮复制到剪贴板;关闭对话框后通过"粘贴"命令将图标插入到文档中。

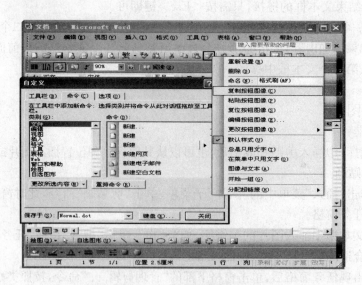

图 3.58　复制图标操作

(2) 插入 Windows 界面图标

在 Windows 中,有许多图标保存在动态链接库(文件的扩展名是. dll)中,若要插入这些图标,方法如下:

① 选择"插入/对象"命令,显示其对话框,选择对象类型为"包",显示如图 3.59 所示对话框。

② 单击"插入图标"按钮,打开"更改图标"对话框(图 3.60),选择所需的图标,单击"确定"按钮,回到图 3.59 所示"对象包装程序"界面,选择"文件/更新"命令就可将图标插入到文档中。

图 3.59　"对象包装程序"界面　　　　　图 3.60　"更改图标"对话框

4. 插入桌面(截取的屏幕图像)

① 显示 Windows 桌面,按下＜PrintScreen＞键,将图像复制到剪贴板中。

② 将光标定位在要插入图片的位置,按右键选择"粘贴"命令,将其粘贴到正文中。

如果要截取的图像是活动窗口,操作与此类似,不同的是需要按下＜Alt＞＋＜Print-Screen＞键。

5. 复制和粘贴

把其他应用程序中的图形粘贴到 Word 文档中的操作为:选定所需图形,打开"编辑"菜单,选择"复制"命令;打开 Word 文档窗口,把插入点移到要插入图形的位置;在"常用"工具栏上单击"粘贴"按钮。

3.7.3　设置图片格式

对于插入到 Word 文档中的图片、图形,可以直接编辑。

1. 移动图片

单击需要移动的一个图片对象,或者按住＜Shift＞键并单击每一个图片对象,以选定多个对象或组合,将对象拖动到新的位置。如果要限制对象只能横向或纵向移动,按住＜Shift＞键拖动对象。

2. 缩放图片

使用鼠标可以快速缩放图片。在图片中任意位置单击,图片四周出现八个方向的句柄,将鼠标指针指向某句柄时,鼠标指针变为双向箭头,拖曳鼠标就可改变图片大小。

3. 裁剪图片

单击文档中的图形,这时该图形边框上会出现八个控点,表示已选中该图形,同时将出现"图片"工具栏,如图 3.61 所示。

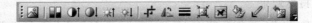

图 3.61　"图片"工具栏

要裁剪图片,先单击图片,再单击"图片"工具栏上的"裁剪"按钮,将鼠标指针指向图片控点,然后拖动鼠标。这种方法只可粗略编辑,如果要精确编辑图片,应该在"设置图片格式"对话框"图片"标签(图 3.62)中设置。

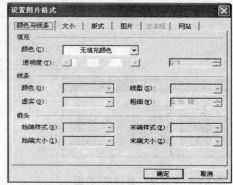

图 3.62   "设置图片格式"对话框

4. 设置图形环绕方式

在页面视图中,选定图形或图形对象,单击图片格式工具栏上的文字环绕按钮,如图 3.63 所示;或单击"格式"菜单中的 "图片"或"对象"命令,然后单击"版式"选项卡,如图 3.64 所示,在"环绕方式"下单击需环绕方式。也可以单击"高级"按钮,在弹出的"高级版式"对话框中,选择"文字环绕"选项卡,在"环绕方式"框中可选择文字环绕的方式,在"距正文"框中可指定文本框或图形与环绕文字间的距离。

图 3.63   "文字环绕"菜单   图 3.64   格式设置的"版式"标签

3.7.4   插入艺术字

在 Word 中插入艺术字属于特殊文字效果。特殊文字效果是图形对象,不能作为文本对待。在大纲视图中无法查看其文字效果,也不能像普通文本一样进行拼写检查。

1. 增加文字的特殊效果

单击"插入/图片/艺术字"命令或在"绘图"工具栏中单击"插入艺术字"按钮 ◢ ,打开"艺术字库"对话框。选择所需的特殊效果,单击"确定"按钮。在弹出的"编辑'艺术字'文字"对话框中,键入要设置格式的文字,选择"字体"、"字号"等选项。单击"确定"按钮,把需要的艺术字插入到插入点位置。如图 3.65 所示。

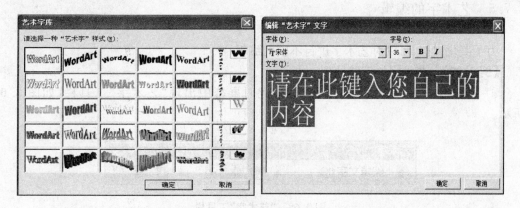

图 3.65　"艺术字库"和"编辑'艺术字'文字"对话框

2. 更改特殊文字效果

选中要更改的特殊文字,单击"艺术字"工具栏上的"编辑文字"按钮,或双击要更改的特殊文字效果,直接打开"编辑'艺术字'文字"对话框,在此对话框中做所需的修改,最后单击"确定"按钮。通过"艺术字"工具栏上的工具按钮,可进一步设置艺术字样式。

【例 3.26】　在文档中插入艺术字"中国传统医学",并设置艺术字的字号为 36 号,艺术字的环绕方式为紧密型环绕,如图 3.66 所示。

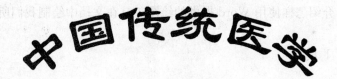

图 3.66　艺术字

① 将光标移到文件中待插入艺术字处。选择菜单栏中的"插入"→"图片"→"艺术字"菜单命令,打开"艺术字"库。

② 在"艺术字库"中选择一种样式,单击"确定"按钮,打开"编辑'艺术字'文字"对话框,如图 3.67 所示。

图 3.67　更改特殊文字效果

③ 输入文字"中国传统医学",进行相应设置,单击"确定"按钮即可。

3.7.5 艺术字的编辑

为了美化文档,可以对艺术字进行不同的编辑。

【例 3.27】 艺术字的旋转处理。

① 选取"中国传统医学"六个艺术字,此时屏幕中出现"艺术字"工具栏,如图 3.68 所示。

图 3.68 "艺术字"工具栏

② 单击工具栏上的自由旋转按钮,在艺术字周围出现 4 个圆点,将光标移到某个圆点处,利用鼠标左键进行拖动即可旋转艺术字。

3.8 绘 制 图 形

在这一节中,介绍怎样使用 Word 提供的绘图工具在文档中绘制我们所需要的图形。

3.8.1 "绘图"工具栏

用 Word 2003 写文章时,经常会需要在文章中绘制图形。利用 Word 2003 中的绘图工具在画完一个图形(直线、矩形、椭圆等)或自选图形后,可利用"调整控点"移动并调整所画图形的大小、位置和形状。在绘图之前应先调出"绘图"工具栏。

调出"绘图"工具栏有两种方法,一种方法是单击菜单栏中的"视图"→"工具栏"→"绘图"菜单命令;另一种方法是直接在"常用"工具栏中点击"绘图"按钮,同样也会在屏幕中出现"绘图"工具栏,如图 3.69 所示。

图 3.69 "绘图"工具栏

3.8.2 绘制直线、矩形、椭圆

【例 3.28】 在空文件中画直线、矩形、椭圆。

① 单击"绘图"工具栏上的"直线"按钮或"箭头"按钮,此时出现绘图框,鼠标变成一个"+"字,如图 3.70 所示。

图 3.70　绘图框

　　② 将鼠标指针指向要画直线的起始位置,按住鼠标左键不放进行拖动,直到终点位置松开左键即可。

　　③ 单击"绘图"工具栏中的"矩形"按钮,此时鼠标变成一个"＋"字。

　　④ 将鼠标指针指向要画矩形的左上角起始位置,按住鼠标左键不放进行拖动,至矩形右下角终点位置松开左键即可。

　　⑤ 单击"绘图"工具栏中的"椭圆形"按钮,此时鼠标变成一个"＋"字。

　　⑥ 将鼠标指针指向要画椭圆形的左上角起始位置,按住鼠标左键不放进行拖动,到所需椭圆形右下角终点位置松开左键即可。最终效果如图 3.71 所示。

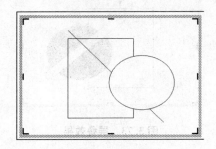

图 3.71　绘图效果

　　【例 3.29】　续上例,为图 3.71 中的椭圆填充红色。

　　① 鼠标左键单击该图形,出现"调整控点"即选定该图形。

　　② 单击"绘图"工具栏中的"填充色"按钮,调出调色板,选择其中的红色,单击"确定"按钮。最终效果如图 3.72 所示。

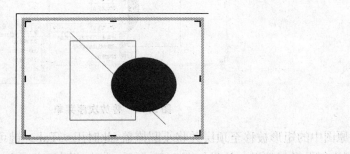

图 3.72　填充色效果

3.8.3 设置阴影

【**例 3.30**】 续上例,为图 3.71 中的矩形设置阴影。

① 鼠标左键单击该图形,出现"调整控点"即选定该图形。

② 单击"绘图"工具栏中的"阴影"按钮▦,在随即出现的选项中,选择一种样式点击,图形中阴影效果随即出现,同时对话框消失。

说明:

① 若想删除原有的阴影效果,只需单击对话框上方的"无阴影"。

② 若想改变原有的阴影效果,只需重复上述步骤。

3.8.4 层叠图形

Word 2003 中,当添加多个图形时,图形将按添加的先后次序自动层叠。图形层叠时,一般可看到层叠顺序,也可以修改层叠的关系。

【**例 3.31**】 将图 3.73 所示的三个层叠图形改变相互关系,将最底层的矩形置于顶层。

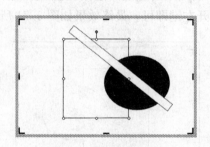

图 3.73 层叠效果

① 用鼠标左键单击该矩形图形,出现"调整控点"即选定该图形。

② 单击右键,在快捷菜单中选择"叠放次序"→"置于顶层"菜单命令,如图 3.74 所示。

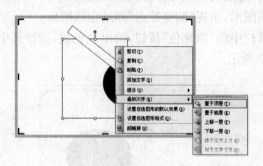

图 3.74 叠放次序菜单

原图中的矩形被移至顶层并将小圆掩盖,此时用<Tab>键可看到小圆的"调整控点"位置,可进行操纵与编辑。效果如图 3.75 所示,右边的图是点击空白处隐藏绘图框的效果。

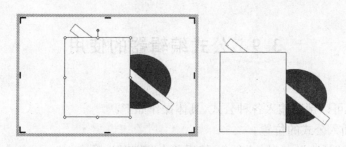

图 3.75　最终效果

【例 3.32】　绘制如图 3.76 所示的图形。

图 3.76　"医学"图

①　单击"绘图"工具栏中的"自选图形"按钮，在下拉菜单中选取"基本形状"下的"十字形"图案，利用鼠标拖动出大十字形，如图 3.77 所示。

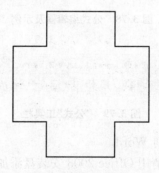

图 3.77　十字形

②　单击"绘图"工具栏中的"填充颜色"按钮 ，选择"绿色"填充十字形。

③　单击"绘图"工具栏中的"阴影"按钮 ，选择阴影样式 6。

④　插入艺术字"医学"，设置为黑体，36 号字，并选择颜色为白色。

3.9 公式编辑器的使用

公式编辑器可以帮助输入各种公式,具体操作如下:

① 单击要插入公式的位置。

② 单击菜单"插入"→"对象"命令,然后单击"新建"选项卡。

③ 单击"对象类型"框中的"Microsoft 公式 3.0"选项,如图 3.78(a)所示。

④ 单击"确定"按钮。

⑤ 从"公式"工具栏上(图 3.79)选择符号,键入变量和数字,以构造公式。可以从"公式"工具栏的上面一行中选择 150 多个数学符号。在下面一行中,可以从众多的样板或框架(包含分式、积分和求和等)中进行选择。

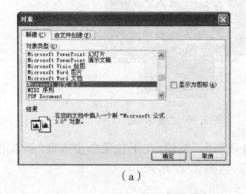

(a)   (b)

图 3.78 公式编辑器及示例

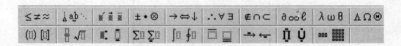

图 3.79 "公式"工具栏

⑥ 单击 Word 文档可返回到 Word。

如果公式编辑器没有安装,请用 Office 2003 安装盘添加 Office 工具"公式编辑器"。

3.10 使用模板与样式

在写文件时,我们可以使用系统提供的模板,也可以自己创建一个模板。可以应用 Word 提供的样式,也可以修改这些样式。

3.10.1　使用 Word 提供的模板

Word 中提供的模板功能常用于制作某类具有固定格式并重复使用的文档，如个人简历、合同文件、传真文件等。

【例 3.33】　在文件中使用"现代型传真"模板。

① 单击菜单栏中的"文件"→"新建"菜单命令。

② 选择"本机上的模板"。

③ 选择"信函和传真"标签。

④ 选择"现代型传真"。

⑤ 按照模板提供的传真格式输入相应的内容即可。如图 3.80 所示。

图 3.80　现代型传真模板

3.10.2　创建自己的模板

有时 Word 提供的模板不能满足用户需要的格式，此时用户可根据需要创建自定义的模板。

【例 3.34】　创建如图 3.81 所示药品报价单模板。

图 3.81　药品报价单模板

① 选择菜单栏中的"文件"→"新建"→"本机上的模板"菜单命令。

② 选择"常用"标签，单击"空白文档"图标，即打开一个新文档。如图 3.82 所示。

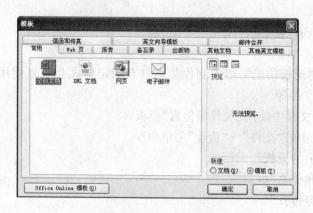

图 3.82　新建空白模板

③ 按照图 3.81 所示内容，进行徽志、表格的设置及内容的输入。

④ 选择菜单栏中的"文件"→"另存为"菜单命令，进入"另存为"对话框中，在"保存类型"列表框中选择"文档模板"，并输入名称 xinye。

3.10.3　创建和应用样式

样式常用在文件重复使用的固定格式中。如写一本书，共有 10 章内容，分别由 5 个人完成，通常是先制定出统一的样式，而后大家都按照此样式来编写，以使全书具有统一的格式。

【例 3.35】 设置下列文档的样式，并在文件中应用该样式。样式名分别为"一级标题"、"二级标题"、"三级标题"。"一级标题"的格式为：字号二号，黑体，段前、段后间距为 1。"二级标题"的格式为：字号四号，黑体，段后间距为 0.5，缩进左 1.5。"三级标题"的格式为：字号四号，宋体，段后间距为 0.5，缩进左 1.5。

图 3.83　样式

　　① 选择菜单栏中的"格式"→"样式和格式"菜单命令,出现如图 3.83 所示的"样式和格式"设置界面。

　　② 单击"新样式"按钮,打开"新建样式"对话框,如图 3.84 所示。

　　③ 在"名称"框中输入样式名称"一级标题",在"样式类型"框中选择段落。

　　④ 单击"新建样式"对话框中的"格式"按钮,在下拉菜单中分别选择字体及段落格式。单击"确定"按钮,返回到"新建样式"对话框。

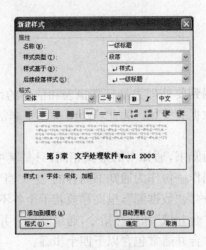

图 3.84　新建样式

　　⑤ 在"新建样式"对话框中仿照第③步分别设置"二级标题"、"三级标题"。

　　⑥ 选取"第 3 章　文字处理软件 Word 2003",单击"格式"工具栏中"样式"列表框的向下箭头,选取"一级标题"样式。

　　⑦ 选取"3.1　Word 2003 概述",单击"格式"工具栏中"样式"列表框的向下箭头,选取"二级标题"样式。

　　⑧ 选取"3.1.1　Word 2003 基本功能",单击"格式"工具栏中"样式"列表框的向下箭头,选取"三级标题"样式。

　　应用效果如图 3.85 所示。

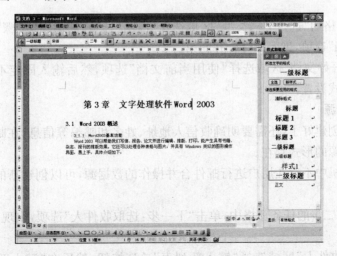

图 3.85　应用样式

3.11　邮件合并、自动生成目录、宏

Word 2003 提供了三个非常有用的工具:邮件合并,自动生成目录,宏,下面分别介绍它们的功能与用法。

3.11.1　邮件合并

在实际工作中,经常会遇到要处理大量日常报表和信件的情况。这些报表和信件的主要内容基本相同,只是具体数据有变化。为此,Word 提供了非常有用的邮件合并功能。

1. 邮件合并的思想

例如,要打印新生入学通知书,通知书的形式相同,只是其中有些内容不同。此时就可使用邮件合并进行处理,先制作一份作为通知书内容的"主文档",它包括通知书上共有的信息;再制作一份新生的名单,称为"数据源",里面存放若干个各不相同的新生信息;然后在主文档中加入变化的信息称为"合并域"和特殊指令,通过邮件合并功能,可以生成若干份新生入学通知书。由此可见,邮件合并通常包含以下四个步骤:

① 创建主文档,输入固定不变的共有文本。

② 创建或打开数据源,存放变动的信息内容,数据源一般来自于 Word 表格或 Excel、Access 等数据库。

③ 在主文档所需的位置插入合并域名字。

④ 执行合并操作,将数据源中的变动数据和主文档的固定文本进行合并,生成一个合并文档或打印输出。

2. 创建主文档

① 建立一个新文档或打开一个现有的文档。

② 选择"工具/信函与邮件/邮件合并"菜单项,出现邮件合并任务窗格,并且进入邮件合并向导第一步。

③ 在任务窗格的"选择文档类型"区域选择"信函"选项,然后在"步骤"区域单击"下一步,正在启动文档"选项,进入邮件合并的第二步。

④ 在"选择开始文档"区域选择"使用当前文档"选项,然后输入固定不变的共有文本,并进行相应的格式设置。

3. 创建数据源

主文档信函创建好了,还需要明确收信人地址、姓名和邮编等信息,在邮件合并操作中,这些信息以数据源的形式存在。

如果在计算机中不存在用户进行邮件合并操作的数据源,可以创建新的数据源,具体步骤如下:

① 在向导第二步的任务窗格中,单击"下一步:选取收件人"选项,出现向导第三步任务窗格。

② 在"选择收件人"区域选择"键入新列表"单选按钮,然后在"键入新列表"区域单击

"创建"选项,出现"新建地址列表"对话框,如图 3.86 所示。

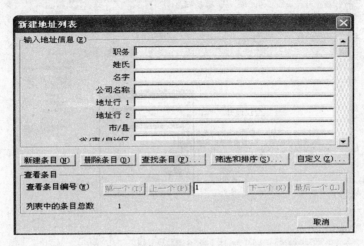

图 3.86　"新建地址列表"对话框

　　③ 在对话框"输入地址信息"列表中显示了各项信息,在一个简单的信函中,很显然没有这么多要输入的信息。用户可以自定义信息列表,单击"自定义"按钮出现"自定义地址列表"对话框。

　　④ 在对话框"域名"列表框中,选择不需要的域名,单击"删除"按钮将它们删除。如果还需要添加新的域名,单击"添加"按钮,出现"添加域"对话框,在"键入域名"文本框中输入新的域名,单击"确定"按钮,将它添加到"定义地址列表"的"域名"列表中。

　　⑤ 在自定义地址列表的工作完成后,单击"确定"按钮,在"输入信息地址"列表中逐条输入各项信息,输入完毕单击"新建条目"按钮,信息栏即被刷新。

　　⑥ 如此反复将所有信息输入完毕,单击"关闭"按钮,弹出"保存通讯录"对话框。默认的保存位置为"我的数据源"文件夹,输入文件名后单击"保存"按钮,出现"邮件合并收件人"对话框,在对话框中列出了前面输入的数据,单击"确定"按钮,完成数据源的创建。

　　注　对数据源的编辑和打开新的数据源操作只需在步骤②中选择相应的选项即可。

4. 在主文档中插入合并域

　　用户在创建了主文档和数据源后,就可以实施邮件合并了。在合并前应在主文档中插入合并字段,具体步骤如下:

　　① 在向导第三步的任务窗格中,单击"下一步:撰写信函"选项,则进入向导第四步任务窗格。

　　② 将插入点定位在信函需要插入合并域的地方,在任务窗格中的"撰写信函"区域单击"其他项目"选项,则出现"插入合并域"对话框,如图 3.87 所示。

　　③ 从域列表中选择相应域后,单击"插入"按钮,文档中将出现"《》"括住的合并域。

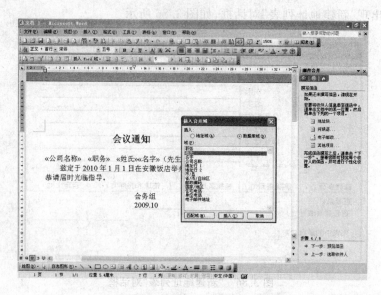

图 3.87 "插入合并域"对话框

④ 对文档进行相应格式设置。

5. 将数据合并到主文档

在将主文档和数据源正式合并之前,用户还可以对合并的结果进行查看(第五步任务窗格),如果合并结果中有错误,用户还可以修改收件人列表,并且还可以将某些收件人排除在合并结果之外。

如果对预览的结果满意,就可以实施邮件合并了。用户可以将文档合并到打印机上,也可以合并成一个新的文档,以 Word 文件的形式保存下来,供以后打印。

① 在向导第五步任务窗格中,单击"完成合并"选项,则进入向导第六步任务窗格。

② 选择"打印"或"编辑个人信函"则打开"合并到打印机"或"合并到新文档"对话框,如图 3.88 所示。

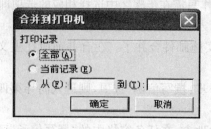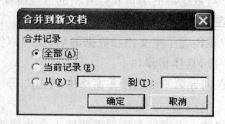

图 3.88 邮件合并

③ 设置后选择"确定"按钮即可完成操作。

3.11.2 自动生成目录

在书籍、论文中,目录是必不可少的重要内容,它使读者能很快地大概了解文档的层次结构和主要内容。

1. 创建目录

要自动生成目录,首先要将文档中各级标题用样式中的"标题"统一格式化(一般目录分为 3 级,使用相应的"标题 1"、"标题 2"、"标题 3"样式来格式化,也可以使用其他标题样式或自己创建的标题样式),然后通过"插入/引用/索引和目录"命令,在"索引和目录"对话框"目录"标签(图 3.89)中进行操作。

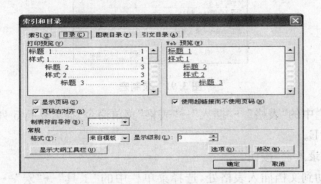

图 3.89　"索引和目录"对话框

2. 更新目录

如果目录内容在编制目录后发生了变化,Word 2003 可以很方便地对目录进行更新。具体方法是:在目录上单击鼠标右键,在快捷菜单中选择"更新域"命令,打开"更新目录"对话框,再选择"更新整个目录"选项,单击"确定"按钮,完成对目录的更新工作。

3.11.3　在 Word 中制作宏

在 Word 中制作宏称作"录制"。录制宏时,可以记录键盘的所有操作和鼠标单击命令和选项。但是宏录制器不能录制鼠标在文档窗口中的移动,例如,不能用鼠标移动插入点,通过单击或移动操作来选定、复制和移动项目,必须用键盘来记录这些动作。在录制过程中可以暂停和继续。

【例 3.37】　录制宏,其内容为在文档中创建一个 4 行 5 列的表格,并在表格第一行中填入字母 A、B、C、D、E,然后运行宏。

① 选择菜单栏中的"工具"→"宏"→"录制新宏"菜单命令,打开"录制宏"对话框,如图 3.90 所示。

图 3.90　宏菜单

② 在对话框"宏名"下的文本框中输入"abc",如图 3.91 所示。

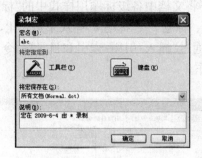

图 3.91 录制宏

③ 选择菜单栏中的"表格"→"插入"→"表格"菜单命令,插入 4 行 5 列的表格,并在第一行填入 A、B、C、D、E。

④ 单击"停止录入宏"按钮。

⑤ 将光标移动到文档插入表格处,选择菜单栏中的"工具"→"宏"→"宏"菜单命令,打开"宏"对话框,如图 3.92 所示。

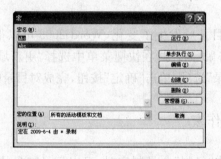

图 3.92 "宏"对话框

⑥ 在对话框"宏名"下的文本框中输入要运行的宏名"abc",单击"运行"按钮,则在文档当前位置插入一个 4 行 5 列的表格,如图 3.93 所示。

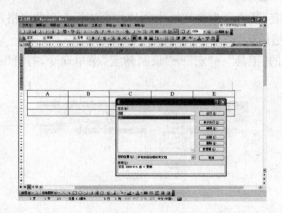

图 3.93 宏运行效果

习　题

一、选择题

1. 在 Word 的编辑状态下,共新建了两个文档,没有对这两个文档进行"保存"或"另存为"操作,则(　　)。

   A. 两个文档名都出现在"文件"菜单中

   B. 两个文档名都出现在"窗口"菜单中

   C. 只有第一个文档名出现在"文件"菜单中

   D. 只有第二个文档名出现在"窗口"菜单中

2. 在 Word 的编辑状态下,当前编辑的文档是 C 盘中的 d1.doc 文档,要将该文档拷贝到软盘,应当使用(　　)。

   A. "文件"菜单中的"另存为"命令　　　　B. "文件"菜单中的"保存"命令

   C. "文件"菜单中的"新建"命令　　　　　D. "插入"菜单中的命令

3. 在 Word 的编辑状态下,文档窗口显示出水平标尺,则当前的视图方式(　　)。

   A. 一定是普通视图或页面视图方式

   B. 一定是页面视图或大纲视图方式

   C. 一定是全屏显示视图方式

   D. 一定是全屏显示视图或大纲视图方式

4. 对 Word 特点的描述正确的是(　　)。

   A. Word 对文字进行排版以后,通过模拟打印才能在屏幕上看到文档的最终打印效果

   B. Word 支持图文混排技术,但图形不能随文字的移动而移动

   C. Word 只能直接处理本身具有的绘图、制表功能,不能接受其他软件产生的图形文件

   D. Word 可以打开多个文件,并对这些文件进行复制、移动、删除等操作

5. 在 Word 主窗口的右上角,可以同时显示的按钮是(　　)。

   A. 最小化、还原和最大化　　　　　　　B. 还原、最大化和关闭

   C. 最小化、还原和关闭　　　　　　　　D. 还原和最大化

6. 在 Word 表格中,拆分单元(　　)有效。

   A. 对行/列或单一单元格均　　　　　　B. 只对行单元格

   C. 只对列单元格　　　　　　　　　　　D. 只对单一单元格

7. Word 具有分栏功能,下列关于分栏的说法中正确的是(　　)。

   A. 最多可以设 4 栏　　　　　　　　　　B. 各栏的宽度必须相同

   C. 各栏的宽度可以不同　　　　　　　　D. 各栏之间的间距是固定的

8. 在 Word 文档中,段落标记是在输入(　　)之后产生的。

   A. 句号　　　　B. <Enter>键　　　C. 分页符　　　　D. <Shift>+<Enter>

9. Word 2003"常用"工具栏中的"格式刷"按钮可用于复制文本或段落的格式,若要将

选中的文本或段落格式重复应用多次,应该( )。

    A. 单击"格式刷"按钮   B. 双击"格式刷"按钮

    C. 右击"格式刷"按钮   D. 拖动"格式刷"按钮

10. 在 Word 2003 中,表格拆分指的是( )。

    A. 从某两行之间把原来的表格分为上、下两个表格

    B. 从某两列之间把原来的表格分为左、右两个表格

    C. 从表格的正中间把原来的表格分为两个表格,方向由用户指定

    D. 在表格中由用户任意指定一个区域,将其单独存为另一个表格

11. 在 Word 2003 中,"表格"菜单里的"排序"命令功能是( )。

    A. 在某一列中,根据各单元格内容的大小,调整它们的上下顺序

    B. 在某一行中,根据各单元格内容的大小,调整它们的左右顺序

    C. 在整个表格中,根据某一列各单元格内容的大小,调整各行的上下顺序

    D. 在整个表格中,根据某一行各单元格内容的大小,调整各列的左右顺序

12. 在 Word 2003 中,最适合查看编辑、排版效果的视图是( )。

    A. 联机版式视图   B. 大纲视图

    C. 普通视图   D. 页面视图

13. 在 Word 2003 中,在文档打印对话框的"打印页码"中输入"2-5,10,12",则( )。

    A. 打印第 2 页、第 5 页、第 10 页、第 12 页

    B. 打印第 2 页至第 5 页、第 10 页、第 12 页

    C. 打印第 2 页、第 5 页、第 10 页至第 12 页

    D. 打印第 2 页至第 5 页、第 10 页至第 12 页

14. 在 Word 2003 的文档中,粘贴的内容( )。

    A. 只能是文字   B. 只能是图形

    C. 只能是表格   D. 可以是文字、图形、表格

15. 在 Word 2003 中,查找操作( )。

    A. 只能无格式查找   B. 只能有格式查找

    C. 可以查找某些特殊的非打印字符   D. 不能夹带通配符

16. 在 Word 2003 中,在"窗口"菜单下部列出了一些文档的名称,它们是( )。

    A. 最近在 Word 里打开、处理过的文档

    B. Word 本次启动后打开、处理过的文档

    C. 目前 Word 中正被打开的文档

    D. 目前在 Word 中已被关闭的文档

17. 如果想在 Word 2003 主窗口中显示"常用"工具按钮,应当使用的菜单是( )。

    A. 工具   B. 视图   C. 格式   D. 窗口

18. 在 Word 2003 中,用拖动鼠标选择矩形文字块的方法是( )。

    A. 按住<Ctrl>键拖动鼠标

    B. 按住<Shift>键拖动鼠标

    C. 按住<Alt>键拖动鼠标

    D. 同时按住<Ctrl>和<Shift>键拖动鼠标

19. Word 2003 文档页边距的正确说法是( )。

A. 每页都要设置页眉、边距

B. 每页都要设置上、下、左、右边距

C. 可设置整个文档的页眉,页脚,上、下、左、右边距

D. 每页都要设置页脚、边距

20. 在 Word 2003 中,关于文本与表格的转换,下列说法正确的是(　　)。

A. 只能将文本转换成表格　　　　　　B. 只能将表格转换成文本

C. 不能进行相互转换　　　　　　　　D. 可以互相转换

21. 在 Word 2003 中,当前已打开一个文件,若想打开另一文件,则(　　)。

A. 首先关闭原来的文件,然后才能打开新文件

B. 打开新文件时,系统会自动关闭原文件

C. 可直接打开另一文件,不必关闭原文件

D. 新文件的内容将会加入原来打开的文件

22. 启动 Word 2003 时,系统自动创建一个(　　)的新文档。

A. 以用户输入的前 8 个字符作为文件名

B. 没有名字

C. 名为"＊.DOC"

D. 名为"文档 1.DOC"

23. 在 Word 2003 的编辑状态下,执行"编辑"菜单中的"复制"命令,则(　　)。

A. 被选择的内容被复制到插入点处

B. 被选择的内容被复制到剪贴板

C. 插入点所在的段落内容被复制到剪贴板

D. 光标所在的段落内容被复制到剪贴板

24. 在 Word 2003 中,表示"字号"的阿拉伯数字越大,表示字符越(　　)。

A. 大　　　　　　B. 小　　　　　　C. 不变　　　　　　D. 都不是

25. 在 Word 2003 中,对图片进行裁剪的操作命令在(　　)菜单里。

A. 编辑　　　　　　B. 视图　　　　　　C. 格式　　　　　　D. 工具

26. 在 Word 2003 文档中设置字间距时,"间距"中没有(　　)。

A. 标准　　　　　　B. 加宽　　　　　　C. 紧缩　　　　　　D. 固定值

27. 在 Word 2003 的编辑状态下,打开了"w1.doc"文档,把当前文档以"w2.doc"为名进行"另存为"操作,则(　　)。

A. 当前文档是 w1.doc　　　　　　B. 当前文档是 w2.doc

C. 当前文档是 w1.doc 与 w2.doc　　D. w1.doc 与 w2.doc 全被关闭

28. 在 Word 2003 中,不能设置的文字格式为(　　)。

A. 加粗倾斜　　　　　　B. 加下划线

C. 立体字　　　　　　D. 文字倾斜与加粗

29. 当一个 Word 2003 窗口被关闭后,被编辑的文件将(　　)。

A. 被从磁盘中清除　　　　　　B. 被从内存中清除

C. 被从内存或磁盘中清除　　　　D. 不会从内存和磁盘中被清除

30. "居中"操作的快捷键是(　　)。

A. ＜Ctrl＞＋R　　　　　　B. ＜Ctrl＞＋E

    C. <Alt>+R   D. <Alt>+C

二、多选题

1. 在 Word 中,可以对(　　)加边框。
    A. 表格   B. 段落   C. 图片   D. 选定文本

2. 在 Word 中,通过"页面设置"可以完成(　　)设置。
    A. 页边距   B. 纸张大小
    C. 打印页码范围   D. 纸张的打印方向

3. 下列关于"保存"与"另存为"命令的叙述中,错误的是(　　)。
    A. Word 2003 保存的任何文档,都不能用写字板打开
    B. 保存新文档时,"保存"与"另存为"的作用是相同的
    C. 保存旧文档时,"保存"与"另存为"的作用是相同的
    D. "保存"命令只能保存新文档,"另存为"命令只能保存旧文档

4. 在 Word 中,对齐方式有(　　)。
    A. 两端对齐   B. 分散对齐   C. 居中对齐   D. 右对齐

5. 在 Word 的编辑状态下,文档窗口显示出水平标尺,拖动水平标尺上沿的"首行缩进"滑块,则错误的说法是(　　)。
    A. 文档中各段落的首行起始位置都重新确定
    B. 文档中被选择的各段落首行起始位置都重新确定
    C. 文档中各行的起始位置都重新确定
    D. 插入点所在行的起始位置被重新确定

6. 在 Word 中,(　　)可以被隐藏。
    A. 段落标记   B. 分节符   C. 文字   D. 页眉和页脚

7. 在 Word 的编辑状态下,选择了整个表格,执行了"表格"菜单中的"删除行"命令,则错误结果是(　　)。
    A. 整个表格被删除   B. 表格中一行被删除
    C. 表格中一列被删除   D. 表格中没有内容被删除

8. 修改页眉和页脚可以通过哪些途径实现?(　　)
    A. 单击"视图"菜单中的"页眉和页脚"命令
    B. 在"格式"菜单的"样式"命令中设置
    C. 单击"文件"菜单中的"页面设置"命令
    D. 直接双击页眉、页脚位置

9. Word 操作中,需要"分节符"的有(　　)。
    A. 在文档中需要设置不同的页边距时
    B. 在文档中需要设置不同的字体格式时
    C. 在文档中需要设置不同的页眉时
    D. 在分栏排版中,当文字不足一页而进行等长栏的排版时

10. Word 中有以下哪几个菜单?(　　)
    A. 插入   B. 工具   C. 运行   D. 表格

三、问答题

1. 什么是"文档模板"?
2. 如何使用"模板向导"来创建新文档?
3. 什么是"视图"? 如果要创建用于联机阅读的文档,应选择哪种视图?
4. 决定版面的主要因素有哪些? 如何对这些因素进行设定?
5. 对字符进行格式编排时需要考虑哪些因素?
6. 什么是段落标记? 如何进行段落编排?
7. 如何在文档中插入并编辑艺术字?
8. 如何竖排文档?
9. 如何对文档的某一部分进行分栏?
10. 要将某一图像文件插入到当前文档,并设计出文字环绕图像的效果,应如何操作?
11. 在 Word 2003 中,制作表格的方法有哪些?
12. 如何对表格进行编辑?
13. 表格中单元格的地址是如何确定的? 在表格中进行数据计算的基本步骤如何?
14. 如何在打印预览时进行文档的编辑?
15. 要打印需审阅的文档稿件,最好采用的方法是什么?

四、操作题

1. 利用公式编辑器绘制下面的公式:

$$S = \sum_{i=1}^{20} 3 \sqrt{x^3+1} + \iint_{-10}^{10} x_i dx + \frac{a^3+b^3}{x_1^3+y_1^3} + \sqrt{(x-\bar{x})^2}$$

2. 新建一 Word 文档,并在文档中建立如下表格。

考号	性别	语文	数学	英语	计算机	总分	
20090001	女	85	78	98	108		
20090002	男	76	85	92	112		
20090004	男	79	80	83	105		
20090005	男	85	78	75	103		
20090006	男	78	83	98	102		
20090009	女	85	69	86	107		

(1) 将表格中"总分"列宽度设置为 1.5 厘米;为表格添加边框和底纹,边框线宽度为 1.5 磅,颜色用蓝色,底纹用 25％灰色填充。

(2) 在表格中进行插入和删除行、列以及单元格等操作。

(3) 在表格的第一行上方添加一行,进行合并居中,并输入"学生成绩表"。在最后一行下方添加一行,进行拆分单元格操作,并输入"备注"。

(4) 用手工绘制方法建立上面表格并输入相应的内容,计算表格中每个同学的总分。

实　　验

实验 3.1　使用 Word 2003 创建/编辑文档

一、实验目的

1. 掌握创建/打开文档的基本方法。
2. 掌握文档的基本编辑方法。
3. 掌握打印文档的基本方法。

二、实验内容

1. 熟悉 Word 2003 的窗口结构。
2. 使用文档模板建立新文档。
3. 打开文档并进行编辑、修改。

三、实验步骤

1. 启动 Word 2003 中文版,观察窗口结构,熟悉工作环境。
2. 使用"专业型信函"模板创建一小型的信函文档,并使用"打印预览"查看打印效果。
3. 使用"空文档"在软盘上创建一个名为"练习 1. DOC"的新文档,内容如下:

知识产权:我国从 1993 年开始实施新的药品专利法,保护知识产权,对国外药品实施了不同程度的保护,行政保护期长达 7.5 年。

关税降低:目前我国药品进口关税在 14％左右,要降到达 5.5～6.5％,尚有 10～15％下降空间,从关税来看:一是降低的余地不大;二是有个缓冲期 5 年,3～5 年的关税保护,可以根据情况逐步降低关税;三是关税再降对进口药品来看优势不会有多大余地。

市场开放:加入 WTO 服务的对外开放,尤其分销服务方面开放,影响很大。允许国外批发商、零售商进入中国市场,这是必然的。中美关于中国加入世贸组织谈判中我国已承诺不迟于 2003 年 1 月 1 日允许外资企业在中国市场从事药品零售、批发业务,医药流通的对外开放只是个时间问题了。医药流通开放对医药行业将产生重大的影响,但是也应看到:一是尚有个缓冲时间约 3 年时间;二是开放是渐进的,先合资、后独资,先零售、后批发,先试点、后放开到全国;三是合资与独资都得按我国药品管理法规要求进行,同国内企业一样要申请、达标并取证;四是其企业,尤其是独资企业开发渠道和建立网络需要有个时间、投资过程；五是中国市场之大，非几个公司能占有，即使想占有，也不是短时间能达到的。

4. 对"练习 1. DOC"文档进行如下编辑：

(1) 将第一段与第二段对调。

(2) 在"医药流通开放"处，拆分第三段为两个段落。

(3) 添加标题"我国加入 WTO 在医药方面的承诺"。

(4) 分别使用"普通视图"、"页面视图"编辑该文档。

(5) 将文档中所有的"世贸组织"替换成"WTO"。

5. 关闭 Word 2003 中文版。

实验 3.2　使用 Word 2003 美化文档

一、实验目的

1. 掌握版面设计的基本方法。

2. 掌握编排字符与段落格式的基本方法。

3. 掌握图文混排、插入艺术字的基本方法。

4. 掌握文档分栏、竖排文档以及首字下沉的基本方法。

5. 掌握打印文档的基本方法。

二、实验内容

1. 设计文档版面。

2. 设置字符格式。

3. 设置段落格式。

4. 实现图文混排。

5. 插入艺术字标题。

6. 分栏版式设计。

7. 竖排文档、首字下沉。

8. 打印文档。

三、实验步骤

1. 启动 Word 2003 中文版。

2. 打开实验 3.1 建立的文档"练习 1. DOC"。

3. 进行如下版式设计：16 开页面、自定页边距、标题居中并以三号红色黑体显示、正文采用小四号黑色楷体显示。

4. 在文档标题下方插入一种艺术字体"医药"。

5. 将正文第二段分为等宽的两栏。

6. 竖排正文最后一段。

7. 在正文第三段位置插入任意一幅图片,并设计文字环绕图片效果。

8. 在正文第一段使用首字下沉效果。

9. 观察版面效果,打印输出文档。

10. 关闭 Word 2003 中文版。

实验 3.3　使用 Word 2003 制作表格

一、实验目的

1. 掌握插入表格的基本方法。

2. 掌握表格编辑的基本方法。

3. 掌握在表格中进行数据处理的基本方法。

4. 掌握打印文档的基本方法。

二、实验内容

1. 制作表格。

2. 表格编辑。

3. 基本数据处理。

4. 打印表格。

三、实验步骤

1. 启动 Word 2003 中文版。

2. 制作如下表格:

课　程　姓　名	有机化学	分析化学	物理化学	平均成绩
张　萍	90	80	89	
刘　鹰	95	85	90	
王　魁	87	78	75	
贾　丽	98	90	88	
冯　琳	100	85	86	
高　超	85	90	84	
总评				

3. 进行如下表格数据计算：

(1) 计算每位同学的平均成绩，并将结果填入"平均成绩"列。

(2) 计算各科的平均成绩及总平均成绩，将结果填入"总评"行。

(3) 在表格中"物理化学"列前添加一列"无机化学"，随意输入一些数据，重新完成上述计算。

4. 在表格"总评"行之前加入 3 行，随意输入姓名及各科成绩，重复上述计算。

5. 打印输出该表格。

6. 关闭 Word 2003 中文版。

第 4 章　Excel 2003

本章主要介绍中文 Excel 2003(以下简称为 Excel)的基本操作,工作表的编辑与修改,公式与函数的使用,工作表的格式操作,数据管理和分析,图表的生成。

本章难点是:单元格的引用,公式与函数,数据透视表。

4.1　中文 Excel 简介

4.1.1　Excel 的主要功能

Excel 继承了 Windows 的优秀风格,具有灵活的表格编辑和完善的数据库管理功能,可以进行复杂的数据计算和数据分析。形式多样的格式设置可以使表格更美观。提供了丰富多彩的图表功能。

4.1.2　中文 Excel 的启动与退出

中文 Excel 2003 是中文 Office 2003 组件之一,其启动、退出有多种方法可选择。

1. Excel 的启动

启动 Excel 的方法:

① 单击"开始"→"程序"→"Microsoft Office"→"Microsoft Office Excel 2003"。

② 双击桌面上已经创建的 Excel 2003 的快捷图标。

③ 单击"开始"按钮→选"运行"→对话框中键入 "Excel",然后单击"确定"按钮。

④ 双击 Excel 文件(扩展名为.XLS),系统会先启动 Excel,再打开该文件。

2. Excel 的工作界面

启动中文 Excel 2003 后,将自动打开一个名为"Book1"的 Excel 工作簿窗口。Excel 的工作界面由 Excel 应用程序窗口和工作簿窗口组成,如图 4.1 所示。

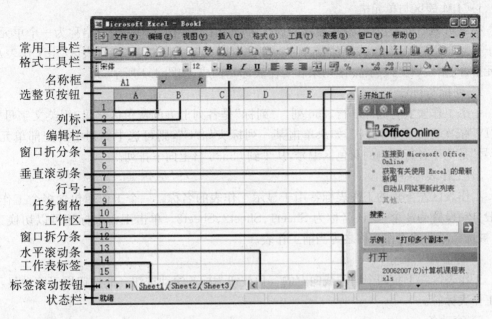

图 4.1　Excel 2003 工作界面

提示　通过"工具"菜单的"选项"命令可以设置取消 Excel 编辑区的灰色横线和竖线（称为网格线），从而显示空白界面。

（1）Excel 应用程序窗口

组成部分：标题栏、菜单栏、常用工具栏、格式工具栏、编辑栏、状态栏。

① 标题栏：工作簿窗口最上方蓝底白字的一行为标题栏，显示该应用程序名称 Microsoft Excel，以及正在编辑的文件名，如 Book1。由于正在编辑的工作簿文件尚未命名，Excel 自动将其默认命名为 Book1、Book2……其扩展名为 XLS。

② 菜单栏：标题栏之下的一行即为菜单栏。

③ 工具栏：工具栏可通过"视图"菜单中的"工具栏"命令来显示或隐藏，也可通过"工具栏"中的"自定义"功能添加、删除某些功能按钮。

④ 名称框：一般显示当前单元格的地址或所选区域的大小、图表项或绘图对象的名称。

⑤ 编辑栏：用于输入或编辑单元格的内容、公式或函数，显示当前单元格中相关内容。如果单元格中含有公式，则公式的结果显示在单元格中，在编辑栏中显示公式本身。

当按功能键<F2>转为编辑状态或在单元格中输入内容时，名称框与编辑栏之间显示 3 个图标 ✗ ✓ ƒx，依次为：取消、输入、插入函数。当在编辑栏输入或修改数据时，单击"输入"图标确定当前单元格的输入或修改。

⑥ 状态栏：Excel 所处的工作状态。左边提示用户当前正在做什么，右边指示键盘状态。

⑦ 任务窗格：Excel 提供了 11 个任务窗格。启动 Excel 后，系统默认自动打开"开始工作"任务窗格，如图 4.1 所示。利用任务窗格可以打开或新建工作簿，检索各种信息，在线更新数据等。

（2）工作簿窗口

工作簿窗口由工作表区、工作表标签、标签滚动按钮、滚动条等组成。

1）工作表区与单元格

在编辑栏下方灰色横、竖线分隔的表格区域是工作表区。每一个方格称为一个单元格，用于存储文字、数字和公式等信息，最多可以输入 32000 个字符。"工作表区"由工作表及其单元格、网格线、行号、列标、滚动条和工作表标签构成，如图 4.1 所示。

2）列标与行号

一个工作表共有 65536 行、256 列。"列标"是各列上方的灰色区字母，用英文字母"A"到"IV"依次由左至右排列。如果单击某一列标头如"C"，则可选中此列中的全部单元格。"行号"是位于各行左侧的灰色区编号，从 1 到 65536 自上向下排列。

3）工作表标签

工作表区左下角的工作表标签用于显示工作表的名称。一个工作簿包含多个工作表，一般自动设置为 3 个，默认名称为 Sheet1、Sheet2、Sheet3。单击工作表标签可以切换工作表，被选择激活的工作表称之为当前工作表。

4）标签滚动按钮

工作表区左下角四个向左或向右的三角按钮为标签滚动按钮。此按钮用于滚动显示其他工作表标签。

5）滚动条

拖动滚动条或单击滚动条两端的按钮，可以浏览工作表的内容。

6）拆分窗口分隔条

包括垂直滚动条上端和水平滚动条右端的垂直拆分条和水平拆分条，用于分隔窗口，最多可以拆分成 4 个窗口。

3. Excel 的退出

退出 Excel 有很多方法，如下列出几种常用方法以供选用：

① 选择"文件"菜单中的"退出"命令。

② 单击 Excel 窗口右上角的关闭按钮 ✕ 。

③ 双击 Excel 窗口左上角的控制菜单按钮 ✕ 。

④ 按组合键<Alt>+<F4>。

如果在退出 Excel 之前，编辑、修改的工作簿文件未保存，屏幕会显示对话框提示用户进行保存，完成保存后关闭工作簿并退出 Excel，返回到 Windows 环境，否则返回编辑状态。

如果想关闭工作簿文件而不退出 Excel，可以选择"文件"菜单中的"关闭"命令，或按<Ctrl>+<F4>，或单击菜单栏右端的"关闭"按钮。

提示   如果把工作簿理解成财务"账簿"，工作表则相当于其中的一张张"账页"。

4. 如何获得帮助

在 Excel 中，用户可以通过 3 种途径获得帮助信息：使用"帮助"菜单，使用 Office 助手，"Microsoft Office Online"在线帮助。

4.1.3 工作簿的创建与保存

1. 创建工作簿

一般启动 Excel 时，Excel 会自动创建并打开一个名为 Book1 的工作簿。如果需要重新建立一个工作簿，可以选择"文件"→"新建"→"任务窗格"中"新建工作簿"，或单击"常用"工具栏上的"新建"按钮,也可以按<Ctrl>+N 快捷键来创建。

提示　若要建立一个具有一定样式的工作簿,可单击"本机上的模板",选择所需的模板。

2. 工作簿的打开与保存

工作簿的打开与保存,可以使用"文件"菜单中的"打开"、"保存"或"另存为"命令,操作过程与 Word 相似,这里不再赘述。

提示　(1)若是新建的一个工作簿,选择"文件"菜单的"保存"命令或单击"保存"按钮,Excel 将自动弹出"另存为"对话框。

(2)若是打开已经保存过的工作簿,编辑修改后选择"文件"菜单的"保存"命令或单击"保存"按钮,Excel 则不改变保存位置,按原文件名和文件类型进行保存。

4.2　工作簿的编辑

Excel 提供了多种类型的数据,不同类型的数据录入和显示方式也不相同。工作簿的编辑主要是对单元格、行、列及工作表进行插入、删除、复制、移动和修改等操作。

4.2.1　选择单元格、行、列、区域或工作表

在进行编辑操作之前,首先要选定单元格、行、列、区域或工作表,然后再进行编辑操作。

1. 选定单元格

选定单元格方法为:用鼠标单击选定,或用键盘方向键←、→、↑、↓与<Tab>键在单元格中移动选择,也可在名称框中输入单元格地址并按回车键来选定。例如,在名称框中输入"H512"并按回车键,则选择了单元格 H512。

2. 选定行、列

单击所要选择行、列的行号或列标,即可选择一行或一列。如果要选择多行或多列,可以按住鼠标左键不放,在行号或列标上拖动;或按住<Ctrl>单击其他的行号或列标。

3. 选定区域

(1)连续区域

按住鼠标左键不放,拖动鼠标至结束单元格。或单击要选择起始单元格,再按住<Shift>键单击所要选择的最后一个单元格完成。例如,单击单元格 A2,再按住<Shift>键单击单元格 E6,可选择以 A2、E6 单元格为对角线顶点的矩形区域。

(2)分散的单元格区域

首先单击所要选择的第一个单元格,再按住<Ctrl>键,分别单击所要选择的其余单元格即可。

(3)全选

单击列标 A 左边空格(选整页按钮),或按组合键<Ctrl>+A,选择活动工作表全部内容。

4．选定工作表

单击工作表标签，或右击工作表标签滚动按钮，可以选择单个工作表。

选择连续的多个工作表，首先单击所要选择的第一个工作表标签，再按住＜Shift＞键单击所要选择的最后一个工作表；选择分散的工作表，可以按住＜Ctrl＞键分别单击所要选择的工作表。

选择所有的工作表可以右击工作表标签，从快捷菜单中选择"选定全部工作表"命令。

提示 如果要在多个工作表中选择同一单元格或区域，可以先选择所需的多个工作表，再在当前工作表中选择单元格或区域。

5．清除选择

单击选定区域之外任何空白处，即可取消所选区域。如果是取消在多张表中选择的区域，首先要将这些表选择，再单击空白处来取消。

6．工作表重命名

工作表的名称一般都是 Excel 默认的名称，可以对工作表重新命名，方法是：双击工作表标签激活重命名，输入新的工作表名称并按回车键即可；或者右击工作表标签，在快捷菜单中选择"重命名"，再输入新的工作表名称并按回车键。

例如，将工作表 Sheet1 命名为"2008 年下成绩表"，操作如下：双击工作表标签 Sheet1，输入"2008 年下成绩表"，在其他位置单击即可。

4.2.2 数据的输入

1．数据的类型

在 Excel 中，常用的数据分为数值、货币、会计专用、日期、时间、百分比、分数、科学记数、文本、特殊、常规及自定义等类型。

2．输入数据或公式

工作表的建立一般是从单元格数据的输入开始的，允许从工作表的任何一个单元格开始。

一般建立工作表的原则是：先选中单元格，创建表格的"表头"，再输入其他数据。例如，在 A1 单元格中输入"学号"，操作步骤如下：单击选定单元格 A1，如图 4.2(a)所示→输入数据或公式，如图 4.2(b)所示输入"学号"。

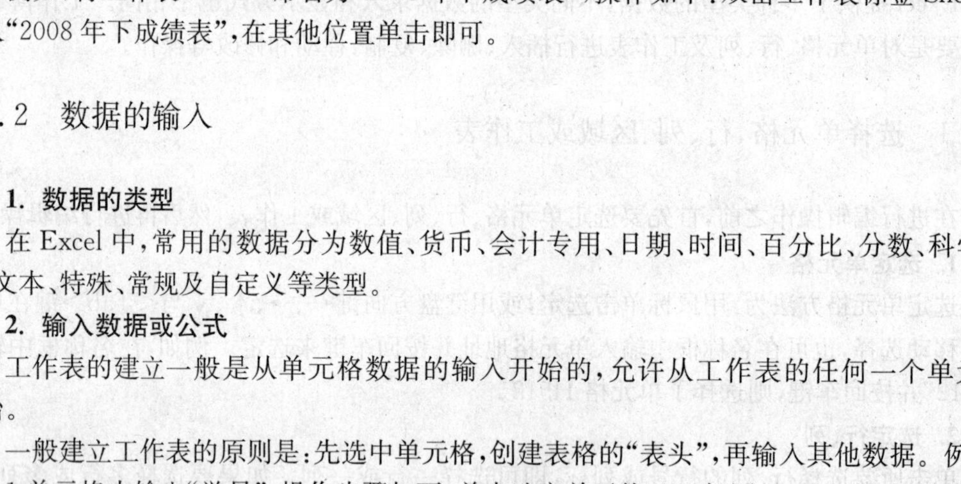

图 4.2 在 A1 单元格输入数据"学号"

在单元格中键入的数据同时在单元格和编辑栏中显示。在输入过程中，按＜Tab＞键转到下一列；按回车键，定位到下一行单元格。

当选定单元格时，也可以通过编辑栏进行输入。

如果输入错误,可以按<Esc>键或单击编辑栏左侧的"取消"按钮来取消输入。修改数据可以单击需要修改数据的单元格,重新输入正确的数据;也可双击单元格,此时插入点出现在该单元格中,如图 4.2(b)所示,这样就可以插入或修改数据了。

提示　如果操作有错误,也可以单击"常用"工具栏中的"撤消"按钮 ↺ 或"恢复"按钮 ↻ 撤消或恢复刚才的操作,但最多能撤消或恢复最近的 16 次操作。

(1) 输入数值

有效的数字符号为:数字 0~9,表示正、负号的"+"、"−",括号,小数点".",表示千分位的逗号",",货币符号"$",百分号"%",科学记数法符号"E"、"e"等。数值在单元格中显示方式默认为右对齐。一般数值可以直接输入,但对于负数、分数 Excel 允许按下面的方法输入。

① 负数的输入,直接输入负号"−"或加圆括号,如:输入"−365"或"(365)"。

② 分数的输入,如:$\frac{5}{12}$,输入为"0　5/12",若直接输入"5/12",则表示 5 月 12 日。

③ 科学记数法的输入,如 1,500,000,000,即 1.5×10^9,输入为"1.5E9"。

提示　如果输入的是数字,数值有效位数最长为 15 位,当数字位数太多时,则 Excel 自动采用科学记数法来显示该数字,如 1.3E+12;如果输入数字后,单元格中显示的是"♯♯♯♯♯",表示当前的单元格宽度不够,拖动两列之间的边界到所需位置或双击两列之间的边界即可。

(2) 输入文本

在 Excel 中,文本可以由数字、空格、汉字及非数字字符构成。一般默认文本在单元格中的显示方式为左对齐。

方法:① 非数字文本可直接输入。② 由纯数字组成的文本可以先输入一个单引号"'",再输入数字符号;或先输入"=",再输入用双引号括起来的数字。如学号 08010321 的输入为"'08010321",或"="08010321""。

提示　若单元格内容太长,可能会被截断显示部分内容。

(3) 输入日期和时间

工作表中日期和时间的显示方式取决于所在单元格中的数字格式。默认日期和时间类型的数据在单元格中右对齐。日期按"月/日/年"或"月−日−年"格式输入,或按中文格式输入;时间按"时:分:秒"格式输入,如果按 12 小时制输入,尾部要加上空格和字母"a"(或"am")或"p"(或"pm")表示上午或下午,否则 Excel 将按 AM(上午)处理。如:

输入日期 2008 年 5 月 12 日:在选定单元格中输入"2008−5−12"或"2008/5/12"。

输入 2008 年 5 月 12 日 14 时 28 分:在选定单元格中输入"2008−5−12　14:28"。

输入当年度日期,如 5 月 12 日:选定单元格,键入"5/12"或"May 12"。

输入系统当前日期:选定单元格,按<Ctrl>+分号。

输入系统当前时间:选定单元格,按<Ctrl>+<Shift>+冒号。

提示　日期和时间默认格式及符号由 Windows 操作系统决定。

(4) 公式与函数的输入

Excel 中的公式类似于数学中的一个表达式,是由运算符连接成的一个式子。它可以包含单元格、区域、数值、字符、数组、函数等。输入公式时,首先在选定的单元格中输入等号

"＝"、加号"＋"或减号"－"，亦可单击编辑栏输入"＝"，再输入公式内容，按回车键或单击任一单元格，Excel 会自动按公式计算，并在当前单元格中显示结果。如"＝（A1＊A2＋A3/A4）＊5"。

【例 4.1】 建立如表 4.1 所示的工作表，并计算 2003～2006 年世界各国报告的病例总数和死亡总数填入对应的单元格。

表 4.1　世界卫生组织报告 2003～2006 年人禽流感疫情统计

国家	2003 年		2004 年		2005 年		2006 年		总计	
	病例数	死亡数	病例数	死亡数	病例数	死亡数	病例数	死亡数	病例数	死亡数
阿塞拜疆	0	0	0	0	0	0	8	5		
柬埔寨	0	0	0	0	4	4	2	2		
中国	1	1	0	0	8	5	12	8		
吉布提							1	0		
埃及	0	0	0	0	0	0	14	6		
印尼	0	0	0	0	17	11	43	35		
伊拉克	0	0	0	0	0	0	2	2		
泰国	0	0	17	12	5	2	2	2		
土耳其	0	0	0	0	0	0	12	4		
越南	3	3	29	20	61	19	0	0		
总计										

步骤如下：

① 单击 A1 单元格，输入"国家"→单击 B1 单元格，输入"2003 年"。同样方法在 D1、F1、H1 单元格中分别输入"2004 年"、"2005 年"、"2006 年"；在 A3～A11 中输入各国家名称；在 B2～I2 中轮流输入"病例数"与"死亡数"；在 B3～I11 单元格区域内输入病例数与死亡数的各个数据；单击 A12，输入"总计"。

② 计算 2003 年人禽流感病例总数：

单击 J3 单元格→输入"＝B3＋D3＋F3＋H3"，并按回车键。单击 K3 单元格→输入"＝C3＋E3＋G3＋I3"，并按回车键。同样方法，计算其余各国报告的病例总数和死亡总数。

若要计算每年所有国家报告的病例总数和死亡总数，可以利用"常用"工具栏中的"自动求和"按钮 Σ ▾ 来计算总计，方法如下：

单击 B12 单元格→单击"常用"工具栏中的"自动求和"按钮→选择数据区域 B3：B11 后按回车键即可完成计算。用类似方法计算其余各年报告的病例总数和死亡总数。

3. 数据输入技巧

（1）数据填充

在数据输入中，经常会遇到表格中某行或某列的数据具有一定的规律，例如序数 1，2，3，…，连续的月份、日期、时间等，对这种情况，Excel 提供了自动填充功能，可帮助用户减少重复的操作。自动填充是根据初始值决定以后的填充项，选中初始值所在的单元格，将鼠标指针移到该单元格的右下角，指针变成十字形（填充柄），按下鼠标左键拖曳至需填充的最后一个单元格，即可完成自动填充。

【例 4.2】 利用鼠标的自动填充功能在 A1 到 D1 中输入数据 2003 年、2004 年、2005年、2006 年。

操作步骤如下:

单击 A1 单元格,输入"2003 年"→选中单元格 A1,将鼠标指针指向单元格 A1 右下角(填充柄)→按住左键不放拖至 D1 后放开即可。

完成填充后,会显示如图 4.3 所示的自动填充选项按钮,单击该按钮,可在弹出的选项中选择填充方式修改本次的填充。

思考　若要输入 1,3,5,7,…"或日期、月份、星期等,应怎么操作?

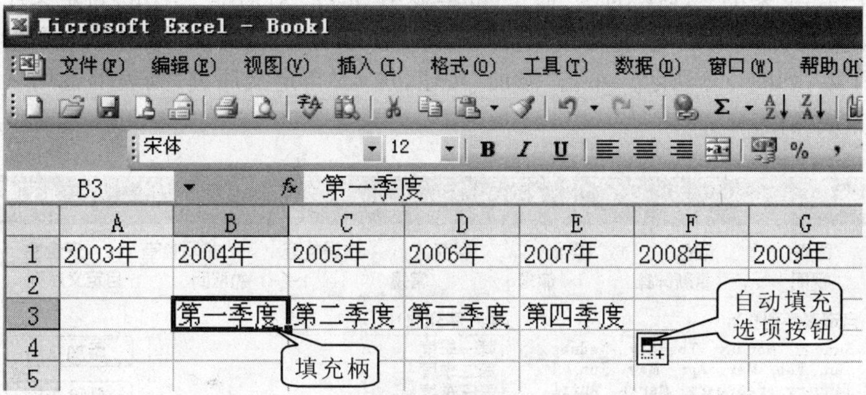

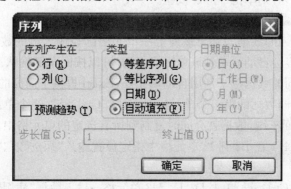

图 4.3　填充柄

利用鼠标的"自动填充"功能,可处理工作表中数据的复制、递增或递减式填充。也可以使用"编辑"菜单中的"填充"命令的子菜单完成。"填充"命令子菜单中有"向下填充"、"向右填充"、"向上填充"、"向左填充"、"序列"多种选项,这些命令可以把一个单元格的信息复制到一组选定的相邻的单元格中,但不能复制单元格中的批注。

(2) 建立序列及自定义序列

如果使用自动填充,填充序列可以使用 Excel 提供的序列,也可以自己建立序列。

方法 1:使用"序列"对话框建立序列。

步骤如下:

在填充区域的第一个单元格中输入数据,如输入"2003 年",选择该单元格及需填充的区域→单击"编辑"→选择"填充"→单击"序列",屏幕显示"序列"对话框→在"序列产生在"框中,根据选择的区域确定"行"或"列"→在"类型"选项区中选择序列类型"自动填充",如图 4.4 所示→单击"确定"按钮,则按指定方式在相邻单元格内进行填充。

图 4.4　"序列"对话框

提示 若填充的是数值或日期,则需要在"步长值"框中输入一个正数或负数,指定序列的增加或减少量;在"终止值"框中输入该序列的最后一个值。在某些情况下,按指定"步长值"设置的填充序列可能取不到"终止值";如果在没有产生序列前就已经选定序列填充区域,则不必输入"终止值"。

方法 2:利用"选项"对话框建立自定义序列。

步骤如下:

单击"工具"菜单→选择"选项"命令,屏幕显示"选项"对话框→单击"自定义序列"选项卡→在"输入序列"列表中输入将要用作填充序列的数据,如:第一季度、第二季度、第三季度、第四季度,如图 4.5 所示。单击"添加"按钮,加入"自定义序列"列表框备用→单击"确定"按钮完成操作。

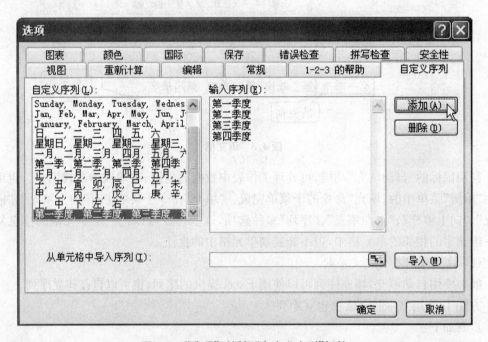

图 4.5 "选项"对话框"自定义序列"标签

提示 在图 4.5 所示的对话框中输入自定义序列时,可输入每一项后按回车键,也可在同一行上输入多个数据项,但中间一定要用英文的逗号分隔。如果是将工作表选定区域中的内容作为自定义序列,则单击"导入"按钮。

(3) 相同数据的输入

通常在同一列输入的数据如果与该列上一单元格已经输入过的数据相同,当输入了第一个字后,其余的内容会自动显示到该单元格,此时可以按回车键确认。对于一些分散的单元格、区域中输入相同的数据除了利用自动填充外,Excel 提供了简便的操作方法:

单击需要输入相同数据的第一个单元格→按住<Ctrl>键,逐个单击其余单元格→输入数据→按<Ctrl>+回车键,数据就会同时复制到所有选定的单元格中。

【例 4.3】 按表 4.1 在 B2 到 I2 单元格中指定位置输入"病例数"、"死亡数"。

操作如下:

单击 B2→按住<Ctrl>键,单击 D2、F2、H2 单元格→输入数据"病例数"→按住<Ctrl>敲回车键,完成操作。同样方法在 C2、E2、G2、I2 单元格中输入"死亡数"。

（4）同时在多张工作表中输入或编辑相同的数据

在多张工作表相同区域中输入或编辑相同的数据,操作步骤如下:

单击活动工作表→按住<Ctrl>键,单击选择其他需要输入相同数据的工作表标签→选择需要输入数据的单元格或区域→在活动工作表选定的单元格中输入数据,同时 Excel 自动在所有选定工作表的相应单元格中输入相同的数据。如果选择的为区域,则需再按<Ctrl>+回车键将数据复制到其他单元格。

（5）预先设置小数位或整数末尾 0 的个数

如果输入的数字具有相同的小数位或整数尾部的"0"的个数相同,Excel 可以预先设置小数位数或尾部 0。操作方法如下:

在图 4.5 所示"选项"对话框中单击选择"编辑"选项卡→单击"自动设置小数点"复选框→在"位数"微调框中,输入正数,表示设置小数位;输入负数,表示设置整数尾部 0 的个数→单击"确定"按钮。

设置之后,小数的小数点后或者整数尾部 0 不需要输入,只需输入各位非 0 数字,Excel 会自动添加小数点后或整数尾部 0。

（6）在一个单元格内输入多行数据

如若要在一个单元格内输入多行数据,需换行时同时按下<Alt>+<Enter>键,即可以输入下一行数据。

（7）设置数据的有效性

在编辑工作表数据中,有时需要对某些单元格的数据进行限制,例如,在学生成绩统计表中,成绩不能是负数或其他非数字符号。对单元格中数据进行有效性设置,可以避免一些输入错误,从而提高录入数据的准确率和速度。可通过"数据"菜单中的"有效性"来进行设置。

【例 4.4】　建立如表 4.2 所示工作表"2008 年下成绩统计表",先将表中的课程成绩数据区 F2 到 J22 单元格区域的数据有效性设置成">=0",然后输入各科成绩。

表 4.2　2008 年下成绩统计表

学号	姓名	性别	专业	班级	中医诊断	中医基础	人体解剖	数据库应用	大学英语	总分	平均成绩	等级
08211001	凤昌辉	男	针灸推拿	08针推	82	69	67	79	91			
08211005	丁志	男	针灸推拿	08针推	73	75	57	71	87			
08612001	曹君	女	护理学	08护理涉外	77	84	76	68	92			
08111006	单清乐	男	中医学	08中医	88	78	68	76	88			
08211011	胡萌	女	针灸推拿	08针推	77	53	74	65	78			
08511065	章婷	女	护理学	08护理涉外	78	77	77	79	88			
08111013	韩林	男	中医学	08中医	96	68	82	83	79			
08612002	陈红	女	护理学	08护理涉外	76	81	67	69	90			
08431005	黄凤蕾	女	中西医结合	08中西结合	85	76	78	75	87			
08612004	陈林君	男	护理学	08护理涉外	80	74	93	84	95			
08511002	陈丽	女	应用心理学	08心理	83	69	79	65	83			
08612003	陈君华	男	护理学	08护理涉外	86	80	85	82	89			
08511004	陈莹	女	应用心理学	08心理	85	78	64	79	75			
08511005	陈珍	女	应用心理学	08心理	77	84	88	87	92			
08111003	陈伟林	男	中医学	08中医	85	78	79	82	78			
08431006	胡敏风	女	中西医结合	08中西结合	85	70	69	77	87			
08111009	杜瑞林	男	中医学	08中医	57	78	78	78	88			
08211016	郎捷	女	针灸推拿	08针推	69	74	79	78	86			
08211017	李艳	女	针灸推拿	08针推	76	83	82	84	91			
08511003	陈玉	男	应用心理学	08心理	63	79	84	82	89			

操作步骤如下:

选择区域 F2:J22→选择"数据"菜单的"有效性"命令,弹出"数据有效性"对话框→在

"设置"选项卡下的"允许"下拉列表中选择"自定义"→在"公式"框中输入有效性条件"＝F2：J21≥=0",如图 4.6 所示→单击"确定"按钮,完成设置。最后输入各科成绩。

设置数据的有效性条件后,若试图在设置了数据有效性的单元格中输入负数时,则会弹出对话框,提示"输入值非法"。

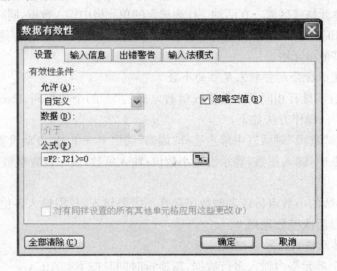

图 4.6 "数据有效性"对话框

4.2.3 插入与删除

1. 单元格、行或列的插入与删除

(1) 插入单元格、行或列

插入单元格、行或列的操作步骤如下：

选定所要插入位置的单元格或区域→单击"插入"菜单→选择"单元格"命令,屏幕显示"插入"对话框→在该对话框中根据需要单击"活动单元格右移"、"活动单元格下移"、整行或整列选项→单击"确定"按钮。

(2) 删除单元格、行或列

删除单元格、行或列的步骤如下：

选择要删除的单元格→选择"编辑"菜单中的"删除"命令,此时屏幕显示"删除"对话框→根据需要在"删除"对话框中单击"右侧单元格左移"、"下方单元格上移"、整行或整列单选项→单击"确定"按钮。

提示 插入行(列)可以在"插入"菜单中选择行(列)命令,也可右击指定位置的单元格、行号或列标,在快捷菜单中选择"插入"或"删除"命令。选择多行(列),亦可快速插入或删除多行(列)。

【例 4.5】 在"2008 年下成绩统计表"中插入标题行,标题为"2008 年下学生成绩统计表"。操作步骤如下：

右击第 1 行行号→在快捷菜单中选择"插入"命令,则在该行插入一空行→单击 A1 单元格,输入标题内容"2008 年下学生成绩统计表"。

删除行、列或单元格后,被删除区域相邻的区域的位置将做调整。

3. 工作表的插入与删除

（1）插入工作表

在当前工作簿中插入一空白工作表,操作步骤如下:

单击需插入工作表位置的工作表标签→选择"插入"菜单中的"工作表"命令,则插入了一个空白工作表。原位置的工作表自动右移。

提示　插入工作表,也可以右击所选位置工作表标签,从快捷菜单中选择"插入…"命令,再从相应弹出的对话框中选择工作表并单击"确定"按钮。

（2）删除工作表

对于多余的工作表,可以使用"编辑"菜单中的"删除工作表"命令来删除。操作步骤如下:

单击欲删除的工作表标签→打开"编辑"菜单,选择"删除工作表"命令,屏幕显示确认永久性删除对话框→单击"确定"按钮,则删除所选定的工作表。

4. 批注

Excel 增加了批注功能,当一个单元格增加了批注后,在该单元格右上角会出现一个红色的小三角符号,如将鼠标指针指向该单元格,会自动出现批注框,显示批注的内容。

（1）添加批注

为一单元格添加批注,方法是:首先选中单元格→打开"插入"菜单→选择"批注"命令→在批注框内输入内容后按回车键。

（2）批注的显示与隐藏

如果要显示或隐藏批注,可单击"视图"菜单中的"批注"命令。

（3）编辑批注

如果要编辑修改批注,选中含有批注的单元格后,在"插入"菜单中选择"编辑批注"命令,即可进行批注修改。

提示　也可以使用"审阅"工具栏上的工具按钮或快捷菜单进行插入、编辑、显示、隐藏或删除批注。

5. 清除单元格

清除单元格是指清除单元格中的内容、格式或批注,单元格本身还留在工作表中。如果只是将选定的单元格或区域中的内容清除,一般可以按<Delete>键。我们还可以选择"编辑"菜单中的"清除"命令来实现。"清除"子菜单中含有"全部"、"格式"、"内容"及"批注"选项:

全部:选择"全部"选项时,将清除该区域中的内容、格式和批注。

内容:当选择"内容"选项时,只清除该区域中的数据区域中的数据内容。

格式:当选择"格式"选项时,只清除该区域中的数据格式,而保留数据内容和批注。

批注:当选择"批注"选项时,只清除该区域中的批注信息。

4.2.4　复制和移动

在 Excel 中数据的复制和移动与 Word 的操作相似,可以利用剪贴板,使用"常用"工具栏中的"复制"、"剪切"、"粘贴"按钮或"编辑"菜单中的"复制"、"剪切"、"粘贴"命令进行复制或移动。也可以使用鼠标拖动进行复制或移动数据。

1. 利用剪贴板进行复制或移动

利用剪贴板可以进行工作表中或不同工作表之间的数据复制(或移动),操作步骤如下:

选择所要复制(或移动)的数据单元格或区域→单击"常用"工具栏"复制"(或"剪切")按钮,或选择"编辑"菜单"复制"(或"剪切")命令,或同时按<Ctrl>+C(或<Ctrl>+X)键→选定目标区域→单击"常用"工具栏中"粘贴"按钮,或使用"编辑"菜单中的"粘贴"命令,或按<Ctrl>+V键。

提示　利用剪贴板进行复制或移动,选择粘贴操作时,一般会将目标区域内数据覆盖。若要保留原有数据,应在"插入"菜单中选择"复制单元格"或"剪切单元格"命令,或从快捷菜单中选择"插入复制单元格"或"插入剪切单元格"命令。

【例 4.6】　在"2008 年下成绩统计表"中将第 3 行到第 5 行内容插入到第 8 行和第 9 行之间,并保留原第 9 行以后数据。

操作步骤如下:

按住鼠标左键不放在行号位置拖动,选择第 3 行到第 5 行内容→单击"常用"工具栏"复制"按钮→右击 A9 单元格,从快捷菜单中选择"插入复制单元格",即完成操作。

2. 选择性粘贴

有选择地复制单元格内特定的内容,如复制公式,可使用"选择性粘贴"。操作步骤如下:

选定所要复制的单元格→单击"常用"工具栏中的"复制"按钮,或"编辑"菜单中的"复制"命令→单击目标区域左上角的单元格→打开"编辑"菜单,选择"选择性粘贴"命令,屏幕显示"选择性粘贴"对话框,如图 4.7 所示→单击要选择粘贴的选项,如选择"公式"→单击"确定"按钮。

图 4.7　"选择性粘贴"对话框

提示　如果在"选择性粘贴"对话框中单击"粘贴链接"按钮,则建立对复制单元格的链接,目标单元格的数据与复制单元格相同。若要将行的数据转为列的数据,或将列的数据转为行的数据,可以先将需要转换的数据复制到剪贴板,然后在"选择性粘贴"对话框中选中"转置"复选框,单击"确定"就行了。

【例 4.7】　利用"选择性粘贴"复制公式计算例 4.4 工作表中每位学生的各科成绩总分。

操作步骤:在 K1 单元格输入"总分"→单击 K2 单元格→单击"自动求和"按钮,按回车后再选中 K2 单元格→按组合键<Ctrl>+C→单击 K3 单元格→按<Shift>键单击 K21 单元格→右击所选区域,从快捷菜单中选择"选择性粘贴"命令→单击"选择性粘贴"对话框中的选项"公式"→单击"确定"按钮,则完成其余学生总分的计算。

3. 鼠标拖动式复制或移动数据

在小范围内复制或移动数据,使用鼠标拖动更快捷。步骤如下:

选择所要复制或移动数据的单元格或区域→将鼠标指针指向所选择区域的边框,当鼠标指针由空心十字形变为斜向箭头时,按住鼠标左键拖动,到达目标处时,松开鼠标左键,则将选定区域移到新的位置。若要复制,则同时按住<Ctrl>键和鼠标左键拖放到目标处。

上述操作完成后,目标区的数据将被替换为新的内容。

提示　如果要用鼠标拖动的方法以插入式移动单元格区域,则应在拖动的同时加按<Shift>键;若进行插入式复制,应同时加按<Ctrl>键。

5. 复制或移动工作表

(1) 用"编辑"菜单中的"移动或复制工作表"命令

利用"移动或复制工作表"命令能够在同一工作簿中或者不同工作簿之间复制或移动工作表。操作步骤如下:

首先打开所需的两个工作簿→选中需要移动或复制的工作表→选择"编辑"菜单中"移动或复制工作表"命令,屏幕显示"移动或复制工作表"对话框,如图 4.8 所示→在"工作簿"列表中选择目标工作簿(如果要把工作表移动或复制到一个新的工作簿中,则选中"新工作簿")→在"下列选定工作表之前"列表框中选定插入位置→单击"确定"按钮,则将选定的工作表移到新位置。若要复制工作表,则还需选中"建立副本"项。

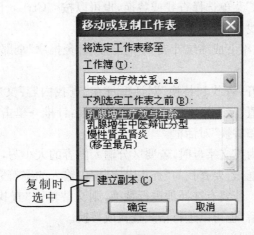

图 4.8　"移动或复制工作表"对话框

(2) 用鼠标移动或复制工作表

如果是在当前工作簿中移动或复制工作表,用鼠标操作更方便。在不同的工作簿之间移动或复制工作表,要对打开的多个工作簿重新排列窗口以方便操作。步骤如下:

打开目标工作簿→打开包含需要移动或复制工作表的工作簿→单击"窗口"菜单中"重排窗口"命令→在"重排窗口"对话框中选中"平铺"、"水平排列"或"垂直排列"→按住鼠标左键拖动选中需要移动或复制的工作表标签(如果要复制工作表,拖动时要同时按<Ctrl>键)到目标处→在适当位置放开鼠标按键,工作表则被移动或复制到目标位置。

【例 4.8】 利用鼠标将"治疗乙型肝炎.xls"中的工作表"乳腺增生中医辩证分型"移动到工作簿"Ex 中医药应用.xls"中。

操作步骤如下:

打开工作簿"Ex 中医药应用.xls"→打开工作簿"治疗乙型肝炎.xls"→单击"窗口"菜单→选择"重排窗口"命令→在"重排窗口"对话框中选中"平铺"→鼠标指针指向"乳腺增生中医辩证分型"工作表标签→按住鼠标左键,将其拖动到工作簿"Ex 中医药应用.xls"目标窗口,如图 4.9 所示,在适当位置放开鼠标按键,完成操作。

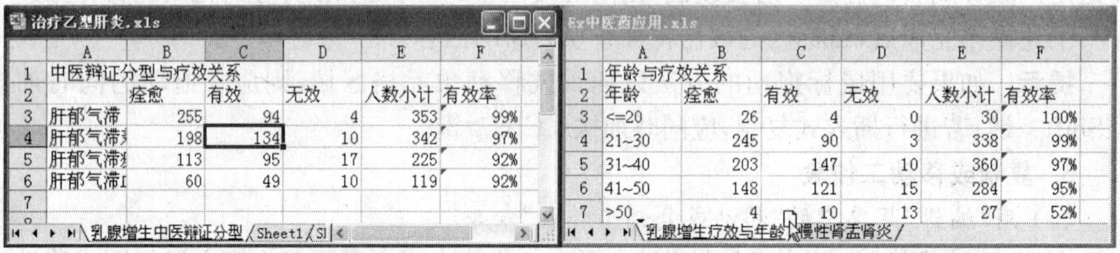

图 4.9　移动工作表

4.2.5　查找与替换

Excel 提供了查找、替换和定位功能,其操作与 Word 基本相同。

1. 查找与替换

我们可以使用"编辑"菜单选择查找或替换,也可以按<Ctrl>+F 或<Ctrl>+H 启动"查找和替换"功能。查找、替换操作方法与 Word 相同。

【例 4.9】 将"2008 年下成绩统计表"中的专业"针灸推拿"全部替换为"针推"。

操作步骤如下:

按<Ctrl>+H,打开"查找和替换"对话框→在"查找内容"文本框中输入要查找的内容:针灸推拿→在"替换值"文本框中输入要替换的内容:针推→单击"全部替换"按钮→单击"关闭"按钮,退出"查找和替换"对话框。

查找或替换的内容为英文字母时,若要区分输入内容的大小写,则单击"选项"按钮后再选中"区分大小写"复选框;若要查找与"查找内容"框中输入的字符完全匹配的单元格,则选中"单元格匹配"复选框。若要有选择地进行替换,则交替单击"查找下一个"按钮和"替换"按钮。单击"选项"按钮后,也可以进行格式查找或替换。

2. 定位

对于一个很大的工作表,利用"编辑"菜单中的"定位"命令或按<Ctrl>+G 可以快速定出当前活动单元格或区域。

例如,在一个较大的工作表中,要激活 H512 单元格,操作步骤如下:

选择"编辑"菜单中的"定位"命令,这时出现如图 4.10 所示"定位"对话框→在"引用位置"框中输入需定位的单元格的名称或地址:H512,单击"确定"按钮,即可完成定位。

图 4.10　"定位"对话框

更快捷的定位方法是：在名称框中输入需定位的单元格名称或地址（如 H512）并按回车键。

3. 条件查找

条件查找是指查找出包含相同内容或行（列）内容有差异的所有单元格。其操作步骤如下：

单击有指定条件格式的任一单元格→打开"编辑"菜单→选择"定位"命令→单击"定位"对话框中"定位条件"按钮，屏幕显示"定位条件"对话框，如图 4.11 所示→选中"条件格式"项→若要查找符合特定条件格式的单元格，则选中"有效数据"中的"相同"；若要查找所有条件格式的单元格，则选中"全部"→单击"确定"，则插入点定位在符合条件的第一个单元格上。

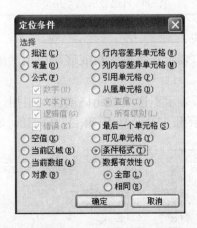

图 4.11　"定位条件"对话框

4. 不匹配查找

不匹配查找是指查找与活动单元格数据或条件不同的单元格。操作步骤如下：

选定需要比较的单元格区域→打开"编辑"菜单→选择"定位"命令→单击"定位"对话框中"定位条件"按钮→选中"行内容差异单元格"或"列内容差异单元格"选项→单击"确定"，

完成查找。

4.3　函数与公式

Excel 具有强大的计算功能,为用户提供了丰富的公式和函数。利用这些功能可以进行复杂的数据计算、分析。

4.3.1　公式

在上一节我们已经知道:公式是用运算符连接形成的一个表达式;输入公式时,要以等号"="或加号"+"开头。下面为大家介绍在 Excel 中运算符和公式的使用。

1. 运算符

公式中可使用的运算符包括数学运算符、关系运算符、文本连接符、引用操作符,具体如表 4.3 所示。

表 4.3　运算符

类　　别	运　算　符	示　　例
算术运算符(6 个)	＋、－、*(乘)、/(除)、^(乘幂)、%(百分比)	＝3*5/(－2＋20%)
文本运算符(1 个)	&	＝"中国"&"合肥"
关系运算符(6 个)	=、<、>、<=(小于等于)、>=(大于等于)、<>(不等于)	＝3>5
引用运算符(3 个)	冒号(:)、逗号(,)、空格	＝SUM(A2:B4)

重点介绍一下引用运算符:

① 冒号(:):区域运算符,表示连续单元格或区域引用。例如,对 F2:J2 区域中的数据求和表示为 SUM(F2:J2)。

② 逗号(,):联合运算符,表示不连续单元格或区域引用。例如,对 F2:J2 和 F9:J9 两个区域中的数据求平均值表示为 AVERAGE(F2:J2,F9:J9),如图 4.12 中阴影所示区域。

	A	B	C	D	E	F	G	H	I	J
1	学号	姓名	性别	专业	班级	中医诊断	中医基础	人体解剖	计算机	英语
2	03111001	储明森	男	中医	03中医	92	96	95	87	52
3	03412003	陈君养	女	中西结合	03中西全科医学	76	71	66	77	69
4	03412004	陈天平	女	中西结合	03中西全科医学	74	71	61	74	76
5	03111002	崔生	男	中医	03中医	77	76	75	66	54
6	03111003	瞿文	女	中医	03中医	82	89	71	72	65
7	03712006	陈祝明	男	医药软件	03医软	71	81	91	81	44
8	03712007	程伟	女	医药软件	03医软	93	80	88	84	78
9	03111004	杜冰心	女	中医	03中医	86	94	86	70	61
10	03111005	方明	男	中医	03中医	73	85	44	75	62

图 4.12　联合运算符示例

③ 空格:交叉运算符,表示交叉引用。例如,对工作表中 F2:I9 与 G6:J12(图 4.13)交叉区域求和,则可输入"=SUM(F2:I9 G6:J12)",实际运算区域如图 4.14 中两方框交叉区域所示。

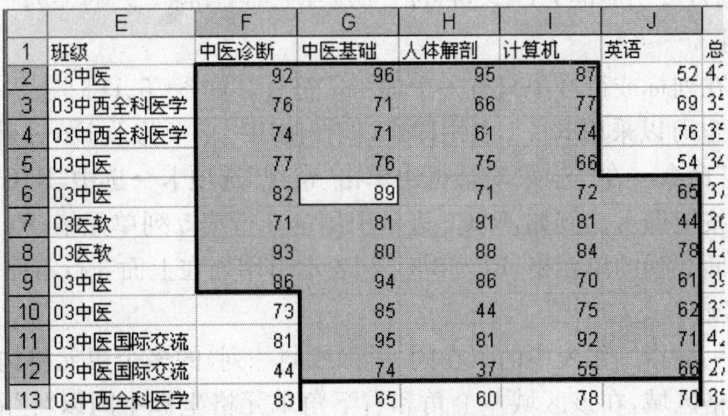

图 4.13　选择交叉区域

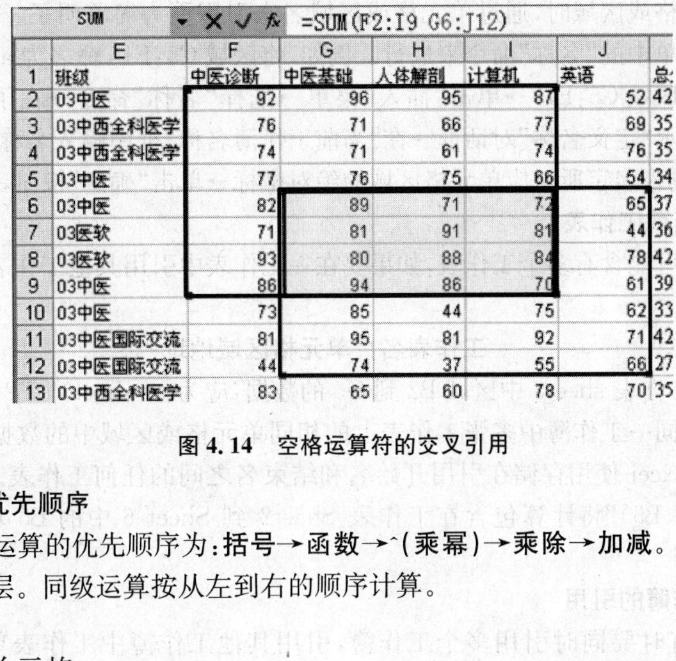

图 4.14　空格运算符的交叉引用

2. 运算的优先顺序

Excel 算术运算的优先顺序为:**括号→函数→^(乘幂)→乘除→加减**。当使用多层括号时,先内层后外层。同级运算按从左到右的顺序计算。

4.3.2　引用单元格

引用单元格是告诉 Excel 在哪些单元格中查找公式中所需的数值。在 Excel 中单元格的引用分为相对引用、绝对引用和混合引用。

1. 相对引用

相对引用是指以某一特定单元格为基准来确定其他引用单元格的位置。通常使用相对坐标,表示方法为:**列标+行号**。如 C5、D9。公式中引用的单元格可以随公式位置的移动而改变相应的单元格地址。相对引用是 Excel 默认的表示方法。

2. 绝对引用

绝对引用使用绝对坐标,指向工作表中固定的单元格,不随公式位置变化而改变单元格地址。绝对坐标表示方法是:＄**列标**＄**行号**。如＄C＄5、＄D＄9(加"＄"符号的快捷方法是引用选定单元格后,按功能键<F4>,再按一次<F4>可删除"＄"符号)。

3. 混合引用

混合引用是在列标或行号中只有一个加"＄"符号。如＄C5、D＄9。

另外,Excel 也可以采用 R1C1 引用样式,但在使用之前要修改 Excel 默认设置,方法是:单击"工具/选项"命令→在"选项"对话框中单击"常规"选项卡→选中"R1C1 引用样式"复选框→单击"确定"按钮即可。例如,R3C5 表示引用第 3 行第 5 列单元格,R[3]C[2]表示引用处在下面 3 行右面 2 列的单元格,R[-3]C[2]表示引用处在上面 3 行右面 2 列的单元格。

4. 单元格区域

单元格区域一般指工作表中的不在同一行(或同一列)的多个单元格构成的区域。如要引用连续的单元格区域,在该区域左上角和右下角单元格坐标中间以":"隔开;要引用分散的单元格区域,则以","隔开每个单元格坐标。

5. 单元格与区域命名

在引用单元格或区域时,通过单元格或区域名来引用更为简单明了。对单元格命名可以使用"插入"菜单中的"名称"命令来进行。例如,将区域 C5:F15 命名为 abc,步骤如下:

选择单元格区域 C5:F15→单击"插入"菜单→选择"名称"命令→在子菜单中单击"定义"选项,屏幕显示"定义名称"对话框→在"当前工作簿名称"框中输入名称"abc"→在"引用位置"文本框中输入名字所对应单元格区域的绝对坐标→单击"确定"按钮,完成命名。

6. 引用非当前工作表

一个工作簿可能含有多个工作表,如果要在一工作表中引用其他工作表中的数据,其引用格式为:

＝工作表名！单元格区域地址

例如,引用工作表 sheet3 中区域 B2 到 G5 的数据,应为:＝sheet3! B2:G5。

如果要分析同一工作簿中多张工作表上的相同单元格或区域中的数据,前面加上工作表名称的范围,Excel 使用存储在引用开始名和结束名之间的任何工作表。例如,"＝SUM(Sheet2:Sheet6! B5)"将计算包含在工作表 Sheet2 到 Sheet 6 中的 B5 单元格内所有值的和。

7. 多个工作簿的引用

根据需要,有时要同时引用多个工作簿,引用其他工作簿中工作表单元格数据的格式为:

＝′盘符\路径\[工作簿名]工作表名′！单元格区域地址

使用时需要指定所引用工作簿所在的磁盘、路径、工作簿与工作表名和单元格。在盘符与工作表名之间要用两个单引号"′"括起来。

例如,当前文件夹中有"教师考核. XLS"、"教师量化. XLS"、"奖励津贴. XLS"三个工作簿,需要根据"教师考核"工作簿中的"等级"工作表的 D3 单元格等级值、"教师量化"工作簿中的"课时统计"工作表的 E3 单元格课时数和标准课时费 30 元来计算"奖励津贴"工作簿中每个教师的奖金。奖励津贴可表示为:

＝′[教师考核. XLS]等级′！D3 * ′[教师量化. XLS]课时统计′！E3 * 30

4.3.3　函数

为了适应不同方面的数据处理,Excel 提供了近 200 个函数,按其功能分为数学函数、文字函数、逻辑函数、日期与时间函数、统计函数、财务函数、查找与引用函数、数据库函数和信息函数等类型。如求和函数 SUM、正弦函数 SIN、逻辑函数 IF、标准偏差函数 STDEV。

1. 函数的格式

函数的格式:＜函数名＞(＜参数 1＞,＜参数 2＞,…)。

其中的参数可以是常量、单元格、区域、区域名,可以是数字、文本、逻辑值(TRUE 或 FALSE)、数组、形如"♯N/A"的错误值或单元格地址,甚至可以是另一个或几个函数等。参数与参数之间使用半角逗号进行分隔。参数的类型和位置必须满足函数语法的要求,否则将返回错误信息。

数组用于可产生多个结果,或可以对存放在行和列中的一组参数进行计算的公式。Excel 中有常量和区域两类数组。常量数组放在"{ }"(按下＜Ctrl＞+＜Shift＞+＜Enter＞组合键自动生成)内部,各列的数值用逗号","隔开,各行的数值用分号";"隔开。例如,要表示第 1 行中的 56、78、89 和第 2 行中的 90、76、80,就应该建立一个 2 行 3 列的常量数组{56, 78,89;90,76,80}。

2. Excel 中部分函数介绍

Excel 中函数较多,表 4.4 列出了常用的部分函数。

表 4.4　Excel 中的部分函数

函　　数	功　　能	示　　例
SUM(数值 1,数值 2,…)	求和	=SUM(51,30,9),=SUM(B2:G5)
AVERAGE(数值 1,数值 2,…)	求算术平均值	=AVERAGE(F2:F21)
COUNT(数据 1,数据 2,…)	统计参数表中数字参数和包含数字的单元格个数	=COUNT(G2:G21)
COUNTIF(范围,条件)	统计指定范围内符合条件单元格的个数	=COUNTIF(F2:F21,">=85")
INT(数值)	返回不大于数值的整数	=INT(3.9),=INT(-3.0001)其返回值分别是 3,-4。
IF(条件,值 1,值 2)	当条件值为真,则返回值 1;否则返回值 2	=IF(90>=85,"优秀","合格")的返回值为"优秀"
RANK(数值,范围,排序方式)	返回一数值在指定范围数值中的排位。排序方式指定升序(非 0 值)或降序(0 值或忽略)排位	=RANK(78,$F$2:$F$21)返回 78 在 $F$2:$F$21 中的排位。

FREQUENCY（数组 1，数组 2）	按数组 2 返回数组 1 中数据的频率分布	如图 4.15 所示选择 C4:C8 单元格后，输入公式"= FREQUENCY（A1:A10,B4:B8）"并按<Ctrl>+<Shift>+<Enter>键，结果为{1,2,2,4,1}
LARGE(数据集,k)	返回某一数据集合中的排位第 k 个最大值	=LARGE（{59,70,85,90,85,84,92},5）返回值 84
STDEV(数据 1，数据 2，……)	估算基于给定样本数据 1，数据 2，……的标准偏差	=STDEV（{80,75,65,50,85,82,90}）结果为:13.6835
OFFSET（reference, rows, cols,height,width）	参照引用	=SUM(OFFSET(D2,1,2,3,1))
PMT(利率,贷款期限,本金,贷款余额,类型)	基于固定利率及等额分期付款方式，返回贷款的每期付款额	= PMT（5.814%/12，12 * 12，40000,0,1）返回值为−384.64
CONFIDENCE（显著水平参数,标准偏差,样本容量）	返回一个用于构建相对总体平均值的置信区间的值	CONFIDENCE（.05,2.5,50）的返回值为 0.69291，那么相应的置信区间为 30±0.69291，约为[29.3,30.7]
CORREL（数组 1,数组 2）	返回单元格区域数组 1 和数组 2 之间的相关系数	=CORREL（{3,2,4,5,6},{9,7,12,15,17}）返回值是 0.997054
FTEST（数组 1,数组 2）	F 检验返回的是当数组 1 和数组 2 的方差无明显差异时的单尾概率	=FTEST（{6,7,9, 15, 21},{20,28, 31, 38, 40}）返回 0.648318
CONCATENATE（文本 1,文本 2,…）	将若干文字串合并到一个文字串中,其功能与"&"运算符相同	= CONCATENATE（"08","中医学"）返回"08 中医学"
MID(文本,起始位置,个数)或 MIDB(文本,起始位置,个数)	返回文本串中从指定位置开始的特定个数的字符。MIDB 函数可以用于双字节字符	=MID（"医药信息工程",3,2）返回"信息"，= MIDB（"医药信息工程",3,2）返回"药"

如图 4.15 所示是一个使用 FREQUENCY 函数的实例。

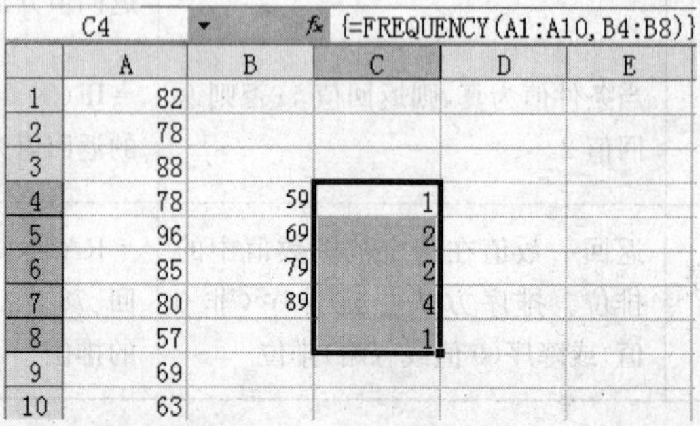

图 4.15　FREQUENCY 函数示例

　　【例 4.10】　假设样本为 50 名乘车上班的旅客,他们花在路上的平均时间为 30 分钟,总体标准偏差为 2.5 分钟。假设置信度的显著水平参数 alpha＝0.05,求其置信区间。

　　计算 CONFIDENCE(0.05,2.5,50) 的返回值为 0.69291,那么相应的置信区间为 30 ± 0.69291,约为 [29.3,30.7]。

　　由于 Excel 提供的函数较多,这里不能一一列出,请大家通过"帮助"菜单或"插入函数"对话框,学习其他函数的使用方法,也可以访问微软网站浏览有关 Office 详细内容。

3. 函数的使用

　　如果要使用 Excel 提供的函数,可以在单元格或编辑栏中直接输入该函数,输入时必须以"＝"或"＋"开头。也可以使用插入函数方法输入。

　　【例 4.11】　利用求和函数计算"2008 年下成绩统计表"中每个学生的总分填入对应的单元格。

　　步骤如下:

　　单击 K2 单元格→输入"＝SUM(F2:J2)"→按回车,则第一位学生的总分计算完毕→同样方法计算其他学生的总分。

　　【例 4.12】　利用"插入函数"对话框方法计算"2008 年下成绩统计表"中每个学生的平均分填入对应的单元格。

　　步骤如下:

　　单击 L2 单元格→选择"插入"菜单中的"函数"命令,屏幕显示"插入函数"对话框→在"插入函数"对话框的函数分类列表中选择所需函数类别"常用函数"或"统计",如图 4.16 所示→在函数名列表中选择所需平均值函数"AVERAGE",屏幕显示如图 4.17 所示"函数参数"对话框→在 AVERAGE 参数设置对话框的 Number1 框中将数据范围修改为"F2:J2"→单击"确定"按钮,则在该单元格显示计算结果→重复以上步骤,计算其余学生的平均分。

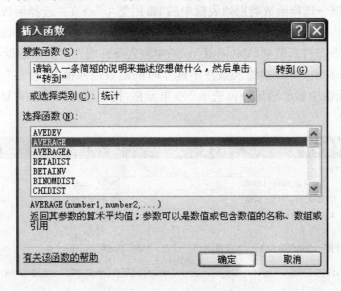

图 4.16　"插入函数"对话框

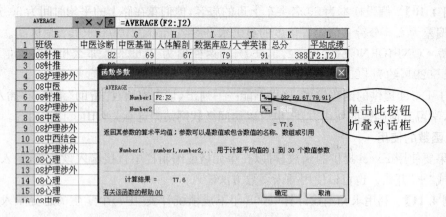

图 4.17 AVERAGE 函数参数设置对话框

提示 在图 4.17 中,"Number1"框中参数可直接输入,或用鼠标选取;如果参数设置对话框将数据区域遮住,可以单击参数输入框右侧折叠按钮将对话框折叠显示出数据区,以便选取。

4. 复制公式

公式可以利用前面介绍的"选择性粘贴"来复制,也可以拖动填充柄来复制。

需注意的是,若公式中包含单元格地址,则复制的公式中单元格地址随着鼠标指针的移动,会自动递增或递减单元格地址号。

【例 4.13】 在表 4.2 所示的工作表中,首先在 N1 单元格填入"等级",再按平均分确定等级并填入相应单元格:平均分≥=60 为合格,其余为不合格。

操作步骤如下:

单击 N1 单元格→输入"等级"→单击 N2 单元格→单击编辑栏左侧"fx"按钮,屏幕显示"插入函数"对话框→选择函数类别列表框中的"常用类型"→在"选择函数"列表中选择 IF 函数,屏幕显示 IF 函数参数设置对话框,如图 4.18 所示→在条件框(Logical_test)中输入条件"L2≥=60"→在条件真值框(Value_if_true)中输入条件成立时的函数返回值"合格"→在条件假值框(Value_if_false)中输入条件不成立时的函数返回值"不合格"→单击"确定"按钮,则在当前单元格中显示结果→再选中 N2 单元格,拖动填充柄将公式复制到 N3 等其他单元格判断等级。

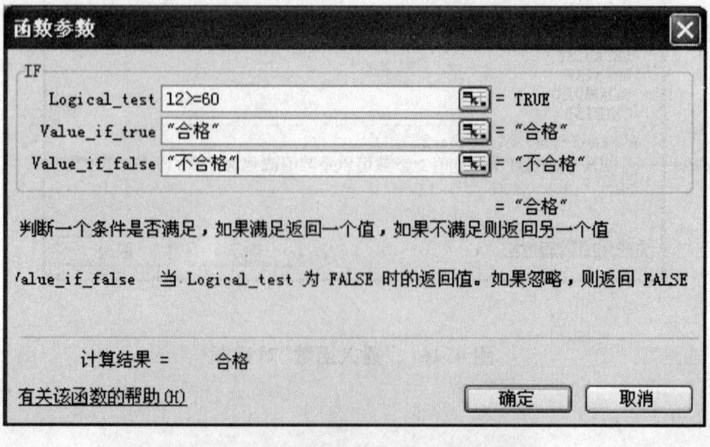

图 4.18 IF 函数参数设置

　　在 Excel 中函数允许嵌套,公式可包含多达七级的嵌套函数。例如,将例 4.13 中的条件改为:平均分<60 为不合格,平均分>=85 为优秀,其他为良好。操作步骤如下:

　　按例 4.13 方法打开 IF 函数参数设置对话框→在条件框(Logical_test)中输入条件"L2>=85"→在条件真值框(Value_if_true)中输入条件成立时的函数返回值"优秀"→在条件假值框(Value_if_false)中输入条件不成立时的函数返回值:IF(L2>=60,"良好","不合格"),如图 4.19 所示→单击"确定"按钮,则在当前单元格中显示结果→再将公式复制到其他单元格。

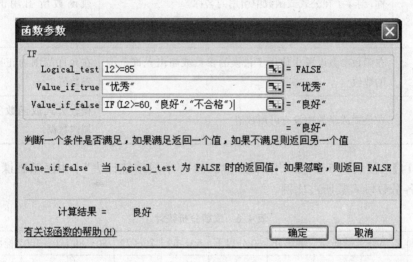

图 4.19　IF 函数嵌套

　　当输入的公式或函数发生错误时,Excel 将不能有效地运算,会在相应单元格中显示错误信息。常见的错误信息见表 4.5。

表 4.5　Excel 中常见错误信息

错误信息	产生原因	解决办法
＃＃＃＃＃	单元格宽度不够	增加列宽
＃NULL!	没有可用单元格。在公式或函数中使用了不正确的区域运算或不正确的单元格引用。公式对两个并不相交的区域部分进行运算时出现本提示	选择正确的区域或单元格引用
＃DIV/0!	除数为 0。可能是在公式中除数包含零值的单元格引用或使用了空白单元格	修改单元格引用,或者在用作除数的单元格中输入不为零的值
＃VALUE!	输入值错误。可能是:① 在公式中参数使用不正确;② 运算符使用不正确;③ 输入数据类型不正确;④ 执行"自动更正"命令时不能更正错误	修改或重新输入公式中引用的单元格中的有效数值、运算符或函数中的参数

♯REF!	公式或函数中引用的单元格被删除或移动粘贴到其他公式或函数引用的单元格中会出现本提示	将不正确的引用单元格从公式中删除或修改
♯NAME?	未知的区域名称。在公式或函数中出现没有定义的名称;删除了在公式或函数中引用的名称	使用"插入→名称→定义"命令,重新定义公式或函数所引用的区域名称
♯NUM!	在函数参数设置中使用了错误的参数或超出允许范围的数值	在允许范围内正确设置参数值
♯N/A	在公式或函数中没有可用数值	检查公式或函数引用区域内数据

【例 4.14】 按表 4.6 要求利用函数对"2008 年下成绩统计表"中中医基础课程进行分析,并计算各分数段人数所占比例。

表 4.6 成绩分析统计

课程	最高分	最低分	平均分	60 分以下	60~69	70~79	80~89	90~100	标准偏差
中医基础	84	53	75.4	1	3	11	5	0	7.155418
比例				5.00%	15.00%	55.00%	25.00%	0.00%	

操作步骤如下:

① 分别单击单元格 E24 至 N24,依次输入"课程"、"最高分"……"标准偏差"→单击单元格 E26,输入"比例"→单击 E25 单元格,输入"中医基础"。

② 单击单元格 F25,输入公式"=MAX($G$2:$G$21)"。

③ 单击单元格 G25,输入公式"=MIN($G$2:$G$21)"。

④ 单击单元格 H25,输入公式"=AVERAGE($G$2:$G$21)"。

⑤ 单击单元格 I25,输入"=COUNTIF($G$2:$G$21,"<60")"。

⑥ 单击单元格 J25,输入"=COUNTIF($G$2:$G$21,"<70")−COUNTIF($G$2:$G$21,"<60")"。

⑦ 单击单元格 K25,输入"=COUNTIF($G$2:$I$21,"<80")−COUNTIF($G$2:$G$21,"<70")"。

⑧ 单击单元格 L25,输入"=COUNTIF($G$2:$I$21,"<90")−COUNTIF($G$2:$G$21,"<80")"。

⑨ 单击单元格 M25,输入"=COUNTIF($G$2:$G$21,"<=100")−COUNTIF($G$2:$G$21,"<90")"。

⑩ 单击单元格 N25→单击编辑栏左侧"fx"按钮→在弹出的"插入函数"对话框函数类别中选择"统计"→在"选择函数"列表中选择标准偏差函数"STDEV"→在参数设置对话框的"Number1"框中输入需要统计的中医基础课程数据区域"$G2:$G21"→单击"确定"按钮。

⑪ 单击单元格 I26,输入公式"＝I25/COUNT($I$2:$I$21,)"→单击单元格 I26,将鼠标指向所选单元格右下角"填充柄",当鼠标指针变为"＋"时,按住左键不放拖动至 M26 后放开,则复制公式完毕。

⑫ 拖动鼠标选中相邻单元格 I26:M26→单击格式工具栏中"％"按钮将小数转换为百分数。完成后统计结果如图 4.20 所示。

	I26	▼	*fx*	=I25/COUNT($I$2:$I$21)					
	E	F	G	H	I	J	K	L	M	N
24	课程	最高分	最低分	平均分	60分以下	60~69	70~79	80~89	90~100	标准偏差
25	中医基础	84	53	75.4	1	3	11	5	0	7.155418
26			比例		5.00%	15.00%	55.00%	25.00%	0.00%	

图 4.20　成绩分析

提示　统计各分数段的人数也可以使用频率分布函数 FREQUENCY(data_array,bins_array)。

5. 公式的审核

Excel 提供了"公式审核"工具栏,用于追踪单元格与公式之间的关系、引用单元格和从属单元格,检查公式中是否有错误,以保证用户能够正确引用单元格。使用方法:单击"工具"菜单,选择"公式审核"子菜单中相关命令,如图 4.21 所示。如果使用"公式审核"工具栏,则可以单击"显示'公式审核'工具栏"命令;或在"视图"菜单选择"工具栏"子菜单中的"公式审核"命令。

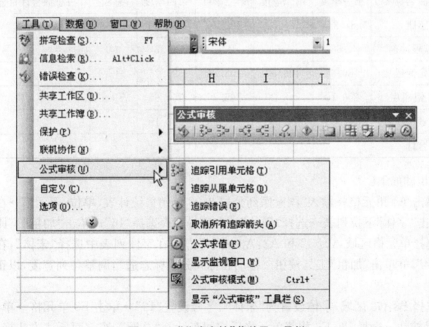

图 4.21　"公式审核"菜单及工具栏

4.4 格式化工作表

Excel 提供了多种格式化命令用于设计更加清晰、美观漂亮的表格。工作表的格式化操作,主要是利用"单元格格式"对话框或"格式"工具栏对工作表设置单元格格式、样式;使用模板、自动套用格式和条件格式。设置格式以突出一些特殊的区域或重要数据,制作一张漂亮、美观、更具有一定专业性的电子表格。

4.4.1 字符格式

1. 设置字体、字型、字号

设置字体、字型、字号可以使用"格式"工具栏中相应的按钮,也可以使用"格式"菜单中的"单元格"命令或快捷菜单中的"设置单元格格式"命令来设置所需的格式。

【例 4.15】 建立如表 4.7 所示工作表,标题设置字体为黑体、加粗、字号 16,表头及第一列加粗、字号 14,其他均为宋体、字号 12,并计算"合计"及"总额"。

表 4.7 国泰医药公司 2008 年销售统计表(单位:万元)

药品名称	第一季度	第二季度	第三季度	第四季度	总额	占总额合计百分比
感康	87.24	188.52	192.36	268.20		
板蓝根冲剂	4.68	5.564	1.4	1.56		
西瓜霜润喉片	180.30	105.60	205.84	395.25		
VC 银翅片	200.10	248.20	365.35	454.65		
抗病毒口服液	115.00	22.89	80.50	196.19		
合计						

主要步骤如下:

① 单击 A1 单元格→输入"国泰医药公司 2008 年销售统计表(单位:万元)"→在"格式"工具栏单击"字体"下拉列表→选择"黑体"→在字号列表选择"16"→单击"加粗"工具按钮。

② 选择单元格区域 A2:G2 和 A3:A8→同样方法在字体列表中选择"宋体",在字号列表选择"14",并单击"加粗"工具按钮。拖动列标间分隔标志适当调整各列宽度,以正常显示数据。

③ 选择 B3:G8 区域,字体设置为"宋体"、字号设置"12"→单击 F3 单元格→单击"自动求和"工具按钮→选择 B3:E3 相邻单元格后按回车计算"总额",按前面所述方法拖动"填充柄",计算其他药品的销售总额→同样方法,计算合计。

2. 设置数字格式

在格式工具栏中有 5 个专用于数字格式化的按钮:"货币样式"按钮,"百分比样式"按钮,"千位分隔样式"按钮,"增加小数位数"按钮,"减少小数位数"按钮。用户可以使用这些按钮对单元格或区域中的数字进行格式化。也可以使用"格式"菜单中的"单元格"命令来设置数字格式。

【例 4.16】　对例 4.15 所建工作表计算"总额"、"合计"和"占总额百分比",设置"合计"、"总额"货币样式并加"千位分隔"样式,"占总额百分比"成百分比样式,保留两位小数。

操作步骤如下:

选择单元格区域 B3:F8→单击"格式"菜单,选择"单元格"命令→单击"单元格格式"对话框中"数字"选项卡,如图 4.22 所示→选择"货币",在小数位数调节框中选择"2",货币符号选择"￥"→单击 G3→输入公式"＝F3/＄F＄8",计算占总额百分比→选取 G3 到 G7 区域→同样方法,在"单元格格式"对话框"数字"选项卡中选择"百分比",在小数位数调节框中选择"2",将该区域数字格式设置为两位小数的百分比样式→单击"确定"按钮。利用复制公式方法计算其他的销售额占合计总额百分比。

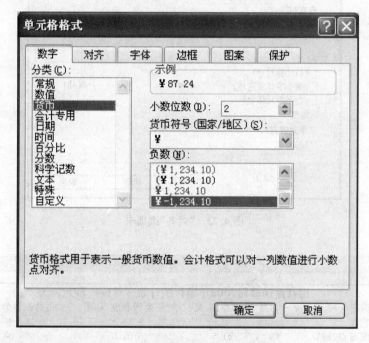

图 4.22　"单元格格式"对话框"数字"选项卡

4.4.2　设置对齐与旋转

1. 对齐

为了制表美观,工作表中的数据常以某种方式排列整齐。Excel 提供了丰富的对齐方式,分为水平对齐和垂直对齐。

水平对齐方式包括:常规,靠左,居中,靠右,填充,两端对齐,跨列居中及分散对齐;垂直对齐方式包括:靠上,居中,靠下,两端对齐,分散对齐。在格式工具栏中设置了水平对齐方式的"左对齐"、"居中"、"右对齐"、"合并及居中"四种按钮。

如果要改变对齐方式,在选取重设区域后,单击相应按钮即可,或者利用"格式"菜单中的"单元格"命令或快捷菜单中"设置单元格格式"命令进行设置。

【例 4.17】　将上例中的销售表的标题设置为跨列居中,表内其他数据水平居中。

操作步骤如下：

拖动鼠标选择 A1 至 G1 相邻单元格→单击"格式"菜单→选择"单元格"命令→在"单元格格式"对话框中单击"对齐"选项卡→在"水平对齐"下拉列表中选择"跨列居中"，如图 4.23 所示→单击"确定"按钮关闭对话框→拖动鼠标选择 A2 至 G6 单元格区域→单击格式工具栏中的"居中"按钮，完成设置，最终效果如图 4.24 所示。

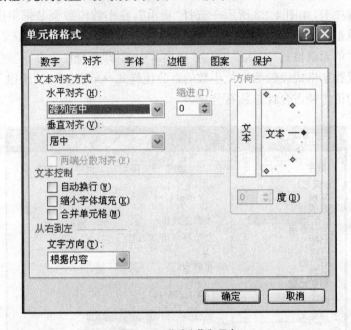

图 4.23 "对齐"选项卡

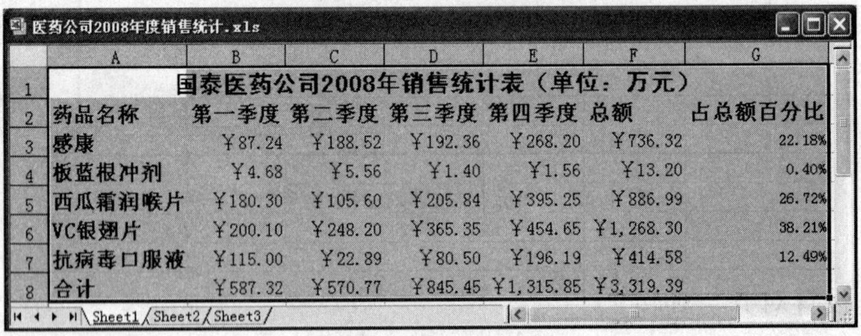

国泰医药公司2008年销售统计表（单位：万元）						
	A	B	C	D	E	F	G
药品名称	第一季度	第二季度	第三季度	第四季度	总额	占总额百分比
感康	￥87.24	￥188.52	￥192.36	￥268.20	￥736.32	22.18%
板蓝根冲剂	￥4.68	￥5.56	￥1.40	￥1.56	￥13.20	0.40%
西瓜霜润喉片	￥180.30	￥105.60	￥205.84	￥395.25	￥886.99	26.72%
VC银翘片	￥200.10	￥248.20	￥365.35	￥454.65	￥1,268.30	38.21%
抗病毒口服液	￥115.00	￥22.89	￥80.50	￥196.19	￥414.58	12.49%
合计	￥587.32	￥570.77	￥845.45	￥1,315.85	￥3,319.39	

图 4.24 设置对齐方式

提示 在选择 A1 至 G1 后，也可以单击格式工具栏上的"合并及居中"按钮或选中"对齐"选项卡中"合并及居中"复选框实现将标题居中。但"合并及居中"与"跨列居中"含义不同，"合并及居中"是将所选单元格合并为一个单元格后数据居中；"跨列居中"不合并单元格，仅在所选范围内从数据当前位置开始在同一行居中显示。"合并及居中"与"跨列居中"效果如图 4.25 所示。

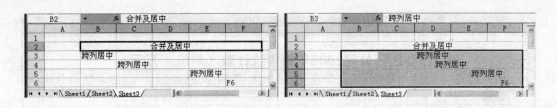

图 4.25　"合并及居中"与"跨列居中"效果

2. 旋转

文字旋转操作步骤为：选取要旋转的文字所在单元格或区域，在"单元格格式"对话框"对齐"选项卡的"方向"框中选择所需方式：横排、竖排、旋转某个角度，完成文本的旋转操作。

4.4.3　边框和表格线

1. 调整行高和列宽

设置行高和列宽，可以使用鼠标拖动列标边界或行标边界，或使用"格式"菜单的"行"或"列"命令。

如果没有特殊要求，我们也可以选择"行"（或"列"）命令子菜单中的"最适合的行高"（或"最适合的列宽"）来自动调整所选范围内的行高（或列宽）。

提示　可以双击列标边界调整列宽。

2. 边框和底纹

在缺省情况下，所有单元格都没有边框和底纹，屏幕上所看到的网格线一般不能打印输出。用户要根据需要进行表格线设定。

可以使用"格式"菜单中的"单元格"命令打开"单元格格式"对话框来设置边框和底纹。

【例 4.18】　按图 4.26 所示将上例销售表中区域 A2:G8 外框加粗实线、蓝色，内框为细实线，第二行和 A 列加浅灰色底纹。

步骤如下：

选择单元格区域 A2:G8→右击所选区域，在快捷菜单中选择"设置单元格格式"命令→在"单元格格式"对话框中单击"边框"选项卡，如图 4.27 所示→在"线条"选项区的"样式"列表中选择细实线→单击"预设"区中"内部"按钮，画内部表格线→在"线条"选项区的"样式"列表中选择较粗的一种实线→单击"颜色"列表选择线条颜色：蓝色→单击"预设"区中"外边框"按钮，画外边框→选择 A2:G2 区域，再按住＜Ctrl＞键不放选择 A3:A8→单击"图案"选项卡→单击"颜色"列表，选择浅灰色底纹→单击"确定"按钮，完成设置。

图 4.26　边框底纹效果

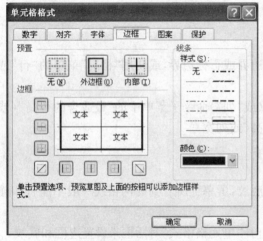

(a) "边框"选项卡

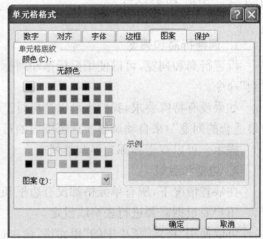

(b) "图案"选项卡

图 4.27　"单元格格式"对话框

4.4.4　模板

Excel 提供了模板来简化格式化操作，以节省大量的时间和精力。

模板是已经设置好工作表结构、样式和公式等关系的工作簿文件。用户也可以自己创建模板备用。用户可以直接利用这些模板，或对其稍加修改后就可生成自己需要的工作簿文件。

使用 Excel 提供的模板，一般是在新建工作簿时选择，操作步骤如下：单击"文件"菜单→选择"新建"→在"新建工作簿"窗格中选择"本机上的模板"选项→选择"电子方案表格"选项卡→选择所需的模板→单击"确定"按钮。

创建自定义模板的步骤如下：创建一个工作簿，根据需要完成格式设置等工作→单击"文件"菜单→选择"另存为"→在"保存类型"下拉列表中选择"模板"→在"文件名"框中输入文件名→单击"保存"按钮。

模板和自定义模板通常保存在 Templates 文件夹中。保存在 Templates 文件夹中的自定义模板文件显示在"常规"选项卡上，内置模板显示在"新建"对话框的"电子方案表格"选项卡上。

4.4.5　样式

1. 样式与格式刷

Excel 中存储了一些样式可供选用。我们可以利用"格式"菜单中的"样式"命令打开的对话框来选择。对于修改过的样式，可以添加为新样式。可以更改、合并或删除已有的样式。

如果已经设置了一些单元格的样式，希望应用到其他单元格，更简便的方法是使用"常用"工具栏中的"格式刷"复制样式，再应用到其他单元格。

2. 自动套用格式

Excel 提供了 17 种标准形式的表格，稍做修改便可以满足用户的一般要求。这样既可以美化工作表，又能节省时间，提高效率。

【例 4.19】 将例 4.17 中的工作表应用"自动套用格式"中的"古典 3"样式。

操作步骤如下：

选择要应用格式的区域 A2:G8→打开"格式"菜单→选择"自动套用格式"命令，屏幕显示"自动套用格式"对话框→选择适当的格式，这里选择"古典 3"→单击"选项"按钮，屏幕显示如图 4.28 所示附有应用格式种类的"自动套用格式"对话框，根据需要选中某些选项，取消"列宽/行高"复选项→最后单击"确定"按钮，完成操作。

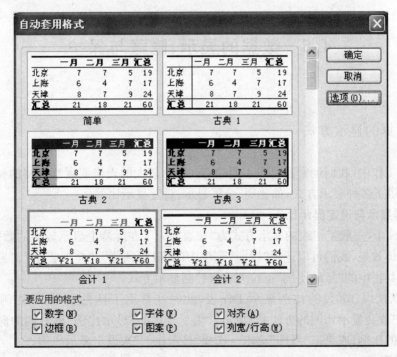

图 4.28　"自动套用格式"对话框及选项

3. 条件格式

Excel 中可以设置条件格式,它将根据单元格的具体内容自动调整格式,以突出重要的数据。

【例 4.20】 利用"条件格式"将"2008 年下成绩统计表"中各科成绩不及格的学生成绩设置为"红色、倾斜"并加删除线显示。

操作步骤如下:

选择各科成绩所在区域 F2:J21→单击"格式"菜单→选择"条件格式"命令,屏幕显示"条件格式"对话框→在关系运算下拉列表中选择"小于",在右侧值框中输入"60"→单击"格式"按钮,屏幕显示"单元格格式"对话框(这里只有字体、边框和图案 3 个选项卡),在字符颜色列表中选择"红色",字形选择"倾斜",选中特殊效果复选框"删除线"→单击"确定"按钮,返回"条件格式"对话框,如图 4.29 所示→单击"确定"按钮,完成操作。

图 4.29 "条件格式"对话框

4.5 数据的显示、隐藏与保护

4.5.1 数据的显示方式

在实际工作中,我们经常需要以不同的方式显示较大的表格或观察表格的整体效果,为此 Excel 提供了多种显示方式,如普通、全屏显示、设定显示比例。

1. 全屏显示与设定显示比例

在 Excel 中,一般工作表的显示方式为"普通",为了在屏幕上显示较多的数据信息和观察表格的整体效果,我们可以选择"视图"菜单中的"分页预览"、"全屏显示"、"显示比例"命令或通过工具栏中的"显示比例"下拉列表来控制显示方式。

Excel 默认以 100% 的比例显示工作表,此时在常用工具栏上"显示比例"框显示为100%。用户改变显示比例的方法是:单击常用工具栏的"显示比例"框右侧的向下箭头,选择所要改变的比例;或单击"视图"菜单→选择"显示比例"来设定显示比例。

2. 冻结窗格

在使用滚动条来查看数据时,如果希望表格中的某些内容在滚动时保持不动,可以使用

"窗口"菜单中的"冻结窗格"命令来实现。

　　例如,在所建立的"2008 年下成绩统计表"中保持学号、姓名两项内容不动。操作步骤是:单击不需要冻结区域的左上角单元格 C2→打开"窗口"菜单→选择"冻结窗格"命令,则在单元格 C2 左侧及上方显示粗黑线。在滚动时,冻结部分粗黑线左侧及上方将不随水平或垂直滚动条而移动。使用"窗口"菜单中的"撤消窗口冻结"命令可以使显示恢复原状。

3. 窗口拆分

　　Excel 提供了窗口拆分,最多可将工作表窗口分为 4 个窗口。每个窗口都可以显示工作表,并且能单独进行操作,对其中一个窗口的工作表进行修改,其他窗口中相应的部分也随之改变。具体操作方法:打开"窗口"菜单→单击"拆分"→用鼠标拖动分隔条调整所分隔的窗口的大小。

　　使用"窗口"菜单中的"撤消拆分窗口"命令可以使显示恢复原状。

4. 重排窗口

　　对于打开的多个工作簿,通常为"层叠"式显示,只能看到当前窗口的内容。若要切换当前工作簿窗口,可以使用"窗口"菜单中的文档列表,单击所需的工作簿名称来切换。如果我们希望同时显示多个工作簿窗口,可以使用"窗口"菜单中的"重排窗口"命令,屏幕显示"重排窗口"对话框,选择"平铺"、"水平并排"或"垂直并排"来重新排列窗口。这样我们可以看到每个工作簿窗口,也很容易切换当前窗口进行其他操作。

4.5.2　数据的隐藏与显示

　　如果有些数据不希望在屏幕上显示或打印,但在工作表中需要保留这些数据,我们可以将这些不需显示或打印的"行"或"列"数据暂时隐藏起来。

1. 隐藏行或列

　　隐藏行或列的操作步骤:选定需要隐藏的行→打开"格式"菜单→选择"行"或"列"的子菜单中的"隐藏"命令。

　　【例 4.21】　将"2008 年下成绩统计表"中的第 C 列和第 E 列进行隐藏。

　　具体操作为:

　　按<Ctrl>键单击列标 C 和 E,选定这两列→打开"格式"菜单→选择"列"子菜单中的"隐藏"命令,则将 C 列和 E 列隐藏。

2. 取消行或列的隐藏

　　取消行或列的隐藏,具体方法是:在"格式"菜单中"行"或"列"子菜单中选择"取消隐藏"命令。

　　例如,将例 4.21 中隐藏的 C 列、E 列显示出来,要先选择包含有隐藏的行或列的单元格区域,如选择 B2:F2→单击"格式"菜单→选择"列"子菜单中的"取消隐藏"命令。

3. 工作表的隐藏与显示

　　对于工作表的隐藏,可以使用"格式"菜单中"工作表"下的"隐藏"命令,隐藏选定的工作表。若要显示被隐藏的工作表,则选择"格式"菜单中"工作表"下的"取消隐藏"命令,弹出"取消隐藏"对话框,选择需要显示的工作表后单击"确定"按钮即可。

　　提示　隐藏工作表时,要保留一个工作表不要隐藏。

4. 工作簿的隐藏与显示

　　对于打开的多个工作簿窗口,可以使用"窗口"菜单中的"隐藏"或"取消隐藏"命令将工作簿窗口隐藏或重新显示。

4.5.3 数据的保护

对于大型报表,为了便于维护表格数据,保证数据的安全操作,Excel 提供了工作簿、工作表的数据保护。

1. 单元格或区域的保护

单元格或区域的保护主要是使受保护的单元格区域中的公式不在编辑栏中显示。首先选定需要保护的单元格或区域→右击所选的单元格区域→从快捷菜单中选择"设置单元格格式"命令→单击"单元格格式"对话框中的"保护"选项卡。其中"锁定"表示不允许修改内容,"隐藏"表示隐藏公式,使之不在编辑栏中显示,只能在单元格中看到公式的计算结果,两者可分别设置。

提示 只有在保护工作表的情况下,锁定单元格或隐藏公式才会生效。

2. 工作表或工作簿的保护

保护单元格或区域的操作要真正起作用,还必须执行"工具"菜单"保护"子菜单中的"保护工作表"命令。

完成了保护设置后,对单元格区域的公式隐藏才能起作用,达到了对单元格或区域、工作表的保护目的。类似方法可以对工作簿的结构和窗口进行保护。

受保护的工作表或工作簿,"格式"或"窗口"菜单中的某些菜单项呈灰色不能使用,将禁止插入、删除和重新命名工作表等操作。

3. 工作簿文件使用权限

对工作簿设置使用权限,操作方法是:打开"文件"菜单→选择"另存为"命令→单击"工具"下拉列表→选择"常规选项",如图 4.30 所示→设置打开权限和修改权限密码→确认打开权限和修改权限密码→单击"保存"按钮保存文件。

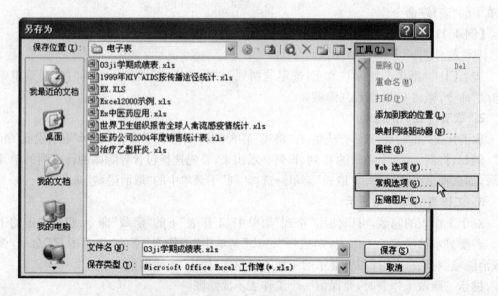

图 4.30 "另存为"对话框"常规选项"

【**例 4.22**】　设置工作簿文件"2008 年下成绩统计表. XLS"的打开权限和修改权限密码。

操作步骤如下：

单击"文件"菜单→选择"另存为"命令→单击"另存为"对话框右上角"工具"按钮→选择"常规选项"，如图 4.30 所示，屏幕显示"保存选项"对话框→在"打开权限密码"和"修改权限密码"中输入"DCM123"，选择"建议只读"选项→单击"确定"按钮，屏幕显示"确认密码"对话框→再次输入确认打开权限和修改权限密码→单击"确定"按钮，返回"另存为"对话框→最后单击"保存"按钮，完成操作。

提示　也可以利用"选项"对话框中的"安全性"来设置工作簿文件的打开与修改密码。

4.6　数据分析与管理

工作表中存储了大量的原始数据，Excel 提供了对这些数据进行管理和分析的工具，如排序、记录单、筛选、分类汇总和数据透视表等。

利用 Excel 的数据列表，用户可以完成许多数据管理工作，能够很方便地进行数据处理。数据列表是指以一定方式组织存储在一起的相关的数据的集合，实际上与一张二维表非常相似，它至少包含两个必备部分：表结构（表头）和纯数据。数据列表具有以下特点：

- 第一行为列名称，称为字段名。
- 每列应包含相同类型的数据，而且每一列名称均不相同。
- 每行应包含一组相关的数据，称为记录。
- 数据区域不允许出现空行、空列。
- 单元格内容开头不要加无意义的空格。

4.6.1　排序

对数据进行排序，可以使用"常用"工具栏中的"升序"、"降序"按钮或"数据"菜单中的"排序"命令。Excel 中将根据数据类型及其数据进行排序。各类数据排序的顺序为：

- 数值，按数值的大小顺序从小数到大数或从大数到小数。
- 文本和包含数字的文本，其升序的顺序是 0123456789(空格)!"# \$ % & '( ) * + , - . / : ; < = > ? @ [ ] ^ _ ' | ~ A B C D E F G H I J K L M N O P Q R S T U V W X Y Z。降序则相反。
- 逻辑值，升序 FALSE 在 TRUE 之前。
- 空白（不是空格）单元格不管升序还是降序总是排在最后。
- 日期、时间和汉字也当作文字处理，根据它们内部表示的基础值排序。

【**例 4.23**】　对"2008 年下成绩统计表"按"中医基础"升序排序，当"中医基础"成绩相同时再按"数据库应用"成绩降序进行排序。

操作步骤如下：

打开"数据"菜单→选择"排序"命令，屏幕显示如图 4.31（左图）所示对话框→单击"主要

关键字"下拉列表按钮→选择"中医基础"→选中"升序"→在"次要关键字"下拉列表中选择
"数据库应用"→选中"降序"→单击"确定"按钮,完成排序。

若要取消排序结果,可以单击常用工具栏中的"撤消"按钮或使用"编辑"菜单中的"撤消排序"命令恢复原来顺序。

提示　对多关键字的排序,排序时先按主要关键字排序,当主要关键字的值相同时,再按次要关键字排序,最后按第三关键字排序,如果主要关键字没有相同的值,则次要关键字设置无效。

若要对汉字数据按"笔画"或对英文按"字母"排序,可以单击"排序"对话框中的"选项"按钮,屏幕显示如图 4.31 右图所示"排序选项"对话框,在此对话框中进行设置。

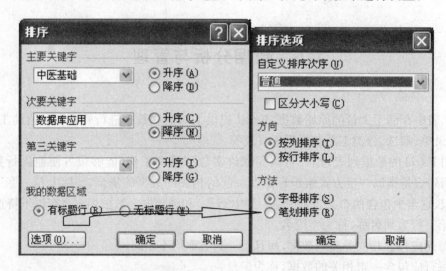

图 4.31　"排序"与"排序选项"对话框

在使用"排序"命令时,若要排序的只是某一个区域,那么执行此命令时,屏幕上会显示"排序警告"对话框,如图 4.32 所示。在这个对话框中,若选择"扩展选定区域"单选按钮,则在单击"排序"按钮后将排序邻近的相关字段;若选择"以当前选定区域排序",则仅排序选定的区域。

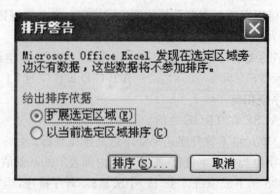

图 4.32　"排序警告"对话框

4.6.2　数据表单

数据表单又称记录单,Excel 中以表单形式来逐条显示或编辑修改数据表中的记录,或插入、删除、按条件查找记录。具体方法是在"数据"菜单中选择"记录单"。

【例 4.24】 利用记录单增加记录。

操作步骤如下:

打开"数据"菜单→单击"记录单"命令,屏幕显示如图 4.33 所示记录单→单击"新建"按钮,显示空白记录单→输入新的数据→单击"关闭"按钮,完成添加操作。如果还要继续添加记录,则重复以上步骤。

【例 4.25】 利用记录单查找"大学英语"成绩大于 85 的记录。

操作步骤如下:

在如图 4.33 所示记录单中单击"条件"按钮,显示空白记录单→在"大学英语"框中输入条件">85"→单击"上一条"或"下一条"按钮,即可查找出符合条件的记录→单击"关闭"按钮,则结束操作。

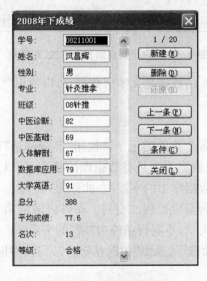

图 4.33　记录单示例

4.6.3　数据筛选

Excel 提供了自动筛选、自定义筛选和高级筛选三种数据筛选方法。

1. 自动筛选

自动筛选操作较为容易,选择"数据"菜单"筛选"子菜单中的"自动筛选"命令,则在字段名右下角出现"▼"按钮,再根据需要单击要进行筛选的下拉按钮进行筛选。

如果要取消自动筛选,则再次单击"筛选"子菜单中的"自动筛选"命令即可。

2. 自定义筛选

自动筛选只能筛选某一列中"等于"某个值的数据。用户在进行筛选时,有时需要筛选在某个范围的记录,这就需要自定义筛选操作。自定义筛选必须先进行自动筛选。

【例 4.27】 利用自定义筛选在"2008 年下成绩统计表"中找出平均分在 75 到 85 之间的记录。

操作步骤如下:

打开"数据"菜单→单击"筛选"命令→在子菜单中选中"自动筛选"→单击字段"平均分"自动筛选下拉按钮→选择"自定义",屏幕显示如图 4.34 所示"自定义自动筛选方式"对话框→单击显示行第一条件区左边下拉列表框→选择关系运算符"大于或等于"→在右边框中输入数据"75"→单击显示行第二条件区左边下拉列表框→选择关系运算符"小于或等于"→在右边框中输入数据"85"→单击"确定"按钮,则屏幕显示筛选结果。

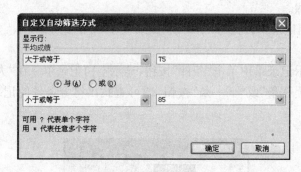

图 4.34 "自定义自动筛选方式"对话框

提示 在条件区右边输入的数据是文本型数据,可以使用"?"或"＊"代表任一个或多个字符。

3. 高级筛选

高级筛选可以筛选符合多个条件的记录。使用"高级筛选"时,在数据列表之外至少应有三个空行,作为条件区域。数据列表具有数据库的特点,可以是整个工作表,也可以是工作表的一部分。各列可作为数据库中的字段(在此称为列标志)。数据列表必须有列标志。

条件区域与数据列表之间至少要留二空行。条件区域的第一行为列标志,下一行开始为条件。同行条件为"与"的关系,不同行条件为"或"的关系。

【例 4.27】 使用"高级筛选"筛选出"中医基础>75"且"中医基础<84"且"数据库应用>80"的记录。

操作步骤如下:

① 在条件区域 G24 和 H24 中输入"中医基础",在 I24 中输入"数据库应用",作为筛选条件的列标志→在条件区域 G25 中输入">75",在 H25 中输入"<84",在 I25 中输入">80"。

② 单击数据列表中任一单元格→单击"数据"菜单→选择"筛选"命令→在子菜单中选择"高级筛选"命令,屏幕显示"高级筛选"对话框,如图 4.35 所示。

③ 在"列表区域"框中,输入修改筛选的数据区域:＄A＄1:＄N＄21→在"条件区域"框中,输入引用条件的区域:＄G＄24:＄I＄25→Excel 默认是"在原有区域显示筛选结果",如果要将符合条件的记录在其他位置显示,则单击"将筛选结果复制到其他位置"单选项,再激活"复制到"编辑框,然后选定目标区域的左上角单元格→单击"确定"按钮,完成筛选操作。

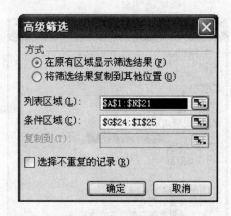

图 4.35　"高级筛选"对话框

提示　筛选结果只能在活动工作表中显示，如果要将筛选结果在其他工作表中显示，则应把目标工作表选为活动工作表，再打开"高级筛选"对话框，选中"将筛选结果复制到其他位置"复选框，激活"复制到"编辑框，进行筛选操作。

4. 关闭筛选

关闭筛选的方法是在"数据"菜单上选择"筛选"命令中的"全部显示"命令。

4.6.4　分类汇总

1. 分类汇总

分类汇总是指按指定字段进行分类后再进行数据的统计计算，如计数、求和、求平均值、标准偏差、方差等。在进行分类汇总之前必须先排序，否则分类汇总的结果较复杂而不符合要求。操作步骤：选中数据列表中需要分类的列任一单元格→排序→单击"数据"菜单中的"分类汇总"命令→选择分类字段、汇总方式、汇总项。

【例 4.28】　在"2008 年下成绩统计表"中按"班级"分类汇总各科成绩平均分。

操作步骤如下：

① 单击"班级"所在列任一单元格，如 E3→再单击常用工具栏中的"升序"按钮进行排序。

② 打开"数据"菜单→选择"分类汇总"命令，屏幕显示"分类汇总"对话框，如图 4.36 所示。

③ 单击"分类字段"下拉列表按钮→选择分类字段"班级"。

④ 单击"汇总方式"下拉列表按钮→选择汇总方式"平均值"。

⑤ 在"选定汇总项"列表中选中汇总项目：中医诊断、中医基础、人体解剖、数据库应用、大学英语。

⑥ 选择汇总结果显示方式。若将汇总结果显示在数据下方，则选中"汇总结果显示在数据下方"框；若要建立多个或嵌套的分类汇总，则单击"替换当前分类汇总"框取消选择；若要将汇总结果分页打印，则选中"每组数据分页"。

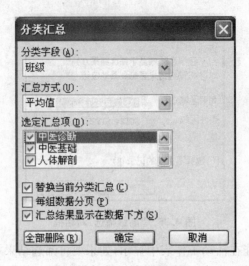

图 4.36　"分类汇总"对话框

⑦ 单击"确定"按钮,完成汇总操作,如图 4.37 所示。

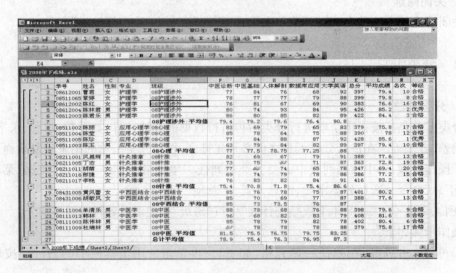

图 4.37　分类汇总

2. 清除分类汇总

只要在"分类汇总"对话框中单击"全部删除"按钮,就能清除分类汇总。

4.6.5　合并计算数据

在 Excel 中,若要汇总多个工作表的数据,可以将多个独立工作表中的数据合并计算到一个汇总表中。例如,对于一个集团的各个子公司上报的数据报表,可使用合并计算将这些数据合并到集团的一个数据工作表中。

Excel 提供两种方式来合并计算数据:

方法 1　创建公式。创建公式引用将进行合并的数据所在的区域或单元格。引用了多张工作表上的单元格的公式被称之为三维公式。例如:=SUM(部门收入分类! D2:D4),=

SUM(Sheet1：Sheet3！C5)，＝SUM(Sheet1！B2,Sheet2！E4,Sheet3！C5)等。

　　方法 2　使用"数据"菜单中的"合并计算"命令。

　　【例 4.29】　在如图 4.38 所示销售表中，汇总各药品每个季度的销售额。

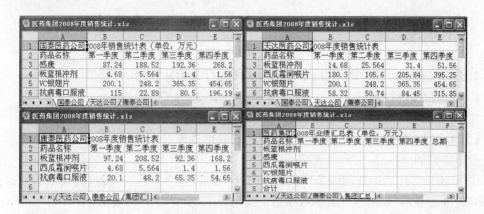

图 4.38　合并计算示例

操作步骤如下：

　　① 在集团汇总工作表中选中 B3 单元格→单击"数据"菜单中的"合并计算"命令。

　　② 在"合并计算"对话框的"函数"列表中选择计算方式：求和。

　　③ 单击"引用位置"框，再单击"国泰公司"工作表标签，然后单击选择 B4 单元格。

　　④ 单击"添加"按钮，将引用位置添加到"所有引用位置"列表。

　　⑤ 同样方法将"天达公司"和"康泰公司"B3 单元格添加到"所有引用位置"列表，如图 4.39 所示。单击"确定"按钮，完成第一季度"板蓝根冲剂"销售额汇总。

　　⑥ 重复以上步骤，汇总其他药品各季度销售额。注意，此时要先清空上次的"所有引用位置"列表。

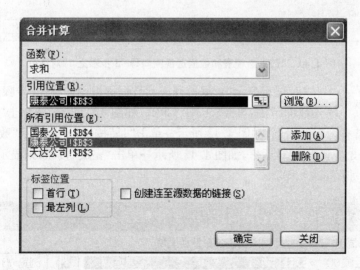

图 4.39　"合并计算"对话框

　　如果所有源区域中的数据按相同的顺序和位置排列，则可以按位置进行合并计算。如果要按分类进行合并计算，必须包含行或列标志，在图 4.39 所示"合并计算"对话框中选中首行或最左列复选框。

当更改了源数据时,可启动自动更新合并计算,但是不能更改合并计算中所包含的单元格和数据区域。或者使用手动更新合并计算,这样就能更改所包含的单元格和数据区域了。

4.6.6 数据透视表

数据透视表是特殊的表,适用于按多个字段进行分类并汇总。

1. 创建数据透视表

使用"数据"菜单中的"数据透视表和数据透视图"命令可以创建数据透视表。

【例4.30】 对"2008年下成绩统计表"创建数据透视表。

操作步骤如下:

① 单击该工作表中任何一个单元格→打开"数据"菜单→选择"数据透视表和数据透视图"命令,屏幕显示"数据透视表和数据透视图向导-3步骤之1"对话框(图4.40)。

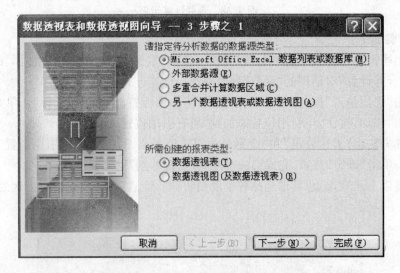

图4.40 "数据透视表和数据透视图向导-3步骤之1"对话框

② 单击"下一步"按钮,屏幕显示"数据透视表和数据透视图向导-3步骤之2"对话框→在"选定区域"框中输入数据范围:$A$1:$N$21,如图4.41所示→单击"下一步"按钮,屏幕显示确认节省内存对话框,如图4.42所示→单击"是"按钮,屏幕显示"数据透视表和数据透视图向导-3步骤之3"对话框,如图4.43所示→单击"完成"按钮,则显示创建数据透视表设置区界面,如图4.44所示。

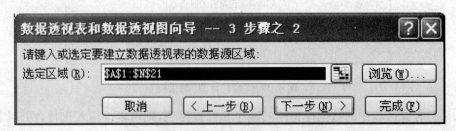

图4.41 "数据透视表和数据透视图向导-3步骤之2"对话框

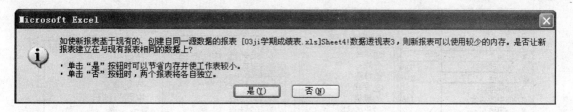

图 4.42 节省内存对话框

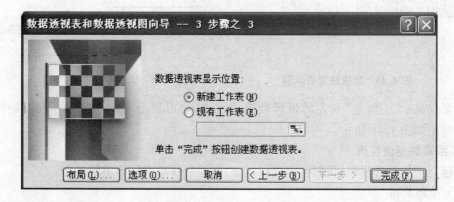

图 4.43 "数据透视表和数据透视图向导- 3 步骤之 3"对话框

图 4.44 数据透视表设置区

若要将数据透视表嵌入当前工作表,则在图 4.43 中单击"现有工作表";否则,按默认"新建工作表"将数据透视表独立建立在一个新的工作表中。

③ 将"专业"拖到页字段区,将"班级"拖到行字段区,将"中医基础"拖到数据区,操作完成,结果如图 4.45 所示。

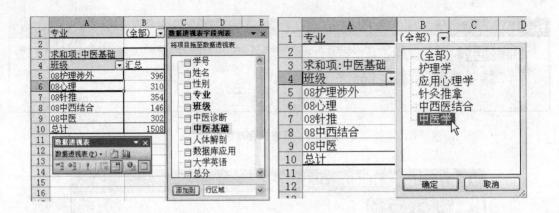

图 4.45　数据透视表示例　　　　　　　　图 4.46　选择专业"中医学"

若要仅显示"中医学"专业的班级数据透视表,可以单击"专业"列表按钮,选择"中医学",则结果如图 4.46 所示。

2. 编辑数据透视表

对建立的数据透视表,我们可以进行增加、删除和移动字段等编辑操作。

（1）增加数据

增加数据可以使用"数据透视表字段列表"。例如,从"数据透视表字段列表"中选中"中医诊断",按住鼠标左键将其拖入数据区,即可添加字段。

（2）删除数据

删除数据可右击数据区需要删除的字段值的单元格,再单击快捷菜单中的"隐藏"命令。或使用鼠标将需要删除的字段拖出数据透视表的数据区即可。

（3）改变汇总函数

Excel 提供了 11 种汇总方式,如果需要改变汇总方式,可以使用数据透视表工具栏"字段设置"按钮或快捷菜单。

【例 4.31】　将例 4.30 建立的数据透视表汇总方式改为求平均值。

操作步骤如下:

① 右击数据区任一单元格。

② 从快捷菜单中选择"字段设置"命令,屏幕显示"数据透视表字段"对话框(图 4.47)。

③ 在"汇总方式"下拉列表中选择所需的汇总方式"平均值"。

④ 单击"确定"按钮,完成改变汇总方式。

提示　也可以双击"页字段"、"行字段"或"列字段"按钮,弹出"数据透视表字段"对话框。

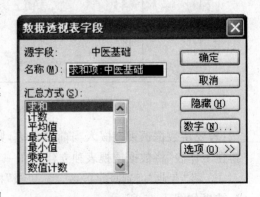

图 4.47　"数据透视表字段"对话框

4.7　数据图表功能

Excel 提供的图表功能,可以直观、生动地进行数据分析及比较数据之间的差异,发现数据的变化规律和预测趋势。

4.7.1　创建数据图表

创建图表可以使用用常用工具栏上的"图表向导"按钮,或"插入"菜单中的"图表"命令。如果图表与工作表数据在同一张表中,则创建式嵌入图表;否则创建独立图表。

1. 创建图表

【例 4.32】　在例 4.15 所建的"国泰医药公司 2008 年销售统计表"工作表中创建嵌入图表,图表形状为簇状柱形图,X 轴为季度,Y 轴为销售额。

操作步骤如下:

① 单击常用工具栏中的"图表向导"按钮,屏幕显示"图表向导-4 步骤之 1 -图表类型"对话框,如图 4.48 所示。

② 在"图表类型"列表中选择图表类型:柱形图,在"子图表类型"中单击簇状柱形图。

③ 单击"下一步"按钮,屏幕显示"图表向导-4 步骤之 2 -源数据"对话框→用鼠标拖动选择数据区域 A2:E7,或在"数据区域"框中输入"＝A2:E7",如图 4.49 所示。单击"系列"选项卡,如果选择区域没有包含数据系列名,这里可以修改系列名。

④ 单击"下一步"按钮,屏幕显示"图表向导-4 步骤之 3 -图表选项"对话框(图 4.50)→单击"标题"选项卡→在"图表标题"框中输入图表标题"国泰医药公司 2008 年销售统计表"→在"分类(X)轴"框中输入分类轴名称"季度"→在"数值(Y)轴"框中输入数值轴名"销售额"。

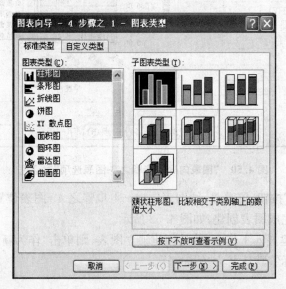

图 4.48　"图表向导-4 步骤之 1-图表类型"对话框

图 4.49　"图表向导-4 步骤之 2-源数据"对话框

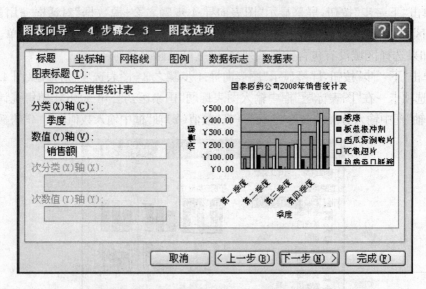

图 4.50　"图表向导-4 步骤之 3-图表选项"对话框

　　⑤ 单击"下一步"按钮,屏幕显示"图表向导－4 步骤之 4-图表位置"对话框(图 4.51)。单击"完成"按钮,则完成图表创建,如图 4.52 所示。

　　Excel 默认是创建嵌入工作表,若是创建独立图表,则单击"作为新工作表插入",再单击"完成"按钮,新图表标签默认名为"Chart1"。

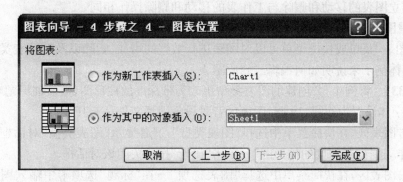

图 4.51 "图表向导-4 步骤之 4-图表位置"对话框

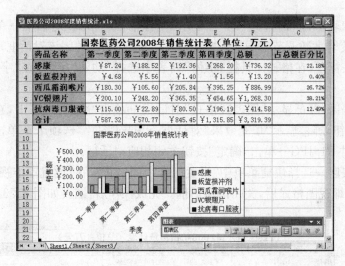

图 4.52 嵌入式图表

在上述图表向导的每一步骤中,如果对操作不满意,可以单击"上一步"按钮,返回上一操作步骤;也可以单击"取消"按钮重新操作;若单击"完成"按钮,则 Excel 自动按默认的方式完成以后的工作。

提示 更快捷的方法是选取数据区域后,按功能键<F11>或<Alt>+<F1>快速建立默认类型(一般为簇状柱型图)的独立式图表。

4.7.2 图表编辑

图表创建完成后,可以对它进行缩放、复制、移动和删除操作。图表由图表区、图形区、数字系列、分类标记、标题、数据标记、网格线、图例、箭头和趋势线等图项组成。每一个图项都可以进行编辑和修改。当数据表中的数据发生变化时,图表也会自动随着改变,不需要重新画图。

1. 图表的缩放、复制、移动和删除

对于嵌入式图表,选定图表区域,拖曳图表边界四周的小方块,可以对图表进行缩小或放大;拖曳图表的任一部分,可以在工作表中移动图表。选中图表后可以进行复制、删除。例如,利用剪贴板可以复制或移动图表,按<Delete>键可删除图表。

对于独立图表的移动和删除与工作表的移动和删除操作相同。

2. 编辑图表

利用"图表"菜单或快捷菜单可以对图表进行数据的增加、删除以及对图表类型的修改。下面通过具体例子来说明如何编辑或修改图表。

【例 4.33】 将例 4.32 创建的图表类型更改为带深度的柱形图,数值轴标题顺时针旋转90 度,标题字体设置为幼圆、16 磅,图表区背景设为图片文件:P1. JPG。

① 右击图表区,在快捷菜单中选择"图表类型",屏幕显示"图表类型"对话框→单击"自定义"选项卡,选择"带深度的柱形图"→单击"确定"按钮关闭该对话框。

② 右击图表区,在快捷菜单中选择"图表选项"→在"标题"选项卡中输入图表标题"国泰医药公司 2008 年销售统计表"、数值轴标题"销售额"、分类轴标题"季度"→单击"确定"按钮关闭该对话框。

③ 双击数值轴标题"销售额",屏幕显示"坐标轴标题格式"对话框→单击"对齐"选项卡,在"方向"区旋转度数调节框中输入"0"→单击"确定"按钮关闭该对话框。

④ 单击图表标题,在格式工具栏"字体"列表中选择"幼圆"字体,在"字号"列表中选择"16"。

⑤ 双击图表区,屏幕显示"图表区格式"对话框→单击"图案"选项卡,在"区域"区中单击"填充效果"按钮,屏幕显示"填充效果"对话框→单击"图片"选项卡→单击"选择图片"按钮,选择图片文件 P1. JPG→单击"确定"按钮关闭相应对话框。

⑥ 右击图表区→选择快捷菜单中"设置三维视图格式",在"设置三维视图格式"对话框中设置适当的三维视图格式后,关闭该对话框。完成操作后,图表如图 4.53 所示。

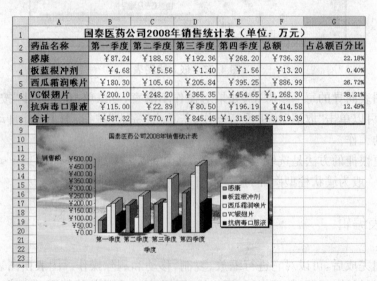

图 4.53 修改图表类型和背景

【例 4.34】 修改例 4.33 图表的数据系列,新的数据系列为药品名,并显示相应数据值。

① 右击图表区,在快捷菜单中选择"数据源",屏幕显示"源数据"对话框→选择"系列产生在"单选项"列"→单击"确定"按钮关闭对话框。

② 单击分类轴标题"季度"→输入"药品"。

③ 右击图表区,在快捷菜单中选择"图表选项",屏幕显示"图表选项"对话框→单击"数

据标志"选项卡→选择"显示值"单选项→单击"确定"按钮关闭对话框。完成操作后,图表如图 4.54 所示。

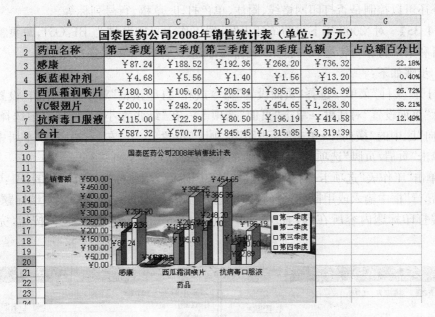

药品名称	第一季度	第二季度	第三季度	第四季度	总额	占总额百分比
感康	¥87.24	¥188.52	¥192.36	¥268.20	¥736.32	22.18%
板蓝根冲剂	¥4.68	¥5.56	¥1.40	¥1.56	¥13.20	0.40%
西瓜霜润喉片	¥180.30	¥105.60	¥205.84	¥395.25	¥886.99	26.72%
VC银翘片	¥200.10	¥248.20	¥365.35	¥454.65	¥1,268.30	38.21%
抗病毒口服液	¥115.00	¥22.89	¥80.50	¥196.19	¥414.58	12.49%
合计	¥587.32	¥570.77	¥845.45	¥1,315.85	¥3,319.39	

图 4.54　修改图表数据系列和数据标志

4.8　打印工作表和图表

对已经编辑完成的工作表和图表,可以进行预览或通过打印机打印出来。但是,不同行业的用户有自己的特殊要求,所需的报表样式是不同的,为了满足用户的需求,Excel 提供了分页、页面设置、打印预览和打印设置等实用功能,用来设置或调整打印效果。

4.8.1　页面设置

页面设置主要包含"页面"、"页边距"、"页眉页脚"和"工作表"的设置。设置页边距、添加页眉和页脚与 Word 操作基本相同,在此不再赘述。

"页面"选项卡主要可设置打印方向、打印缩放比例、纸张大小和打印质量,如图 4.55 所示。缩放方式有两种,一是按比例缩放,最小为实际尺寸的 10%,最大可放大到 400%;二是调整打印的页宽与页高。例如,要将例 4.4 所建工作表以 75% 的比例打印输出,则在"页面"选项卡的"缩放"区域设置缩放比例为 75% 即可。

"工作表"选项卡主要是设置与工作表有关的选项,其中的主要功能如下:

● 打印区域:用于设置工作表中需要打印内容的区域,实现部分内容的打印。

● 打印标题:用于设置重复打印的内容,实现分页打印一个较大的工作表时,在每一页都打印相同的行或列作为表格标题。

● 打印顺序:用于设置较长工作表打印顺序是按"先列后行",还是按"先行后列"方式打印。

另外还可以控制是否打印网格线、附注、单色打印、草稿、行号列标等。

【例4.35】 对"2008年下成绩统计表"设置工作表打印区域为B1:O51,每页都有工作表第1行和第2行作行标题,B列到D列作列标题,选择"A4"纸横向打印。

操作步骤如下:

① 打开"文件"菜单→选择"页面设置"命令或在"打印预览"对话框中单击"设置"按钮,屏幕显示"页面设置"对话框→单击"页面"选项卡→在"纸张大小"下拉列表中选择"A4"→选择"方向"区中的"横向"→单击"页边距"选项卡,设置上、下、左、右边距,水平居中和垂直居中→单击"页眉/页脚"选项卡,设置页脚的页码格式为:第1页共?页。

② 单击"工作表"选项卡→在"打印区域"框中输入或用鼠标选择打印范围:B1:O51→在"顶端标题行"框中输入或用鼠标选择打印标题内容所在行:$1:$2→在"左端标题列"框中输入左端打印标题内容所在列:$B:$D。如图4.55所示→单击"确定"按钮,完成页面设置。

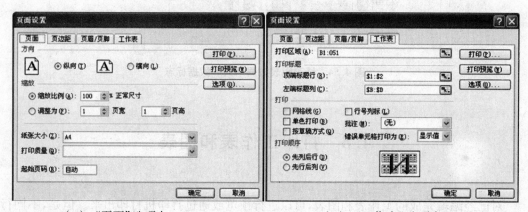

（a）"页面"选项卡　　　　　　　　（b）"工作表"选项卡

图4.55 "页面设置"对话框

4.8.2 打印预览

1. 打印预览

实现打印预览有以下几种方法:

① 单击常用工具栏中的"打印预览"按钮。

② 使用"文件"菜单中的"打印预览"命令。

③ 在"页面设置"对话框中单击"打印预览"按钮。

④ 在"打印"对话框中单击"打印预览"按钮。

打印预览窗口中含有下页、上页、缩放、打印、设置、页边距、分页预览/普通视图、关闭、帮助按钮。

2. 分页预览

Excel提供了分页预览功能,也为打印设置提供了更为直观的方式。如用鼠标拖动分页符和打印区域边界,可以调整打印区域的大小。实现分页预览有两种方法:从"视图"菜单中选择"分页预览"或在打印预览窗口中单击"分页预览"按钮。

3. 全屏显示

在编辑修改中,若不需要过多的工具,可以使用 Excel 提供的"全屏显示",以增大显示范围。"全屏显示"命令可以在"视图"菜单中选择。"全屏显示"只显示菜单栏和当前工作表,没有其他元素。

习　题

一、单项选择题

1. 在 Excel 中,工作簿指的是(　　)。
    A. 数据库　　　　　　　B. 由若干类型的表格共同组成的单一电子表格
    C. 图表　　　　　　　　D. 在 Excel 中用来存储和处理数据的工作表的集合
2. 电子表是(　　)表格。
    A. 一维　　　　　　B. 二维　　　　　　C. 三维　　　　　　D. 都不是
3. Excel 中,新建的工作簿一般自动设置(　　)个表。
    A. 3　　　　　　　B. 16　　　　　　　C. 128　　　　　　D. 256
4. 每张工作表最多有(　　)列,(　　)行。
    A. 16,256　　　　B. 64,512　　　　C. 256,65536　　　D. 512,128
5. 工作簿缺省扩展名为(　　)。
    A. DOC　　　　　B. XLS　　　　　　C. DBF　　　　　　D. XLC
6. 在新建工作簿中,默认的第一张工作表名称为(　　)。
    A. Book1　　　　B. First　　　　　C. Shift1　　　　　D. Sheet1
7. Excel 中一个单元格内容的最大长度为(　　)个字符。
    A. 256　　　　　B. 16384　　　　　C. 32000　　　　　D. 65536
8. 如果要对单元格内容进行编辑,可以(　　)该单元格。
    A. 单击　　　　　B. 双击　　　　　　C. 右击　　　　　　D. 指向
9. 在工作表名称上双击,可对工作表名称进行(　　)。
    A. 重命名　　　　B. 计算　　　　　　C. 隐藏　　　　　　D. 改变大小
10. Excel 中,数据类型可分为(　　)。
    A. 数值型和非数值型　　　　　　　B. 数值型、文本型、日期型、字符型
    C. 字符型、逻辑型、常规型　　　　　D. 以上都不对
11. 在工作表中,按(　　)键可以选择分散的区域。
    A. <Alt>　　　　B. <Ctrl>　　　　C. <Shift>　　　　D. <Tab>
12. 在 Excel 中,下列选项中,属于对单元格绝对引用的是(　　)。
    A. E5　　　　　　B. $E$5　　　　　　C. $E5　　　　　　D. &5&E

13. 在 Excel 中,一个单元格中输入文本时,通常是(　　)对齐。
　　A. 左　　　　　　　　B. 右　　　　　　　　C. 居中　　　　　　　　D. 随机

14. 在 Excel 中,存储数据的最小单位是(　　)。
　　A. 工作表　　　　　　B. 工作簿　　　　　　C. 单元格　　　　　　D. 单元格区域

15. 在 Excel 中,下面关于工作表叙述正确的是(　　)。
　　A. 每个工作簿最多只能包含 3 张工作表
　　B. 在工作簿中正在操作的工作表称为活动工作表
　　C. 只能在同一工作簿内进行工作表的复制和移动
　　D. 图表必须与数据源在同一工作表中

16. 在 Excel 中,关于单元格说法正确的是(　　)。
　　A. 单元格内存放字符最多为 32000 个
　　B. 根据单元格宽度决定存放字符的个数
　　C. 字符的个数不受限制
　　D. 单元格内只能存放数字

17. 在单元格中输入公式时,应先输入(　　)符号。
　　A. 引号　　　　　　　B. 分号　　　　　　　C. 等号　　　　　　　D. 问号

18. 要在单元格中输入纯数字的文本型数据,开头要先输入(　　)符号。
　　A. 半角的单引号　　　　　　　　　　　　B. 全角的单引号或空格
　　C. 双引号　　　　　　　　　　　　　　　D. 加号

19. 在 Excel 公式中,不能包含有(　　)。
　　A. 运算符　　　　　　B. 数值　　　　　　　C. 单元格地址　　　　D. 空格

20. 如果要在选定的单元格区域输入相同的数据,在其中一个单元格输入数据后,再按
　　(　　)键。
　　A. <Ctrl>+;　　　　　　　　　　　　　B. <Ctrl>+<Shift>
　　C. <Shift>+回车　　　　　　　　　　　D. <Ctrl>+回车

21. 在工作表中,将 F4 单元格中的公式"=B3-(C3+E3)/20"复制到 F5 单元格,则 F5
　　单元格中的公式为(　　)。
　　A. =B3-(C3+E3)/20　　　　　　　　　B. =B4-(C4+E4)/20
　　C. =B5-(C5+E5)/20　　　　　　　　　D. =B6-(C6+E6)/20

22. Excel 中的求和函数是(　　)。
　　A. AVERAGE　　　　B. COUNT　　　　　C. TOTAL　　　　　　D. SUM

23. 在进行分类汇总之前,必须对工作表数据进行(　　)。
　　A. 筛选　　　　　　　B. 排序　　　　　　　C. 查找　　　　　　　D. 定位

24. 用 Excel 创建一个学生成绩表,若按班级统计各门课程的平均分,需要进行的操作
　　是(　　)。
　　A. 数据筛选　　　　　B. 排序　　　　　　　C. 分类汇总　　　　　D. 合并计算

25. 在 Excel 中,公式中出现了无效的单元格引用时,会出现的错误提示是(　　)。
　　A. ＃＃＃＃＃　　　　B. ＃DIV/0!　　　　　C. ＃NUM!　　　　　　D. ＃REF!

26. 在 Excel 中,下列(　　)形式的筛选必须定义条件区域。
　　A. 自动筛选　　　　　B. 自定义筛选　　　　C. 高级筛选　　　　　D. 以上都正确

27. Excel 具有将工作表的数据以图表的形式显示出来的功能。建立图表后,当工作表中的数据发生变化时,则(　　)。
    A. 图表将被删除
    B. 图表保持不变
    C. 图表将自动随之发生改变
    D. 需要通过某种操作,才能使图表发生改变

28. 某 Excel 数据列表用来记录学生的 5 门课成绩,现要找出 5 门课都不及格的同学的数据,应使用(　　)命令最为方便。
    A. 查找　　　　　　　B. 排序　　　　　　　C. 筛选　　　　　　　D. 定位

29. Excel 可以从(　　)中获取外部数据。
    A. 文本　　　　　　　B. 网站　　　　　　　C. 数据库　　　　　　D. 以上全是

30. 对已生成的图表,下列说法错误的是(　　)。
    A. 可以改变图表格式　　　　　　　　　B. 图表的类型不能改变
    C. 图表的位置可以移动　　　　　　　　D. 图表的标题大小、颜色可以改变

二、多项选择题

1. 在 Excel 中,可选取(　　)。
   A. 一个单元格　　　　　　　　　　　B. 多个单元格
   C. 连续单元格　　　　　　　　　　　D. 不连续单元格

2. 在 Excel 中,下列(　　)字符可以作为数字。
   A. $　　　　　　　　　B. %　　　　　　　　　C. +　　　　　　　　　D. 6

3. 在 Excel 中,单元格可以存储(　　)等类型的数据。
   A. 文本　　　　　　　B. 数值　　　　　　　C. 日期　　　　　　　D. 声音和图形

4. 在"自定义筛选"对话框中,可以设定(　　)条件。
   A. 1 个　　　　　　　B. 2 个　　　　　　　C. 3 个　　　　　　　D. 4 个

5. 在 Excel 的打印预览中可以进行(　　)操作。
   A. 显示上页、下页　　　　　　　　　B. 修改工作表内容
   C. 设置页面、页边距　　　　　　　　D. 全屏显示

6. 在 Excel 中,单元格地址的引用方式有(　　)。
   A. 绝对引用　　　　　　　　　　　　B. 相对引用
   C. 链接引用　　　　　　　　　　　　D. 混合引用

7. 在 Excel 的公式中,可以使用的运算符有(　　)。
   A. 数学运算符　　　B. 文字运算符　　　C. 比较运算符　　　D. 逻辑运算符

8. 在 Excel 中,设置范围的方式有(　　)。
   A. 选取范围　　　　　B. 复制范围　　　　　C. 输入单元格位置　　D. 设置范围名称

9. 在 Excel 中,对工作表窗口冻结分为(　　)。
   A. 条件冻结　　　　　　　　　　　　B. 水平冻结
   C. 垂直冻结　　　　　　　　　　　　D. 水平和垂直冻结

10. 在 Excel 中,常用工具栏中提供的格式化功能有(　　)。

A. 打开文件　　　　B. 粘贴　　　　C. 字体　　　　D. 颜色

11. 在 Excel 工作表中,建立函数的方法有(　　)。

A. 直接在单元格中输入函数

B. 直接在编辑栏中输入函数

C. 利用编辑栏上的"插入函数"按钮

D. 利用"插入"菜单下的"函数"子菜单

12. 在 Excel 中,修改单元格数据的正确方式有(　　)。

A. 在编辑栏修改　　　　　　　　B. 常用工具栏按钮

C. 复制和粘贴　　　　　　　　　D. 在单元格修改

13. 在 Excel 中,提供了几种筛选命令,分别是(　　)。

A. 自动筛选　　　B. 分部筛选　　　C. 高级筛选　　　D. 高级自动筛选

14. 在 Excel 中,对图像对象的操作有(　　)。

A. 粘贴　　　B. 移动　　　C. 复制　　　D. 删除

15. 下列关于编辑单元格内容的说法,正确的有(　　)。

A. 双击待编辑的单元格可对其内容进行修改

B. 单击待编辑的单元格,然后在编辑栏内进行修改

C. 要取消对单元格内容的改动,可在修改后按<Esc>键

D. 向单元格输入公式必须在编辑栏中进行

三、填空题

1. Excel 中,要设置输入整数尾部 0 的个数,可以通过_____菜单下的_____命令。

2. 输入当天日期的快捷键是_____,输入当前时间的快捷键是_____。

3. 要对单元格的数据设置对齐方式跨列居中,可单击_____菜单,选择"单元格"命令。

4. 进行分类汇总,必须执行_____操作。

5. 设置页眉和页脚应选_____菜单中的"页眉和页脚"命令。

四、简答题

1. Excel 中,单元格、工作表、工作簿有何区别与联系?

2. 为什么有时单元格里会出现以"#"开头、以"?"或"!"结尾的信息?

3. 如何复制或移动单元格区域?

4. 怎样在公式里引用不同工作表里的单元格或引用不同工作簿里的单元格?

五、操作题

1. 建立如图 4.56 所示工作表,保存文件为"工资.XLS"。

2. 计算每个职工的应发工资、实发工资,并填入对应单元格。应发工资=基本工资+

岗位津贴＋房贴,实发工资＝应发工资－水电－公积金－医疗保险。

3. 为工资表在 A1 单元格插入标题"工资表",设置为:黑体、加粗、18 磅字、跨列居中,"职工号"……"实发工资"等栏标题设置为:隶书、16 磅字,其余为楷体 14 磅字。

	A	B	C	D	E	F	G	H	I	J	K	L
1	职工号	姓名	性别	职称	基本工资	岗位津贴	房贴	水电	公积金	医疗保险	应发工资	实发工资
2	20060301	王　某	男	教授	588	1148	45.65	35.5	294	288		
3	20060302	张某某	男	讲师	385	365	63.45	45.25	192.5	180		
4	20060303	赵某某	女	副教授	485	820	46.25		242.5	220		
5	20060501	王某某	女	讲师	385	388	51.55	34.65	192.5	180		
6	20060502	李某某	男	助教	325	288	10.8	12.5	162.5	120		
7	20060304	王某某	男	教授	588	820	86.4		294	288		
8	20060306	张某某	男	讲师	385	288	48.3	40.15	192.5	180		
9	20060305	李某某	女	副教授	485	820	35.5		242.5	220		
10	20060401	张某某	男	助教	325	646	46.25		162.5	120		
11	20060402	李某某	男	讲师	385	537	60.35	60.35	192.5	180		
12	20060505	蔡某某	女	教授	588	1366	34.65		294	288		
13	20060403	陈某某	男	讲师	385	494	12.5		192.5	180		
14	20060404	李某某	女	讲师	588	1387	55.6		294	288		
15	20060503	郭某某	女	讲师	385	747	40.15		192.5	180		
16	20060504	巴某某	男	讲师	385	492	35.5	55.6	192.5	180		

图 4.56

4. 在 A18 单元格输入"合计",设置 A18:D18 合并居中,并用"自动求和"求出每个工资项的"合计"。

5. 将列标题内容水平、垂直方向居中,E3:L18 区域内容水平方向居中。将"实发工资"中低于 500 的数据设置成:红色、倾斜。

6. 将表格外框设置成最粗的蓝色单线,内框设置成最细的单线,列标题的下框线设置成双线。

7. 将"实发工资"在 1000.00 元以上的数据复制到第二张工作表中,将第一张工作表名称改为"工资表 1",第二张工作表名称改为"工资表 2"。

8. 按"实发工资"降序排列数据。

9. 按职称汇总平均"实发工资"得到汇总表。用数据透视表统计不同职称的男、女职工人数。

10. 将前 5 位职工按"姓名"、"岗位津贴"创建如图 4.57 所示图表,图表类型为三维簇状柱形图,数据标志显示值。

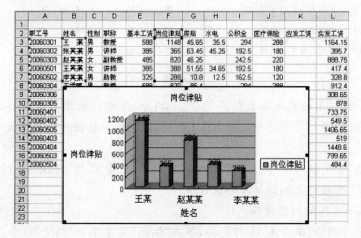

图 4.57

实　　验

一、实验目的与要求

1. 掌握 Excel 的启动与退出，Excel 窗口的组成及使用。
2. 掌握工作表的建立，保存工作簿文件，数据的输入方法。
3. 掌握工作表、单元格数据的复制、移动、插入、删除、填充及清除等操作。
4. 掌握文件的打开、数据修改、常用的公式和函数，能够用公式与函数进行计算。
5. 掌握工作表的格式化。
6. 掌握 Excel 的图表功能及图表向导的使用。
7. 掌握数据管理。

二、实验内容

1. 启动 Excel，建立如图 4.58 所示的工作表。

学号	姓名	性别	专业	班级	中医诊断	中医基础	人体解剖	数据库应用	大学英语	总分	平均成绩	等级
08211001	凤昌辉	男	针灸推拿	08针推	82	69	67	79	91			
08211005	丁志	男	针灸推拿	08针推	73	75	57	71	87			
08612001	曹君	女	护理学	08护理涉外	77	84	76	68	92			
08111006	单清乐	男	中医学	08中医	88	78	68	76	88			
08211011	胡萌	女	针灸推拿	08针推	77	53	74	65	78			
08511065	章婷	女	护理学	08护理涉外	78	77	77	79	88			
08111013	韩林	男	中医学	08中医	96	68	82	83	79			
08612002	陈红	女	护理学	08护理涉外	76	81	67	69	90			
08431005	黄风蕾	女	中西医结合	08中西结合	85	76	78	75	87			
08612004	陈林君	女	护理学	08护理涉外	80	74	93	84	95			
08511002	陈丽	女	应用心理学	08心理	83	69	79	65	83			
08612003	陈君乐	男	护理学	08护理涉外	86	80	85	82	89			
08511004	陈莹	女	应用心理学	08心理	85	78	64	75	88			
08511005	陈珍	女	应用心理学	08心理	77	84	88	87	92			
08111003	陈伟林	男	中医学	08中医	85	78	79	82	78			
08431006	胡敏风	女	中西医结合	08中西结合	85	70	69	77	87			
08111009	杜瑞林	男	中医学	08中医	57	78	78	78	88			
08211016	郎捷	女	针灸推拿	08针推	69	74	79	78	86			
08211017	李艳	女	针灸推拿	08针推	76	83	82	84	91			
08511003	陈玉	男	应用心理学	08心理	63	79	84	82	89			

图 4.58

2. 输入数据，利用公式或函数计算总分、平均分、等级。利用自定义公式计算总分、平均分。计算方法：总分＝中医诊断＋中医基础＋人体解剖＋数据库应用＋大学英语，平均分＝总分/5。

3. 在"陈红"下面插入两行，其中一行输入"0861004 董义 男 62 85 78 77 83"。

4. 将"李艳"所在行复制到插入的空行中。

5. 将 H 列和 I 列的内容清除。

6. 将第 12 行删除：单击第 12 行行标，单击"编辑"菜单中的"删除"命令。

7. 将所建文件命名为“成绩册.XLS”保存在 E 盘已有的文件夹 MyExcel 中。

8. 查找与替换。查找姓名为“陈莹”的记录，并改为“孙会”。

9. 利用 IF 函数按平均分确定等级并填入相应单元格：平均分＜60 为不合格；平均分＞＝85 为优秀；其他为合格。

10. 建立如图 4.59 所示工作表。

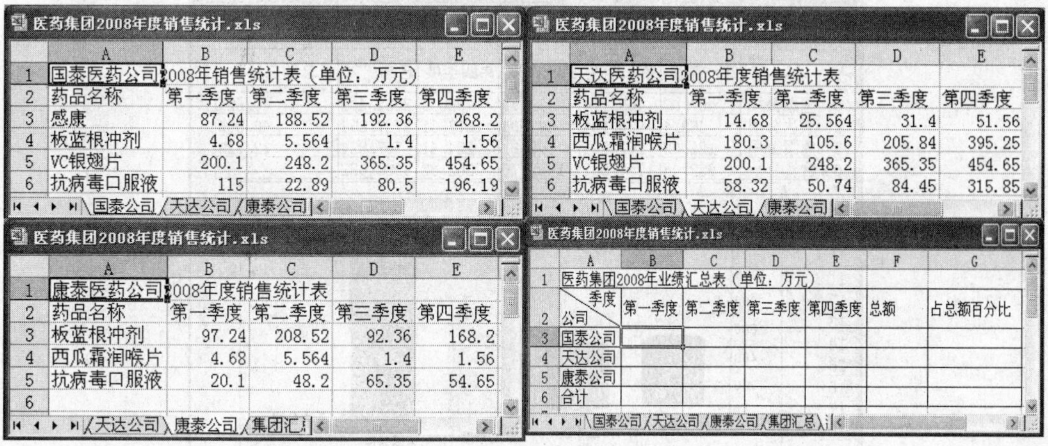

	A	B	C	D	E
1	国泰医药公司2008年销售统计表（单位：万元）				
2	药品名称	第一季度	第二季度	第三季度	第四季度
3	感康	87.24	188.52	192.36	268.2
4	板蓝根冲剂	4.68	5.564	1.4	1.56
5	VC银翅片	200.1	248.2	365.35	454.65
6	抗病毒口服液	115	22.89	80.5	196.19

	A	B	C	D	E
1	天达医药公司2008年度销售统计表				
2	药品名称	第一季度	第二季度	第三季度	第四季度
3	板蓝根冲剂	14.68	25.564	31.4	51.56
4	西瓜霜润喉片	180.3	105.6	205.84	395.25
5	VC银翅片	200.1	248.2	365.35	454.65
6	抗病毒口服液	58.32	50.74	84.45	315.85

	A	B	C	D	E
1	康泰医药公司2008年度销售统计表				
2	药品名称	第一季度	第二季度	第三季度	第四季度
3	板蓝根冲剂	97.24	208.52	92.36	168.2
4	西瓜霜润喉片	4.68	5.564	1.4	1.56
5	抗病毒口服液	20.1	48.2	65.35	54.65
6					

	A	B	C	D	E	F	G
1	医药集团2008年业绩汇总表（单位：万元）						
2	季度 公司	第一季度	第二季度	第三季度	第四季度	总额	占总额百分比
3	国泰公司						
4	天达公司						
5	康泰公司						
6	合计						

图 4.59

11. 按图 4.60 所示，计算合计、总额及占总额百分比。

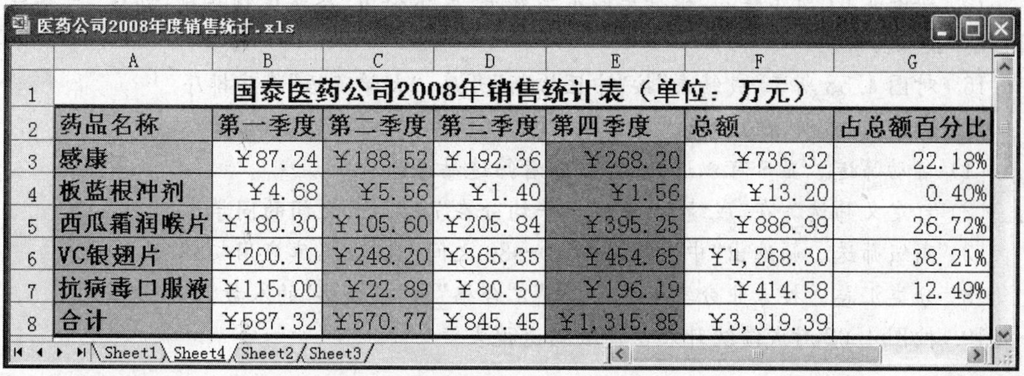

	A	B	C	D	E	F	G
1	国泰医药公司2008年销售统计表（单位：万元）						
2	药品名称	第一季度	第二季度	第三季度	第四季度	总额	占总额百分比
3	感康	￥87.24	￥188.52	￥192.36	￥268.20	￥736.32	22.18%
4	板蓝根冲剂	￥4.68	￥5.56	￥1.40	￥1.56	￥13.20	0.40%
5	西瓜霜润喉片	￥180.30	￥105.60	￥205.84	￥395.25	￥886.99	26.72%
6	VC银翅片	￥200.10	￥248.20	￥365.35	￥454.65	￥1,268.30	38.21%
7	抗病毒口服液	￥115.00	￥22.89	￥80.50	￥196.19	￥414.58	12.49%
8	合计	￥587.32	￥570.77	￥845.45	￥1,315.85	￥3,319.39	

图 4.60

12. 按图 4.60，对国泰公司销售表进行格式化。

(1) 标题为黑体 16 磅字，其他均为宋体 14 磅字，表头及第一列加粗、居中。

(2) 将工作表中销售额数据设置成人民币样式；“占总额百分比”设置成百分比样式。

(3) 将表中所有符号居中，标题 A1:G1 跨列居中。

(4) 调整行高与列宽。将所有行高、列宽设置为最适合的行高、列宽。

(5) 表中第一行、第一列填充色为浅灰色，外框为最粗蓝实线，内框为最细实线，C 列为浅绿、D 列为天蓝填充色。

(6) 自动套用格式。用自动套用格式设置成“会计 2”样式。

13. 数据的保护。

（1）将受保护的单元格中的公式隐藏起来。

（2）工作簿的保护。保护工作簿的结构和窗口。对工作簿设置使用权限。

14. 对如图4.61所示表格进行合并计算，汇总每个季度各子公司的销售总额，填入集团汇总工作表。

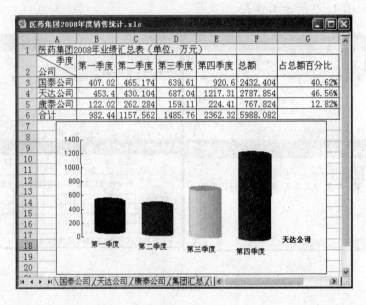

图4.61

15. 按图4.61所示样式，根据集团汇总表中"天达公司"各季度销售额，创建"三维柱形圆柱图"嵌入图表。

16. 对图4.58所示"成绩表"按"中医诊断"升序、"大学英语"降序排序。

17. 对图4.58所示"成绩表"筛选数据。

（1）自动筛选。显示可以选择的项，查看筛选结果。

（2）自定义筛选。在"成绩表"中找出平均分在70到85之间的同学。

（3）高级筛选。筛选出"中医基础在70~80之间"且"数据库应用＜85"的记录。

18. 分类汇总。按专业分类汇总"优秀"、"合格"与"不合格"的人数。

19. 按图4.62对成绩统计表创建数据透视表。

	A	B	C
1			
2			
3	平均值项:大学英语		
4	班级 ▼	汇总	
5	08护理涉外	90.8	
6	08心理	88	
7	08针推	86.6	
8	08中西结合	87	
9	08中医	83.25	
10	总计	87.3	
11			

图4.62

第5章 PowerPoint 2003

在进行多媒体教学、报告与演讲、广告宣传、产品发布等场合中经常会用到演示文稿,PowerPoint 就是目前较为流行的一种功能很强的演示文稿制作工具。PowerPoint 2003 和 Word 2003、Excel 2003 等应用软件一样,都是 Microsoft 公司推出的 Office 2003 套装软件的一个组件,主要设计用于宣传、演示的电子版幻灯片,所制作的演示文稿可以通过计算机屏幕或者投影机播放。使用 PowerPoint 所创建的演示文稿,还可以通过互联网在 Web 页上、远程会议上向观众进行展示。由于它具有简单易学、功能强大、直观生动等特点,并且提供了多媒体技术,使得展示效果图文并茂、声形俱佳,所以随着办公自动化的进一步普及,PowerPoint 的应用也越来越广。

5.1 概　述

本节将介绍 PowerPoint(以下不特别说明均指 PowerPoint 2003)的功能及特点,启动和退出方法,工作界面,视图方式以及演示文稿、幻灯片、模板、版式、母版等基本概念和应用。

5.1.1 PowerPoint 的功能及特点

PowerPoint 具有以下主要功能和特点:
● 文字与图形的编辑功能。

用户可以使用 PowerPoint 的文字处理功能方便地进行文字输入、编辑与格式化,还可以绘制多种图形,以达到美化演示文稿的目的。

● 对象处理和多媒体功能。

在 PowerPoint 中,用户可以根据需要方便灵活地引入各种对象,如加入一段文字、插入一幅图片或视频等,还可以进行文字、图形、动画与声音的集成,从而创建出高度交互的多媒体演示文稿,增强视听效果。

● 提供了多种设计模板。

在 PowerPoint 的模板库中有多种设计模板,每种模板都已经预设好了文稿的外观(幻灯片的标题页、格式、背景颜色等),用户可以根据需要选择使用。

● 信息交换与数据共享。

PowerPoint 与 Word、Excel 等软件之间有着紧密的联系,它们之间可以相互调用,可以实现信息交换与资源共享。

● 超级链接与转换技术。

　　利用 PowerPoint 的超级链接功能可以从一张幻灯片转到其他幻灯片、演示文稿、文件以及网络站点,拓宽了演示内容的范围。

　　● 易学,使用方便。

　　PowerPoint 的操作界面与操作风格与 Office 中其他应用软件,如 Word、Excel 等软件基本保持一致,再加上其独有的功能,使其具有简单、易学、实用、方便等特点。

5.1.2 PowerPoint 的启动和退出

1. 启动 PowerPoint

PowerPoint 的启动与其他 Office 套装组件相似,可使用多种方法:

　　● 单击"开始"按钮,在"程序"选项的子菜单中单击"Microsoft PowerPoint"选项。

　　● 双击桌面上的"Microsoft PowerPoint"的快捷方式图标。

　　● 单击"开始"按钮,选择"运行"选项,在弹出的对话框中键入启动"Microsoft Power-Point"的命令行。

　　启动 PowerPoint 后,会进入如图 5.1 所示的操作窗口。

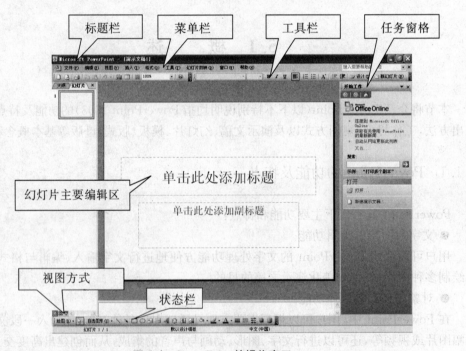

图 5.1 PowerPoint 的操作窗口

2. 退出 PowerPoint

退出 PowerPoint 的常用方法有以下几种:

　　● 单击 PowerPoint 窗口右上角的"关闭"按钮。

　　● 打开"文件"菜单,单击"退出"命令。

　　● 双击 PowerPoint 窗口左上角的控制菜单图标。

　　● 按快捷键<Alt>+<F4>。

5.1.3　PowerPoint 的工作界面

图 5.1 所示的 PowerPoint 操作窗口界面组成元素主要为：位于窗口上面依次排列的标题栏、菜单栏、工具栏；中间的大块区域为主要操作区，是进行文稿的编辑、处理的区域；窗口的最下面为状态栏，显示当前的一些状态信息。

1. 标题栏

位于窗口顶部，自左至右分别为控制菜单，应用程序名称，幻灯片文件名称以及"最大化"、"最小化"和"关闭"按钮。

2. 菜单栏

位于标题栏的下方，与 Windows 的其他应用程序的菜单栏类似，PowerPoint 的菜单栏提供了文件、编辑、视图、插入、格式、工具、幻灯片放映、窗口以及帮助等菜单选项。

● "文件"菜单。包含演示文稿的建立、打开、保存、打包、页面设置和打印等操作。

● "编辑"菜单。包含对演示文稿的内容进行剪切、复制、粘贴、删除以及查找和替换等操作。

● "视图"菜单。包含在各种视图之间进行选择与切换、选择幻灯片母版、工具栏项目设置及设置页眉页脚等操作。

● "插入"菜单。包含插入新幻灯片、文件、图片、文本框、影片和声音、图表以及超级链接等操作。

● "格式"菜单。除了与 Word 等应用软件类似，即可对文字及图表等对象进行字体、项目符号和编号、对齐方式、行距、颜色等设置之外，还可以实现对幻灯片的版式、配色方案、背景及应用设计模板等的设置。

● "工具"菜单。提供了拼写检查、语言选择、自动更正、版式、宏操作、自定义以及选项等常用操作工具。

● "幻灯片放映"菜单。提供对演示文稿中的各个对象的动画和声效、动作设置、各幻灯片间的切换方式以及放映方式等进行设置的功能。

● "窗口"菜单。用于建立多个演示文稿窗口，并对多个窗口进行切换、排列等操作。

3. 工具栏

与 Windows 其他应用软件一样，PowerPoint 提供了"常用"、"格式"、"绘图"等工具栏，亦可通过打开"视图"菜单里的"工具栏"选项中的级联菜单重新选择设置所需的工具。

4. 状态栏

位于操作窗口的底部，能够动态地提供系统的当前信息，通常显示当前编辑文件的幻灯片号及整个文件的总页数、所选用的设计模板名称等。

5. 演示文稿编辑区

位于操作窗口的中部，是用户进行文稿编辑、处理的重要区域。

6. 任务窗格

位于操作窗口的右部，是提供常用命令的窗口，这是以往版本所不曾有的。其位置、大小适中，用户可以边使用这些命令边处理文件。通过窗格上方的左右箭头可以方便地切换到具有不同功能的任务窗格中（前提是该功能的任务窗格曾经被使用过）。单击任务窗格右上角的下三角形按钮可以看到 PowerPoint 2003 所提供的 16 个任务窗格列表。

5.1.4 PowerPoint 的视图方式

Microsoft PowerPoint 2003 主要有三种视图方式,分别用于对演示文稿的编辑、浏览和播放,依次为普通视图、幻灯片浏览视图和幻灯片放映视图。在这三种视图方式之间可以通过用鼠标单击进行切换。

1. 普通视图

普通视图是主要的编辑视图,可用于撰写或设计演示文稿。该视图主要有两个工作区域:左边窗格是在幻灯片文本的大纲("大纲"选项卡)和以缩略图显示的幻灯片("幻灯片"选项卡)之间交替的选项卡,可以显示被编辑演示文稿中的每一张幻灯片的内容;右边窗格则显示当前幻灯片的内容。

在对演示文稿进行操作时经常要切换到该视图方式,可以逐一编辑、处理各幻灯片和组织演示文稿中所有幻灯片的结构。

2. 幻灯片浏览视图

幻灯片浏览视图是缩略图形式的幻灯片的专有视图。在用户结束创建或编辑演示文稿后,通常切换到幻灯片浏览视图,它能够给出整个演示文稿完整的文本和图片。在该视图方式下,用户可以方便地对整个演示文稿中的幻灯片进行重新排列、添加或删除切换动画效果以及设置幻灯片的放映时间等。

注意 在幻灯片浏览视图方式下,用户不可以修改演示文稿中幻灯片的内容。

3. 幻灯片放映视图

幻灯片放映视图方式用于实际显示幻灯片的内容,即真实运行当前的演示文稿,此时所看到的演示文稿就是将来观众会看到的。单击"幻灯片放映视图"图标即可开始幻灯片的放映,放映效果为全屏幕显示当前演示文稿中的每一张幻灯片的全部内容,可以看到每张幻灯片所包含的文本、图形、声音、影片、效果以及实际的切换效果,按<Esc>键可随时终止该放映。

注意 如果是在幻灯片视图方式下进行放映,则从当前幻灯片开始放映;如果是在幻灯片浏览视图方式下放映,则从选定的幻灯片处开始放映。在幻灯片放映视图方式下,用户不可以对幻灯片内容进行编辑或移动等操作。

5.2 演示文稿的编辑操作

演示文稿是指包含了作者所有要演示的内容和效果并可在计算机上进行编辑和播放的文件,其扩展名为.PPT,而演示文稿中的每一页就叫做一张幻灯片。一个 PowerPoint 的演示文稿文件一般包括若干张幻灯片,每张幻灯片都是演示文稿中既相互独立又相互联系的内容。

本节将详细介绍演示文稿的创建、模板的选择、版式的应用以及如何保存和打开演示文稿等操作。

5.2.1　演示文稿的创建

创建演示文稿有三种方式,下面分别介绍这三种方式。

1. "根据内容提示向导"方式

启动 PowerPoint 后,在"文件"菜单中选择"新建",就会出现"新建演示文稿"任务窗格,选择"根据内容提示向导"选项,则进入到"内容提示向导"对话框,如图 5.2 所示。

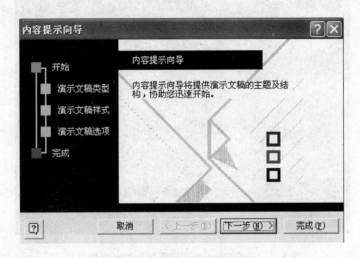

图 5.2　"内容提示向导"对话框

该方式是通过向导性的 5 个操作步骤来建立一个演示文稿,向导对话框中将出现一步一步的提示性操作,用户需一步步地进行选择回答,直到整个操作完成。用户在最后一步中单击"完成"按钮后,即进入文稿编辑状态。

2. "根据设计模板"方式

若在"新建演示文稿"任务窗格中选择"根据设计模板"选项,则进入到"幻灯片设计"任务窗格,如图 5.3 所示,在"应用设计模板"中根据需要选择合适的模板。

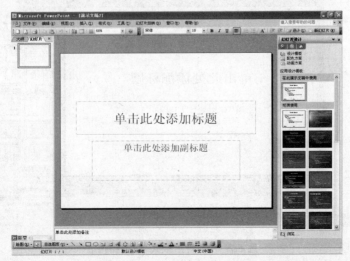

图 5.3　"幻灯片设计"任务窗格

应用设计模板是指在 PowerPoint 提供的模板的基础上创建演示文稿,这些模板一般都提供了一整套的字体的颜色方案,是较成熟的设计方案。除了使用 PowerPoint 提供的模板外,还可使用自己创建的模板。

当用户从多种带有幻灯片主题、背景、风格的设计模板中选择了一种自己需要的模板后,就可以开始输入文稿内容并进行编辑和格式化,最终得到所需的演示文稿。

如图 5.4 所示为应用"Textured"模板制作出的一张幻灯片。

图 5.4　应用"**Textured**"模板制作的一张幻灯片

3. "空演示文稿"方式

若在"新建演示文稿"任务窗格中选择"空演示文稿"选项,则进入"幻灯片版式"任务窗格,如图 5.5 所示。应用幻灯片版式共有 31 种,分为 4 大类:"文字版式"类,"内容版式"类,"文字和内容版式"类以及"其他"版式类,用户可根据需要从中选择。

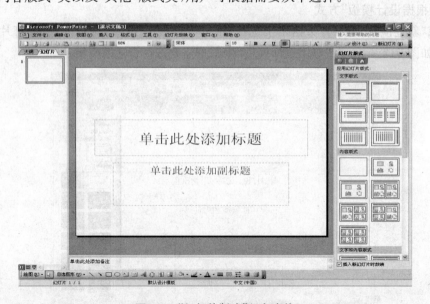

图 5.5　"幻灯片版式"任务窗格

【例 5.1】　创建一演示文稿,并建立如图 5.6 所示的一张幻灯片。

图 5.6　幻灯片样本

该幻灯片有一个正标题"医学生誓词"、一个副标题"健康所系　性命相托"和一张图片。
操作步骤如下:

① 启动 PowerPoint→单击"文件"菜单→选择"新建"→选择"新建演示文稿"任务窗格中的"空演示文稿"选项→在"幻灯片版式"任务窗格中,选"文字版式"类下的"标题幻灯片"版式→在弹出的对话框中选择"应用于选定幻灯片"并单击。

② 在"单击此处添加标题"占位符处单击后输入正标题"医学生誓词"。

③ 在"单击此处添加副标题"占位符处单击后输入副标题"健康所系　性命相托"。

④ 单击"插入"菜单→选择"图片"→选择"剪贴画"→选择相应图片→单击弹出菜单中的"插入"选项即可。

【例 5.2】　在已建文稿中的幻灯片上应用"Textured"模板。

操作步骤:选择"格式"工具栏→单击"应用设计模板"→选择"Textured"→点击"应用于选定幻灯片"选项。如图 5.7 所示。

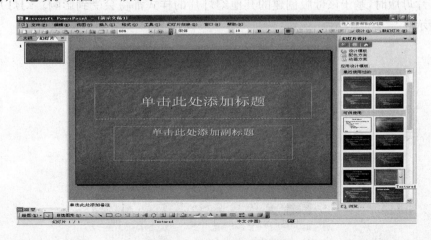

图 5.7　应用 Textured 模板

5.2.2 演示文稿的保存

演示文稿的保存操作同其他 Office 文件的保存方法相同,单击"常用"工具栏上的"保存"按钮或选择"文件"菜单中的"保存"命令,在弹出的对话框中,用户需给出或选择保存的位置、文件名称以及保存类型,然后单击"保存"按钮即完成了对当前所编辑的演示文稿的保存操作。

5.2.3 演示文稿的打开

单击"常用"工具栏上的"打开"按钮或选择"文件"菜单中的"打开"命令,弹出"打开"对话框,选中需要打开的文件的位置、名称,然后单击"打开"按钮即可。

5.3 幻灯片的编辑应用

5.3.1 母版的制作

用户如果希望制作的演示文稿中的每一张幻灯片都具有统一的模式和风格,可以使用 PowerPoint 提供的母版功能。母版是用于设置演示文稿中每张幻灯片的预定格式,如标题和文本的位置及大小、项目符号样式、背景图案等。选择 PowerPoint 主窗口中的"视图"选项中的"母版"即可进行母版制作。

PowerPoint 中有三类母版:幻灯片母版、讲义母版和备注母版。

1. 幻灯片母版

幻灯片母版可以控制基于该母版创建的每一张幻灯片的标题和文本的格式及位置,当改变幻灯片母版时,基于该母版创建的其他幻灯片的样式都将会受到影响。幻灯片母版如图 5.8 所示。

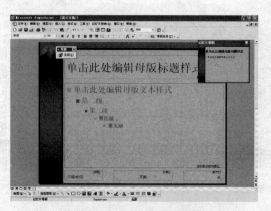

图 5.8 幻灯片母版

2. 讲义母版

讲义母版用于控制以讲义形式显示的幻灯片的格式、位置和页眉页脚等,如图 5.9 所示。

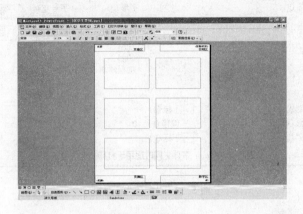

图 5.9　讲义母版

3. 备注母版

备注母版可以为演讲者提供备注的使用空间、备注页的版式和文字格式,如图 5.10 所示。

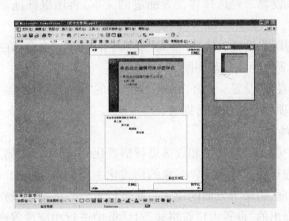

图 5.10　备注母版

5.3.2　幻灯片的格式处理

1. 文本的编辑

用户在幻灯片中输入标题、正文之后,这些文字、段落格式仅限于所使用模板指定的格式。为了使幻灯片更加美观、便于阅读,可以重新设定文字和段落的格式,这些编辑操作与前面章节介绍的 Word、Excel 文档编辑操作一样,所以在下面只做简单介绍。

(1) 文字格式化编辑

使用"格式"工具栏中的按钮可以改变文字的格式设置,例如字体、字号、加粗、倾斜、字体颜色等。用户也可以通过"格式"菜单,选择"字体"命令,在"字体"对话框中进行设置,如

图 5.11 所示。

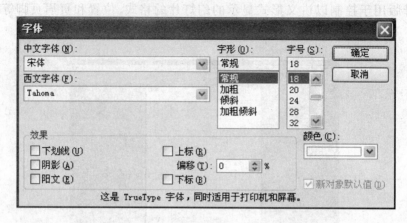

图 5.11 "字体"对话框

（2）段落格式化编辑

① 段落对齐方式设置。设置段落的对齐方式主要用来调整文本在文本框中的排列方式。先选定文本框或文本框中的某段文字，单击"格式"工具栏中的"左对齐"、"右对齐"、"居中对齐"或"分散对齐"按钮，即可对幻灯片中的文字进行段落对齐方式设置。

② 段落缩进方式设置。先选择要设置缩进的文本，再用鼠标拖动标尺上的缩进标记，即可为段落设置缩进。

③ 行距和段落间距的设置。选择"格式"菜单中的"行距"命令，在打开的对话框中可对选中的文字或段落设置行距或段落间距。

④ "项目符号和编号"设置。选择"格式"菜单中的"项目符号和编号"命令项，在打开的对话框中选择所需的项目符号或编号即可。

（3）对象格式化编辑

在 PowerPoint 中除了可对文字和段落进行格式化外，还可以对插入的图表、图片、自选图形、文本框等对象进行格式化操作。对象的格式化主要包括颜色和线条、尺寸、位置、图片的颜色和亮度以及边框、阴影等方面的设置。要进行对象的格式化操作，选择"格式"菜单下的"占位符"选项，在弹出的"设置占位符格式"对话框中进行相应设置即可。如图 5.12 所示为"设置占位符格式"对话框的"颜色和线条"选项卡。

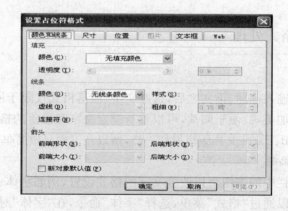

图 5.12 设置颜色和线条

（4）对象格式的复制

在对象处理过程中,对某个对象已经做了某种格式化后,若希望其他对象也具有与之相同的格式,可使用"常用"工具栏中的"格式刷"按钮进行相同格式的复制。

（5）特殊字符的插入

把光标定位在要插入特殊字符的位置,单击"插入"菜单,可按分类来选择我们想要的符号。以插入乘号"×"为例,在弹出的菜单中选择"符号"命令,出现"符号"对话框,单击"字体"下拉列表框,里面显示了很多种字体,我们选择如图 5.13 所示的"Symbol"字体,这是比较常用的字体,里面的符号很全,当我们用鼠标单击一个符号时,符号会以选中状态放大显示。我们选中"×",再单击"插入"按钮(双击这个符号也行),乘号就被插入到文稿中了。如果还想插入其他符号,可以继续相同的操作。如果没有其他符号要插入,单击"关闭"按钮,回到文稿中。插入的符号可以和其他文字一样,进行各种编辑处理。

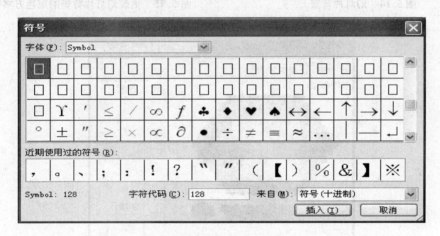

图 5.13　"符号"对话框

2. 版式的使用

幻灯片的布局将决定演示的效果,因而幻灯片的版式使用是一个很重要的环节。版式是指幻灯片中的内容在幻灯片上的排列方式。版式由若干个占位符组成,在占位符内可放置文字(例如标题和项目符号列表)和幻灯片内容(例如表格、图表、图片、形状和剪贴画)。PowerPoint 2003 提供了 31 种自动版式,在每次添加新幻灯片时,都可以在"幻灯片版式"中为其选择一种版式。

一般情况下,演示文稿的第一张幻灯片是标题,因此应选择"标题幻灯片"作为第一张幻灯片的版式。

3. 背景的运用

演示文稿的背景由应用的设计模板确定,可以通过选中幻灯片并选中"格式"菜单中的"背景"(如图 5.14 所示)来进行修改或进行重新设计。

设计模板包含默认配色方案以及可选的其他配色方案,这些方案都是为该模板设计的。如图 5.15~图 5.20 所示为幻灯片背景颜色及填充效果的相应设置界面。Microsoft PowerPoint 中的默认或"空白"演示文稿也包含配色方案。用户可以将配色方案应用于一个幻灯片、选定幻灯片或所有幻灯片以及备注和讲义。

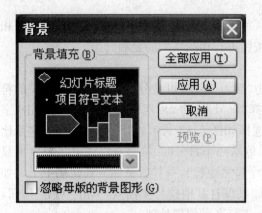
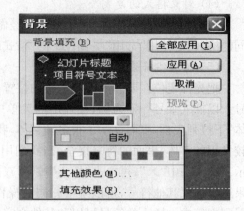

图 5.14　幻灯片背景　　　　　　　　　图 5.15　更改幻灯片背景的配色方案对话框

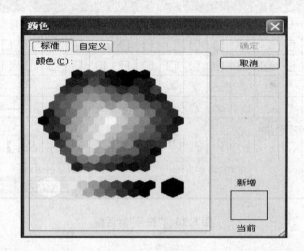

图 5.16　更改幻灯片背景颜色对话框

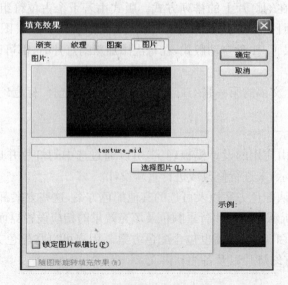

图 5.17　对背景图片进行选择

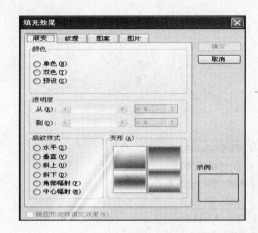

图 5.18　渐变效果的设置

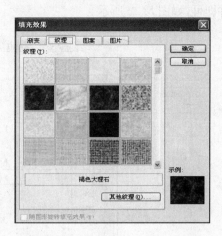

图 5.19　纹理效果的设置

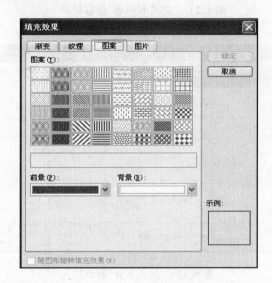

图 5.20　背景图案的设置

　　注意：按钮"应用"是指所选择的方案仅用于当前幻灯片，而"全部应用"则是指用于当前打开的演示文稿中的全部幻灯片。

5.3.3　多媒体对象的插入

　　为了使制作的演示文稿更加美观、内容丰富多彩，需要在幻灯片中插入各种对象，例如文本框、图片、图表、动画、艺术字等，它们的具体设置和编辑与 Word 中的操作基本一样，不再赘述。另外，在演示文稿中，经常还会用到影片和声音这两种多媒体对象。

　　影片或声音对象被插入到幻灯片中后，即可在幻灯片播放时出现该影片或声音。若插入的是声音对象，在所插入幻灯片中会出现一个声音图标；若插入的是影片，则会显示所插入的影片文件的影像或图标。具体操作如下：

　　① 单击"插入"→"影片和声音"，弹出如图 5.21 所示的级联菜单。

　　② 单击该级联菜单中的某一选项，在打开的相应的对话框中选择要插入的影片或声音

文件即可,如图 5.22 所示。

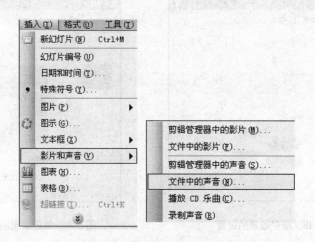

图 5.21 "影片和声音"级联菜单

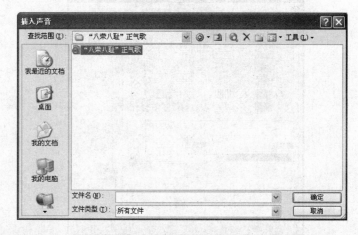

图 5.22 "插入声音"对话框

5.3.4 插入和编辑超级链接

用户可以在演示文稿中添加超级链接,利用它跳转到其他位置或其他的文件中去,例如,跳转到演示文稿的某一张幻灯片,其他演示文稿或 Word 文档、Excel 表格等。

创建超级链接的起点可以是文本或对象,激活超级链接最好用单击鼠标的方法。设置了超级链接后,代表超级链接起点的文本会添加下划线,并且显示成系统配色方案指定的颜色。

1. 创建超级链接

创建超级链接的方法有两种:使用"超链接"命令,使用"动作按钮"。

(1) 使用"超链接"命令创建超级链接

操作步骤如下:

① 在幻灯片视图中选择代表超级链接起点的文本或对象。

② 单击"插入"→"超链接"命令,如图 5.23 所示。

③ 打开"插入超链接"对话框,如图 5.24 所示。单击左边"链接到"中的"本文档中的位置",在"请选择文档中的位置"列表框中选择需链接到的幻灯片"幻灯片 2",单击"确定"。操作示例如图 5.25 所示。

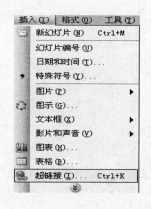

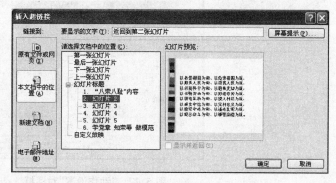

图 5.23　"超链接"菜单　　　　　　　　**图 5.24　"插入超链接"对话框**

图 5.25　插入超链接示例

在"插入超链接"对话框中,也可设置跳转到文档、应用程序或 Internet 地址等。

(2) 使用"动作按钮"创建超级链接

具体操作如下:

① 选中幻灯片,单击"幻灯片放映"→"动作按钮"命令,在弹出的"动作按钮"工具栏中选择第一个按钮("自定义"按钮),如图 5.26 所示。

② 按住鼠标左键在幻灯片合适的位置拖出一个动作按钮,弹出如图 5.27 所示的对话框。

图 5.26　"动作按钮"菜单

图 5.27 "动作设置"对话框

③ 在对话框的"单击鼠标"标签页中选择"超链接到",在其下的下拉列表框中选择相应
幻灯片。

④ 为动作按钮添加相应的文本内容,单击"确定"按钮。操作示例如图 5.28 所示。

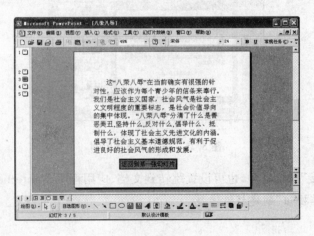

图 5.28 创建超链接示例

2. 编辑和删除超级链接

编辑超级链接的方法:

① 对于使用"超链接"命令创建的超级链接,指向欲编辑超级链接的对象,按右键弹出
快捷菜单,在快捷菜单中选择"超级链接"命令,再从级联菜单中选择"编辑超级链接"命令,
显示"编辑超级链接"对话框或"动作设置"对话框(与创建时使用的超级链接方法有关),进
行超级链接的位置改变。

② 对于利用"动作按钮"创建的超级链接,可在"动作设置"对话框中进行超级链接的位
置改变。

删除超级链接的方法:

① 对于使用"超链接"命令创建的超级链接,可以在快捷菜单中直接选择"删除超链
接",或在"编辑超级链接"对话框中单击"删除链接"命令按钮。

② 对于利用"动作按钮"创建的超级链接,在"动作设置"对话框中选择"无动作"选项即可。

5.3.5　幻灯片的操作

幻灯片的操作主要是指对幻灯片进行添加、复制、移动或删除等基本操作,一般在"幻灯片浏览"视图下可方便地进行。

1. 添加幻灯片

(1) 选择幻灯片

在"幻灯片浏览"视图下,所有幻灯片都会以缩小的图形形式在屏幕上显示出来,在进行删除、移动或复制幻灯片之前,首先要选择要进行操作的幻灯片。如果是选择单张幻灯片,用鼠标单击它即可,此时被选中的幻灯片周围的边框变粗。如果是选择多张幻灯片,要按住<Shift>键,再依次单击要选择的幻灯片。用户也可以用"编辑"菜单中的"全选"命令选中所有的幻灯片。

(2) 添加新幻灯片

单击"格式"工具栏中的"新幻灯片"按钮,或选择"插入"菜单中的"新幻灯片"命令,系统会在选定的幻灯片的下面插入一张新幻灯片,然后可选择该幻灯片的版式。

在"普通"视图方式下,选择某一张幻灯片的小图标,然后按回车键,每按一次就可以添加一张具有相同版式的新幻灯片。

【例 5.3】　为例 5.1 中的幻灯片添加如图 5.29 所示的新幻灯片。

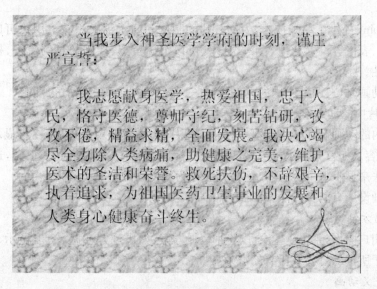

图 5.29　操作样板

操作步骤如下:

① 打开例 5.1 中所建的演示文稿。

② 单击"格式"工具栏中的"新幻灯片"按钮,或选择"插入"菜单中的"新幻灯片"命令。

③ 在新幻灯片中分别输入标题、文本。

④ 插入图片。

重复②、③、④步骤可插入更多后续幻灯片。

2. 移动、复制幻灯片

（1）复制幻灯片

选择要复制的幻灯片，单击"常用"工具栏上的"复制"按钮，或选择"编辑"菜单下的"复制"命令，指针定位到要粘贴的位置，单击常用工具栏上的"粘贴"按钮，或选择"编辑"菜单下的"粘贴"命令。

（2）移动幻灯片

可以利用"剪切"和"粘贴"命令来改变幻灯片的排列顺序，其方法和复制操作相似。也可用鼠标直接拖动的方法。

3. 删除幻灯片

在"幻灯片浏览"视图中，用鼠标单击要删除的幻灯片，再按<Delete>键，即可删除该幻灯片，后面的幻灯片会自动向前排列。如果要删除两张以上的幻灯片，可选择多张幻灯片后再按<Delete>键。

5.4　幻灯片的动画制作与放映设置

5.4.1　幻灯片动画制作

PowerPoint 提供了动画技术，为幻灯片的制作和演示锦上添花。用户可以为幻灯片中的文本、图片、表格等设置动画效果，这样就可以突出重点、控制信息的流程、提高演示的生动性和趣味性。

在设计动画时，有两种不同的动画设计：一是幻灯片内，一是幻灯片间。

1. 幻灯片内的动画设计

幻灯片内的动画设计是指在演示一张幻灯片时，随着演示的进展，逐步显示片内不同层次、对象的内容。如首先显示第一层次的内容标题，然后一条一条显示正文，这时可以用不同的切换方法来显示下一层内容，这种方法称为片内动画。

完成动画设计有两种方法：动画方案和自定义动画。

（1）动画方案

为简化用户操作，系统已定义了多种动画方案，如出现并变暗、突出显示、擦除等，用户可直接应用于所选幻灯片或所有幻灯片中。

（2）自定义动画

如果对系统提供的动画方案不满意，可自定义动画。

操作步骤如下：

① 在"普通"视图中，显示包含要动画显示的文本或对象的幻灯片。

② 选择要动画显示的对象。

③ 在"幻灯片放映"菜单上，单击"自定义动画"。

④ 在"自定义动画"任务窗格上，单击"添加效果"按钮，在弹出的"进入"、"强调"、"退

出"和"动作路径"四个选项中进行进一步选择和设置。

说明：

● 如果希望使文本或对象通过某种效果进入幻灯片放映演示文稿,请指向"进入",然后单击一种效果。

● 如果要向幻灯片中的文本或对象添加效果,请指向"强调",再单击一种效果。

● 如果要向文本或对象添加效果以使其在某一时刻离开幻灯片,请指向"退出",再单击一种效果。

2. 幻灯片间的切换效果的设计

幻灯片间的切换效果是指移走屏幕上已有的幻灯片、显示新幻灯片时如何变换。切换效果可应用于单张幻灯片,也可应用于多张或全部幻灯片。设置时先选定幻灯片,然后选择"幻灯片放映"菜单中的"幻灯片切换"命令,出现"幻灯片切换"任务窗格,在该窗格中设置不同的切换效果和换片方式,如图 5.30 所示。

图 5.30　幻灯片切换效果的设定

5.4.2　幻灯片的放映

制作演示文稿的目的是播放(放映),欲放映演示文稿,可选择"幻灯片放映"视图,也可选择"幻灯片放映"菜单中的"观看放映"命令。可自动放映幻灯片也可手动放映幻灯片。

1. 自动放映

可以设置自动放映演示文稿,在自动放映之前应设计好每张幻灯片及每张幻灯片上的各个对象的播放时间,然后通过"自定义放映"定义欲自动放映的幻灯片。

(1) 排练计时

要自动播放演示文稿,应对每张幻灯片和其中的对象设置播放的时间。操作如下：

① 选择"幻灯片放映"菜单中的"排练计时",弹出如图 5.31 所示的工具条。工具条中,左边显示的时间为本幻灯片的放映时间,右边显示的时间为总的放映时间,单击工具条左边

的第一个按钮可排练下一个对象的放映时间。

图 5.31　"预演"窗口

② 单击工具条的关闭按钮，弹出如图 5.32 所示的对话框。可在对话框中选择保留排练时间，自动放映时即可按排练时间放映演示文稿。

图 5.32　排练计时对话框

（2）自定义放映

① 选择"幻灯片放映"菜单中的"自定义放映"命令，弹出如图 5.33 所示的对话框。

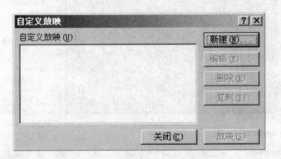

图 5.33　"自定义放映"对话框

② 单击"新建"按钮，弹出如图 5.34 所示的对话框。

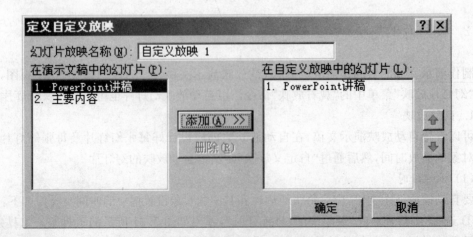

图 5.34　"定义自定义放映"对话框

③ 在左边的方框中选择欲播放的幻灯片,单击"添加"按钮可添加播放的幻灯片;在右边的方框中,选中某幻灯片,单击"删除"按钮可删除播放的幻灯片;单击上、下箭头按钮可调整播放的顺序。

④ 单击"确定"按钮。

(3) 设置放映方式

选择"幻灯片放映"菜单中的"设置放映方式",弹出如图 5.35 所示的对话框,设置放映方式为"自定义放映",并选择已定义的某种自定义放映方式。换片方式选择"如果存在排练计时,则使用它"。

2. 手动放映

若在图 5.35 所示的对话框中选择放映方式为"手动",则对象的出现、消失,幻灯片的切换均由操作者手动控制。

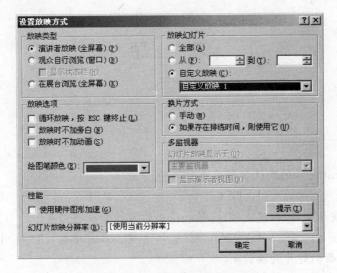

图 5.35　"设置放映方式"对话框

5.5　演示文稿的打包

做好的演示文稿要在其他计算机上演示时,可以将演示文稿直接复制到目标机器上。除此之外,PowerPoint 还提供了另一种方法:打包。该方法相对于直接复制有不可替代的优点,如打包后的文件包括演示文稿中所涉及的链接文件;若打包时包括"演播器",则打包后的文件可在没有安装 PowerPoint 的机器上播放。

打包步骤:

① 打开欲打包的演示文稿。

② 选择"文件"菜单中的"打包成 CD"命令。

③ 选择"复制到文件夹"或"复制到 CD"按钮,按照操作向导完成打包(图 5.36)。

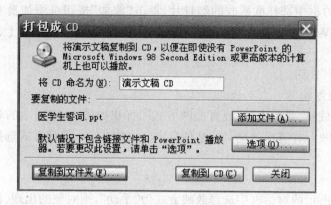

图 5.36 "打包成 CD"对话框

习　题

一、选择题

1. PowerPoint 文档的默认扩展名是(　　)。

   A. XLS　　　　　　B. DOC　　　　　　C. PTP　　　　　　D. PPT

2. 选择"空演示文稿"新建文档时,第一张幻灯片的默认版式是(　　)。

   A. 项目清单　　　　B. 空白　　　　　　C. 只有标题　　　　D. 标题幻灯片

3. 插入一张新幻灯片的操作是(　　)。

   A. 插入\新幻灯片(N)...　　　　　　　　B. 插入\幻灯片

   C. 编辑\插入新幻灯片　　　　　　　　　D. 格式\新幻灯片

4. "母版"命令可在(　　)菜单中找到。

   A. 文件　　　　　　B. 编辑　　　　　　C. 视图　　　　　　D. 插入

5. 要改变幻灯片中页脚位置字体的大小(如日期,幻灯片编号),正确的操作是(　　)。

   A. 选择"页眉和页脚"命令,进行编辑

   B. 在幻灯片上选中要修改的内容,进行编辑

   C. 打开幻灯片母版,在母版中编辑

   D. 用鼠标移动

6. 通过幻灯片配色方案将文本设置成白色的方法是(　　)。

   A. 将"绘图"工具栏中的"字体颜色"按钮中的颜色设置为白色

   B. 单击"格式/字体"命令,在弹出的对话框中将颜色设置为白色

   C. 在"背景"对话框中将颜色设置为白色

   D. 利用"配色方案"中的"自定义"选项卡,将文本和线条的颜色框改变为白色

7. 要设置幻灯片中对象的放映先后顺序,应通过(　　)对话框进行设置。

   A. 自定义动画　　　B. 预设动画　　　　C. 幻灯片切换　　　D. 自定义放映

8. 切换幻灯片的音乐是在( )对话框中进行设置的。

    A. 自定义动画   B. 自定义放映   C. 幻灯片切换   D. 设置放映方式

9. 超级链接的载体是( )。

    A. 仅为文本框   B. 仅为按钮

    C. 幻灯片中的所有对象   D. 仅为剪贴画

10. 选择超级链接的对象后,不能建立超级链接的是( )。

    A. 使用"插入/超级链接"命令

    B. 单击"常用"工具栏上的"插入超级链接"按钮

    C. 右击选择弹出菜单中的"超级链接"命令

    D. 使用"编辑"菜单中的"链接"命令

11. 以下不能用来正确删除超级链接的操作是( )。

    A. 在"编辑超级链接"对话框中选择"取消链接"

    B. 在"动作设置"对话框中选择"无动作"选项

    C. 在快捷菜单中直接选择"删除超级链接"命令

    D. 直接删除超级链接对象

12. 要把当前的 PowerPoint 演示文件转换为网页文件,应选用的命令为( )。

    A. 另存为   B. 保存

    C. Web 页   D. 另存为 Web 页

13. PowerPoint 演示文件转换为网页文件后形成的文件为( )。

    A. 一个带网页标志的文件和一个文件夹   B. 一个带网页标志的文件

    C. 两个带网页标志的文件   D. 一个文件夹

二、填空题

1. 改变文字的颜色有两种操作方式,对于整个幻灯片文件,使用_____;局部的文字改变颜色则_____。

2. PowerPoint 提供了各种专业设计的模板,也可以自行添加模板。如果为某份演示文稿创建了特殊的外观,欲将它存为模板,操作过程为:_____。

3. 隐藏幻灯片的操作为:_____。被隐藏的幻灯片在放映时不播放,在"幻灯片浏览"视图中在幻灯片的编号上有_____标记。

4. 要想在 Windows 桌面上就可以放映幻灯片,只需将演示文稿保存为"幻灯片放映"类型。方法是:_____,保存后演示文稿文件的扩展名为_____。

5. 剪贴画、艺术字和图片都属于_____,插入剪贴画、艺术字和图片都必须在_____视图和_____视图中进行。

6. 可以插入幻灯片的图形文件有不少,但最常见的是_____。

7. 超级链接是_____。

8. 设置超级链接主要有两种方式:

(1)_____;

(2)_____。

9. 母版有_____、_____和_____。

10. 动画效果包括两种：_____ 和 _____。

11. 幻灯片放映时，可用 _____ 控制，也可用 _____ 控制。

12. 保存文件时，系统默认的目录为 _____。要想改变保存目录，应在_____
_____ 键入路径和目录。

三、简答题

1. 简述演示文稿的三种视图方式及其特点。

2. 幻灯片母版、版式和设计模板有哪些区别？

3. 简述创建一个演示文稿的主要操作步骤。

4. 如何设置动画和声音的效果？如何设置幻灯片之间的切换方式？

5. 在"自定义动画"对话框中可以定义哪些功能？

6. 如何将一个 Word 文档转换为演示文稿？

实　　验

实验 5.1　以"空演示文稿"方式建立演示文稿

1. 建立一个空演示文稿，并将该文稿以"hdp1.ppt"为文件名保存在软盘上。设置自动保存的时间间隔为 3 分钟。

2. 第 1 张幻灯片采用"标题幻灯片"版式，标题处填入"艾滋病与世界艾滋病日"，副标题处填入"预防艾滋病 你我同参与"，另建文本框写入"————2004-12-1 第 17 个"世界艾滋病日"。如图 5.37 所示。

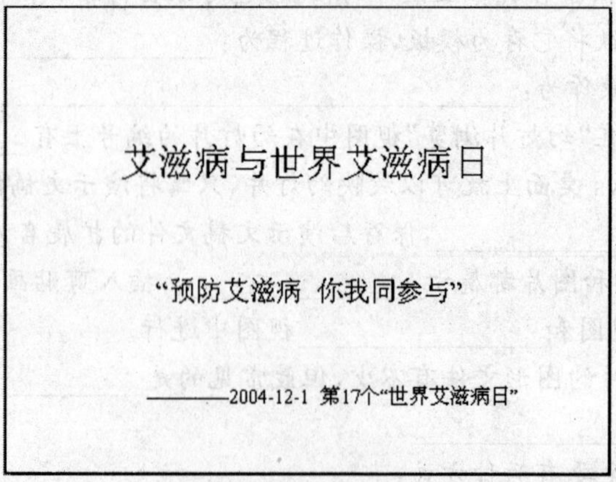

艾滋病与世界艾滋病日

"预防艾滋病　你我同参与"

————2004-12-1 第17个"世界艾滋病日"

图 5.37　第 1 张幻灯片

3. 插入第 2 张幻灯片，采用"表格"版式，标题为"艾滋病在我国"，表格由 6 列 2 行组成，内容为：

传播途径	静脉注射毒品	母婴	其他	采血	性接触
百分比%	61.6%	0.3% ↑	18.7%	9.4%	8.4%

　　另外添加两个文本框,内容分别为"我国艾滋病传播途径"和"逾六成通过吸毒感染 母婴传播呈上升趋势"。

　　第 2 张幻灯片如图 5.38 所示。

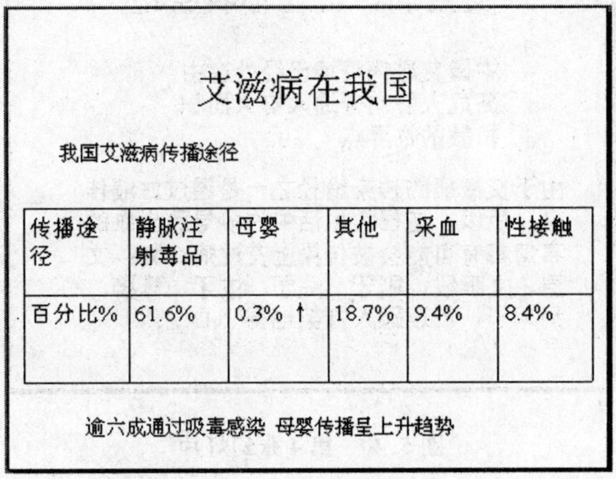

图 5.38　第 2 张幻灯片

　　4. 通过"插入"菜单→"新幻灯片"命令建立第 3 张幻灯片,该幻灯片采用"项目清单"版式,标题为"关于艾滋病",添加以下文本:

　　医学全名——"获得性免疫缺陷综合症"

　　主要传播途径——血液、不正当的性行为、吸毒和母婴遗传

　　国际医学界至今尚无防治艾滋病的有效药物和疗法。因此,艾滋病也被称为"超级癌症"和"世纪杀手"。

　　第 3 张幻灯片如图 5.39 所示。

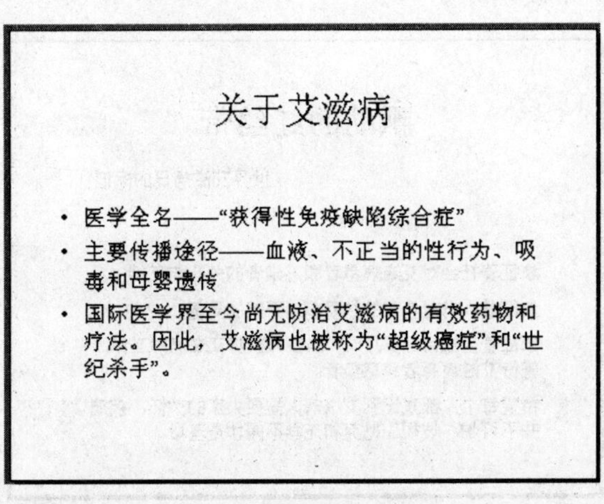

图 5.39　第 3 张幻灯片

5. 以"项目编号"版式创建标题为"艾滋病,就在你我身边"的新幻灯片,并分别在两个文本框中写上"中国艾滋病疫情已经处在由高危人群向普通人群大面积扩散的临界点","由于艾滋病的传染途径之一是通过血液传染,所以,在日常生活中许多导致出血的事情都有可能会被传染上艾滋病。如:文眉、文眼线、刷牙、洗牙、拔牙、修脚、刮胡子,就连跟人打架也得小心……"

第4张幻灯片如图5.40所示。

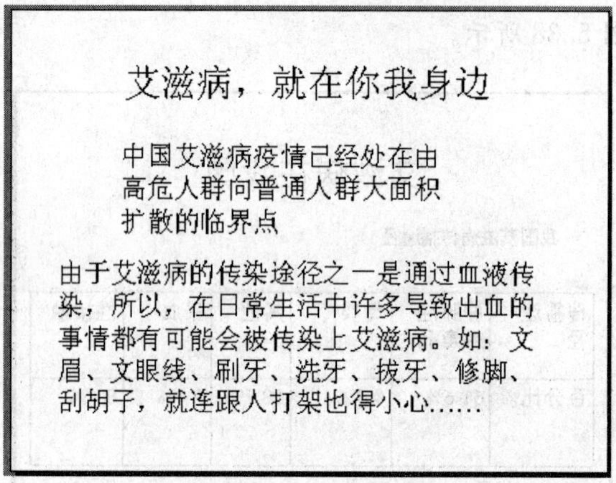

图5.40 第4张幻灯片

6. 新建幻灯片,选择"空白"版式,将幻灯片标题设置为"飘动的红丝带",并分别在两个文本框中写上:

"世界艾滋病日的标记"

"象征着社会对艾滋病患者和感染者的关心与支持;

象征着人们对生命的热爱和对平等的渴望;

象征着全社会都要用"心"来参与预防艾滋病的工作,善待艾滋病患者和感染者。

希望每个人都意识到艾滋病人需要大家的关怀,疾病并不可怕,歧视、抛弃和充耳不闻才是羞耻。"

第5张幻灯片如图5.41所示。

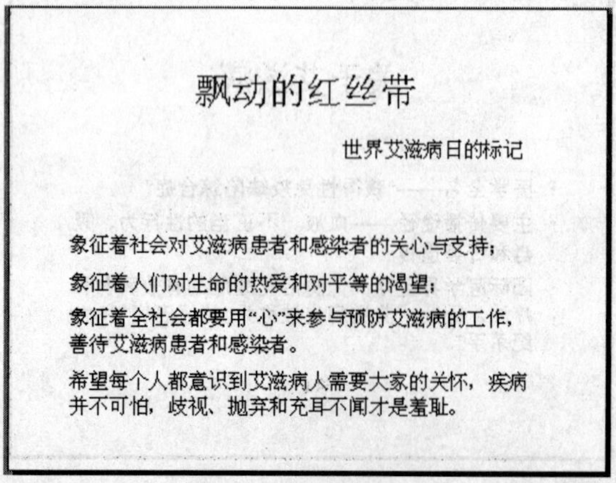

图5.41 第5张幻灯片

7. 以"标题"版式插入新的幻灯片,标题为"演示结束",副标题为"——谢谢!"。
第 6 张幻灯片如图 5.42 所示。

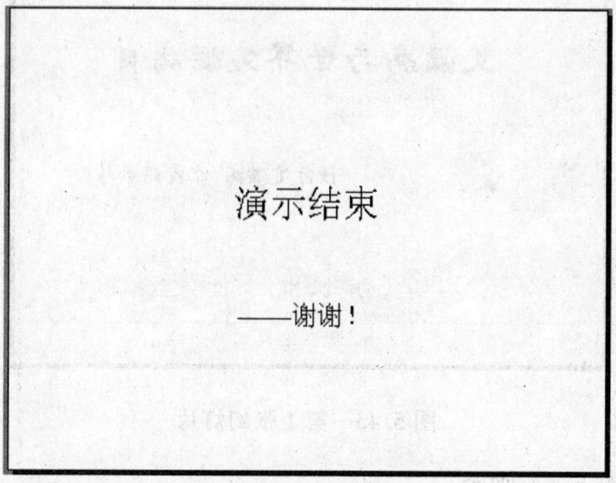

演示结束

——谢谢!

图 5.42　第 6 张幻灯片

至此,演示文稿的文字部分基本结束。

8. 调换第 2 张幻灯片和第 3 张幻灯片的顺序。

提示:注意体会幻灯片的增添、删除以及顺序调整。

实验 5.2　对已建立的 hdp1. ppt 演示文稿进行编辑

1. 对演示文稿应用设计模板"Curtain. Call . pot"。

2. 在母版编辑模式中按如下格式设置。

主标题

文字样式设置为"华文新魏","40 磅","深绿色","加粗"。

占位符格式的尺寸为:高度 1.68cm,宽度 18.41 cm。

位置为:水平 3.5 cm,垂直 1.72 cm。

母版文本

文字样式设置为"楷体","28 磅","深蓝色"。

第一级的项目符号设置为 ❖ ,"紫色"。

第二级的项目符号设置为 ➤ ,"深绿色"。

其余不变。

日期区　相应位置插入系统时间,采用 23:07:42 模式。

页脚区　相应位置插入幻灯片编号。

提示:注意区分母版、模板、版式的不同。

3. 逐一设计幻灯片(各图片资源在"c:\pictures\"目录下)。

第 1 张幻灯片如图 5.43 所示。

图 5.43　第 1 张幻灯片

第 2 张幻灯片如图 5.44 所示。

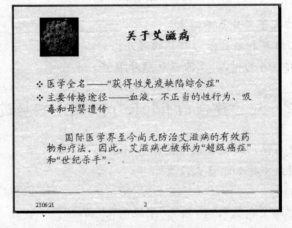

图 5.44　第 2 张幻灯片

第 3 张幻灯片如图 5.45 所示。

图 5.45　第 3 张幻灯片

其中标题中的"我国"设置超级链接到下一张幻灯片，并且链接颜色设置为蓝色。

第 4 张幻灯片如图 5.46 所示。

图 5.46　第 4 张幻灯片

其中"传染途径"超级链接到第 3 张幻灯片，"艾滋病"链接到第 2 张幻灯片。

第 5 张幻灯片如图 5.47 所示。

图 5.47　第 5 张幻灯片

第 6 张幻灯片如图 5.48 所示。

图 5.48　第 6 张幻灯片

实验 5.3　动画、幻灯片切换

基于实验 5.2 所建幻灯片：

1. 将第 2 张幻灯片中的小图片设置动画出场"自上飞入"(声音为"单击")；文本部分动画设置为"水平百叶窗"，"整批发送"。两个动画的顺序为：小图片在先，文本在后。

2. 将第 3 张幻灯片中除了标题以外的三个对象自上到下分别设为"单击鼠标时自上方切入"、"前一事件后 2 秒后从右边切入"、"前一事件后 2 秒后从右边切入"，均为无声。

3. 第 4 张幻灯片中"飘动的红丝带"文字自右向左飞入，风铃声。

4. 各幻灯片在切换时设置为随机方式，中速，无声。

第6章　网络基础与 Internet 技术

6.1　计算机网络的基本概念

6.1.1　计算机网络的定义

计算机网络(Computer Network)就是将地理上分散布置的具有独立功能的多台计算机系统或由计算机控制的外部设备,利用通信手段通过通信设备和线路连接起来,按照特定的通信协议进行信息交流并实现资源共享的系统。

计算机网络是计算机技术和通信技术有机结合的产物。两者的结合,使计算机技术得以更好地发挥,使通信技术更加灵活高效。通过网络,可发挥各地资源的特长,避免重复的人力物力投入,并且易于管理和维护。

6.1.2　计算机网络的主要功能

1. 数据通信

数据通信即数据传送,是计算机网络的最基本功能之一。从通信角度看,计算机网络实际上是一种计算机通信系统,能快速地在计算机与计算机之间进行文件传输,向网络上的其他计算机用户发送备忘录、报告和报表,可以为用户提供一种无纸化办公环境。

2. 资源共享

资源共享包括硬件、软件和数据资源的共享,它是计算机网络最有吸引力的功能。资源共享是指网上用户能够部分或全部地使用计算机网络资源,使计算机网络中的资源互通有无、分工协作,从而大大地提高各种硬件、软件和数据资源的利用率。

3. 提高计算机系统的可靠性和可用性

计算机系统可靠性的提高,主要表现在计算机网络中每台计算机都可以依赖计算机网络相互作为后备机,一旦某台计算机出现故障,其他的计算机可以马上承担起原先由该故障机所担负的任务,避免系统的瘫痪,使得整个计算机系统的可靠性得到大大的提高。

计算机可用性的提高,是指当计算机网络中某一台计算机负载过重时,计算机网络能够进行智能判断,并将任务转交给计算机网络中较空闲的计算机去完成。这样就能均衡每一台计算机的负载,提高了每一台计算机的可用性。

4. 提供分布式处理环境

在计算机网络中,可根据情况合理选择计算机网络内的资源,以就近的原则快速地处理。对于较大型的综合问题,通过一定的算法将任务分交给不同的计算机,从而达到均衡网络资源,实现分布处理的目的。此外,利用网络技术,能将多台计算机连成具有高性能的计算机系统,以并行的方式共同处理一个复杂的问题,这就是当今称之为协同式计算机的一种网络计算模式。

由于计算机网络具有以上所提供的功能,使得工厂企业可用网络来实现生产的监测、过程控制、管理和辅助决策;邮电部门可利用网络来提供世界范围内快速而廉价的电子邮件、传真和 IP 电话服务;教育科研部门可利用网络的通信和资源共享来进行情报资料的检索、计算机辅助教育和计算机辅助设计、科技协作、虚拟会议以及远程教育;国防工程可利用网络来进行信息的快速收集、跟踪、控制与指挥等等。

6.1.3　计算机网络的发展

1. 远程终端联机阶段

该系统又称终端—计算机网络,由一台大型计算机和许多远程终端通过通信线路连接组成联机系统,是早期计算机网络的主要形式。用户使用终端设备把自己的要求通过通信线路传送给远程的计算机,远程计算机经过处理后再将结果传送给用户,首次实现了计算机技术与通信技术的结合。

2. 分组数据交换网

20 世纪 60 年代出现的分组交换网称为第二代的计算机网络。它是以通信子网为中心,主机和终端构成的资源子网处在网络外围而形成的网络。通信子网由通信处理机、通信线路和通信设备组成,主要负责数据传输等通信处理任务。资源子网是由主机、终端、软件资源和信息资源构成的网络,主要负责全网的数据处理业务,向用户提供共享资源及服务。

3. 第三代计算机网络

进入 20 世纪 70 年代中期,计算机网络得到了高速发展,形成了不同的网络体系结构。为使不同体系结构的计算机网络能够互联并互相交换信息,国际标准化组织(ISO)制定了开放系统互联(OSI)参考模型。OSI 参考模型对网络理论体系的形成与网络技术的发展起到了重要作用,推动了网络体系结构与网络协议的国际标准化的发展。

4. 第四代计算机网络

进入 20 世纪 90 年代,计算机网络可谓是突飞猛进,得到了前所未有的发展。这一代计算机网络在技术上最主要的特点是综合化和高速化。综合化是指将多种业务综合到一个网络中进行传输,包括文字、语音、图形、图像等。高速化即宽带化,就是指提高网络的传输速率。

6.1.4　计算机网络的服务模式

1. 对等(Peer to Peer)网络模式

在对等网络模式中,没有专门的服务器,网络中的所有计算机的地位是完全平等的。每台计算机都可以向其他计算机提供服务,如共享文件夹、共享打印机等;同时,每台计算机也可以享受别人提供的服务。在对等网中,用户自行决定自己的资源(文件、打印机等)是否共享给网络内的其他用户使用,或使别人只能访问自己的资源而不能进行控制。

对等网络类型较多,双机可采用网卡直连,多机可采用集线器或交换机组成星形网、总线网等。图 6.1 即为一对等网络示意图。

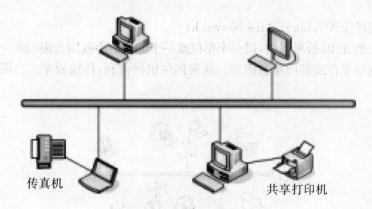

传真机　　　　　　　　　　　　　　　　共享打印机

图 6.1　对等网络模式

2. 客户机/服务器(C/S:Client/Server)网络模式

客户机/服务器网络是一种基于服务器的网络。与对等网络相比,基于服务器的网络提供了更好的运行性能并且可靠性也有所提高。在客户机/服务器网络中,必须至少有一台采用网络操作系统(如 Windows NT/2000 Server、Linux、UNIX 等)的服务器。服务器除了向其他的计算机提供如文件共享、打印共享等服务之外,还具有账号管理和安全管理等功能。图 6.2 为 C/S 网络示意图。

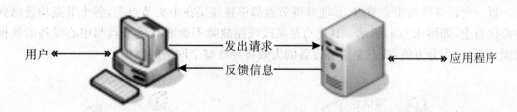

用户 ◀━━▶　　　　发出请求　　　━━▶
　　　　　　　　　反馈信息　　　◀━　　　◀━━▶应用程序

图 6.2　C/S 网络模式

6.1.5　计算机网络的分类

从不同的角度观察和划分计算机网络系统,有利于我们全面地了解计算机网络系统的特性。

1. 按地理覆盖范围分

通常根据网络覆盖范围和计算机之间互联的距离将计算机网络分为以下三类:

(1) 广域网(WAN:Wide Area Network)

广域网又称远程网,是一种通信距离远、覆盖范围大(达几十公里至几千公里)的计算机网络。广域网一般由多个部门或多个国家联合组建,能实现大范围内的资源共享。

（2）城域网（MAN：Metropolitan Area Network）

一个城市地区范围内的网络常称为城域网。城域网是介于广域网与局域网之间的一种高速网络。城域网设计的目标是要满足涉及几十公里范围内的大量企业、公司、科研院所的多个局域网互联的需求，以实现大量用户之间的数据、语音、图形与视频等多种信息的传输功能。

（3）局域网（LAN：Local Area Network）

局域网一般在10公里以内，以一个单位或一个部门的小范围为限（如一个学校、一个建筑物内），由这些单位或部门单独组建。这种网络组网便利，传输效率高。图6.3为一局域网示意图。

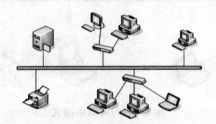

图6.3　局域网示意图

2. 按网络拓扑结构分

网络中各个节点相互连接的方法和模式称为网络拓扑（Topology）。以局域网为例，其拓扑结构主要有星型、总线型、环型和树型，对应的网络就称为星型网、总线型网、环型网和树型网。

（1）星型（Star）网

以一台设备作为中央节点，其他外围节点都单独连接在中央节点上，各个节点均连结到中心设备上，如图6.4（a）所示。其优点是某段线路故障不影响其他节点与中心设备的数据交换，移动也十分方便；缺点是中心设备的失效将导致整个网络的瘫痪。

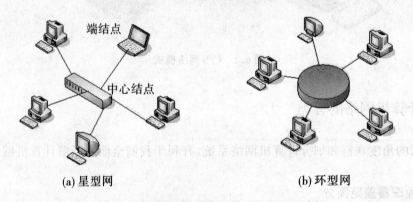

(a) 星型网　　　　　　　　　　　　　　　　　(b) 环型网

图6.4　星型网络结构和环型网络结构示意图

（2）环型（Ring）网

环型拓扑结构是由网络中若干转发器和连接转发器的点到点通信线路组成一个闭合的环，信息在环中作单向流动，可实现任意两点间的通信，如图6.4（b）所示。环型网的优点是电缆长度短，抗故障性能好。其缺点是节点转发器的故障会引起全网的故障，故障诊断也比较困难,且不易重新配置网络。

（3）总线(Bus)型网

所有节点都连结到一条主干电缆上,这条主干电缆就称为总线(Bus),如图 6.5(a)所示。各节点间通过电缆直接相连,因而所需电缆长度最少。由于所有节点都在同一线路中通信,故任何一处故障都会导致整个网络瘫痪。总线网可以方便地建立、维护,是小型环境较为经济的解决方案。

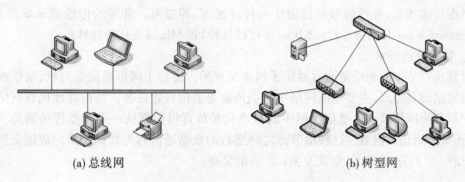

(a) 总线网　　　　　　　　　　　　　　　　(b) 树型网

图 6.5　总线型和树型网络结构示意图

（4）树型(Tree)网

树型拓扑是从总线拓扑演变过来的,形状像一棵倒置的树,顶端有一个带有分支的根,每个分支还可延伸出子分支,如图 6.5(b)所示。树型拓扑是一种分层的结构,适用于分级管理和控制系统。这种结构不需要中继器,所需通信线路长度比较短。

3. 按传输介质分

网络的传输介质就是通信线路,目前常用的有同轴电缆、双绞线、光纤、卫星、微波等有线或无线传输介质,依此可划分为不同的网络。

4. 按带宽速率分

根据传输速率可分为低速网、中速网和高速网。根据网络的带宽可分为基带网(窄带网)和宽带网。

6.1.6　数据通信技术

1. 数字通信与模拟通信

计算机通信就是将一台计算机产生的数字信号通过通信信道传送给另一台计算机。直接将计算机输出的信号通过数字信道传送的,称为数字通信;通过电话线路等模拟信道传送的,称为模拟通信。

2. 数据通信的方式

按照信号传送方向与信息交互的方式,数据通信有以下几种:

① 单工(Simplex)通信:即单向通信。信号只能向一个方向传递,而没有反方向的传输,如目前的无线广播即属于这种类型。

② 半双工(Half Duplex)通信:通信的双方都可以发送信号,但双方不能同时发送信号。

③ 全双工(Full Duplex)通信:即双向同时通信。通信的双方可以同时发送和接收

信息。

3. 基带传输与频带传输

信道上的信号传输有基带传输和频带传输两种方式。基带传输采用数字信号（Digital Signals）发送，而频带传输采用的是模拟信号（Analog Signals）发送。目前一些较先进的数字信道采用的是基带传输，如数字数据网（DDN）。但也有使用成本低而又较为普及的电话交换网的频带传输。

4. 数据传输速率

数据传输速率，是指信号在信道中的传递速度，即带宽。常用的传输速率单位有 bps（bit percent second，比特每秒）、Kbps（千比特每秒）和 Mbps（兆比特每秒）。

5. 数据交换技术

计算机网络中的通信是通过通信子网来实现的。通信子网由通信处理机、通信线路以及其他通信设备组成，主要完成网络中数据传输等通信处理任务。通信处理机在网络拓扑结构中被称为网络节点。通信子网中的节点只是负责将数据从一个节点传送到另一个节点，而不关心通信的内容。这种由节点之间进行的数据通信称为数据交换。数据交换技术分为三种：① 线路交换；② 报文交换；③ 分组交换。

6.1.7 网络的体系结构与网络协议

1. 网络体系结构的概念

计算机网络是由许多互相连接的节点组成的，连接在网络上的系统各不相同，要保证在节点之间能有条不紊地交换数据，每个节点就必须遵守事先约定好的通信规则。这些为网络中的数据交换而建立的规则、标准和约定称为网络协议（Network Protocol）。

网络协议在计算机网络中是必不可少的，一个完整的计算机网络必须制定一系列复杂的协议集合。网络协议集合所采用的组织方式是层次结构模型，将计算机网络中的层次模型及各层协议的集合称为网络的体系结构。

2. OSI 参考模型

国际标准化组织（ISO：International Standards Organization）于 1977 年提出了开放系统互联（OSI：Open System Interconnection）参考模型。OSI 参考模型采用的就是将整个庞大复杂的问题划分为若干个较易处理的小问题来进行处理的分层次的体系结构，共分为以下七层。

（1）物理层（Physical Layer）

该层处于整个 OSI 参考模型的最底层，它的任务就是利用物理传输介质为其上一层提供一个连接。所以，物理层是建立在物理介质上而不是逻辑上的协议和会话。它提供的是机械和电气接口，主要包括电缆、物理端口和附属设备（如双绞线、同轴电缆、接线设备、RJ - 45 接口、串口和并口等）。

（2）数据链路层（Data Link Layer）

数据链路层建立在物理传输的基础上，以帧（Frame）为单位进行数据传输。它的主要任务就是进行数据封装和数据链接的建立。在封装的数据信息中，其地址段含有发送节点和接收节点的地址，控制段用来表示数据连接帧的类型，数据段包含实际要传输的数据，差错控制段用来检测传输中帧出现的错误。

数据链路层可使用的协议有 SLIP、PPP、X. 25 和帧中继等。常见的集线器、低档的交换机和 Modem 之类的拨号设备都是工作在这个层次上的。所谓的"第二层交换机"也是工作在这个层次上的。

（3）网络层（Network Layer）

网络层所要解决的是网络与网络之间的通信问题，而不是同一网段内部的问题。网络层的主要功能就是提供路由（选择到目标主机的最佳路径），并沿该路径准确无误地将数据包通过通信子网传送到目的地。除此之外，网络层还要能够消除网络拥挤，具有流量控制和拥挤控制的能力。网络边界中的路由器就工作在这个层次上；较高档的交换机也可直接工作在这个层次上，俗称"第三层交换机"。

（4）传输层（Transport Layer）

传输层的主要功能是向上一层提供一个可靠的端到端的数据传输服务，或在两个端系统之间建立一条传输链接，以便透明地传送报文。这一层主要涉及的是网络传输协议（如 TCP），它提供的是一套网络数据传输标准。

（5）会话层（Session Layer）

会话层的功能是在两个互联通信的应用进程间建立、维护和协调会话的连接，提供交互式会话的管理。

（6）表示层（Presentation Layer）

表示层用于处理在两个通信系统中进行信息交换的表示方式，如用于文本文件的 ASCII。其功能主要包括数据格式变换、数据加密与解密、数据压缩与恢复等。当不同的系统对数据的表示方式不同时，表示层完成相应的变换，以便不同的系统可以互相通信。

（7）应用层（Application Layer）

应用层是 OSI 参考模型中的最高层，直接为用户的应用进程提供服务，例如文件服务、数据库服务、电子邮件与其他网络软件服务等。在 OSI 的 7 个层次中，应用层是最复杂的，所包含的应用也最多。

在整个 OSI 参考模型中，物理层、数据链路层和网络层属于网络的低层，负责网络中数据的通信，涉及数据如何从一端传到另一端，是通信子网的功能。会话层、表示层和应用层属于高层，是面向用户的，处理用户程序之间如何连接、信息如何表示和网络的实际应用等问题。传输层是高层与低层之间的接口，在数据接收的时候，传输层接受低层的数据分组，而不关心数据的含义、内容和格式等。

OSI 参考模型如图 6.6 所示。

7	应用层	-----	向用户提供直接应用
6	表示层	-----	数据格式转换(即表示)
5	会话层	-----	会话管理和数据同步(互联主机通信)
4	传输层	-----	两台主机间以报文进行点到点传输
3	网络层	-----	分组传输和路由选择
2	数据链路层	-----	在线路上无差错地传判断以帧为单位的信息
1	物理层	-----	在物理线路上传输比特流

图 6.6　OSI 参考模型

6.1.8 计算机局域网基础

1. 局域网的特点

局域网具有以下特点：

① 覆盖范围小，适用于机关、学校等较小单位内部组网。

② 具有较高的数据传输速率。目前采用的多是 100 Mbps。

③ 具有较高的传输质量。由于传输距离短，因而失真小、误码率低。

④ 安装和维护都较为方便灵活。

⑤ 成本低。由于其所采用的网络拓扑结构、传输介质和传输协议都较为简单，因而组网和维护成本低廉。

2. 局域网的协议

由于局域网本身的特点，它的体系结构与 OSI 参考模型有很大不同。国际电子与电气工程师协会(IEEE)于 1980 年为局域网制定了一系列标准，统称为 IEEE802 标准。许多 IEEE802 标准已成为 ISO 国际标准。

3. 局域网的组成

局域网由网络硬件系统与网络软件系统构成。

(1) 网络硬件系统

主要包括服务器、工作站、网络接口卡、传输介质和通信设备等。

1) 服务器(Server)

为网络用户提供服务并管理整个网络的高性能、高配置的计算机，是整个网络系统的核心。按照其所提供的服务可分为文件服务器、通信服务器、打印服务器和数据库服务器等。局域网中最常用的是文件服务器。

2) 工作站(Workstation)

连接到网络上且功能独立的个人计算机。工作站可以连接到网络上实现网络通信和共享网络资源，也可以不连接到网络作为单独计算机使用(但终端机除外)。工作站的配置没有具体要求，只要能满足用户的使用要求即可。

3) 网络接口卡(NIC：Network Interface Card)

又称网络适配器，简称网卡，是网络连接中必不可少的关键部件。网卡的一端连接到计算机，另一端连接到传输介质，每一台服务器和工作站都至少配有一块网卡。网卡的接口有：与粗缆连接的 AUI 接口；与细缆连接的 BNC 接口；与双绞线连接的 RJ-45 接口；USB 接口，如图 6.7 所示。

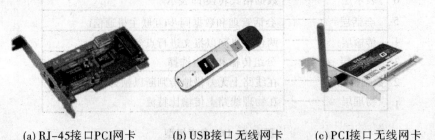

(a) RJ-45接口PCI网卡   (b) USB接口无线网卡   (c) PCI接口无线网卡

图 6.7

4）传输介质

常用的有线传输介质有双绞线、同轴电缆、光纤等，无线传输介质有激光、微波等。

5）通信设备

包括中继器、集线器、交换机、网桥、网关和路由器等。

● 中继器（Repeaters）：用于信号的再生、放大及转发，用来扩大传输距离。

● 集线器（Hub）：相当于多端口的中继器，是网络中连接多个计算机或其他设备的连接设备。Hub 是一个共享设备，主要提供信号放大和中转的功能，它把一个端口接收的所有信号向所有端口分发出去。

● 交换机（Switch）：是一种功能上类似于集线器但又优于集线器的完成封装转发数据包功能的网络连接设备。图 6.8 为 24 口交换机实物图。

● 网桥（Bridge）：用于连接多个局域网的网络设备。网络与网络之间的通信通过网桥传递，各局域网内部的通信被网桥所隔离，从而达到隔离子网的目的。

● 路由器（Router）：能在网络中为网络数据的传输自动进行线路选择，实现网络节点之间通信信息的存储转发。

图 6.8　24 口交换机

● 网关（Gateway）：网关是在不同网络间实现协议转换并进行路由选择的专用网络通信设备。

（2）网络软件系统

网络软件系统包括网络操作系统、网络数据库管理系统和网络应用软件。

① 网络操作系统（NOS）：是应用于网络上的操作系统，直接运行于服务器上。它是网络用户与计算机网络之间的接口。目前较为流行的网络操作系统有 Microsoft 公司的 Windows NT 和 Windows 2000 服务器版、Novell 公司的 NetWare、Unix 以及 Linux 等。

② 网络数据库管理系统：通过网络数据库管理系统，可以将网络上各种形式的数据组织起来，科学高效地进行存储、处理、传输和提供使用，是网络应用的核心。为使不同数据库管理系统所创建的数据库之间能够互用，微软公司制定了访问数据库的标准接口 ODBC（开放数据库互联）。利用 ODBC，不同的数据库管理系统就可以使用统一的标准访问不同的数据库。

③ 网络应用软件：根据用户解决实际问题的需要而开发的应用于网络上的软件系统。

6.2　Internet 基础

6.2.1　Internet 概述

Internet 通常译为国际互联网或因特网，早期也被译为万维网。它是继报纸、杂志、广播和电视这四大媒体之后的一种新兴的信息载体。

Internet 是一个全球性的网络，由数以千计的小型网络及数以百万计的商业、教育、政府和个人计算机组成,是一个网络的网络。它源于美国,是由符合 TCP/IP 协议的多个计算机网络组成的一个覆盖全球的计算机网络。Internet 最初是为了实现科研和军事部门的计算机之间互联及提高可靠性而设计。随着通信线路的不断改进和计算机技术的不断提高,特别是微型机的普及,Internet 的应用几乎无处不在、无时不有。它包含了政府、商业、学术等难以计数的信息资源,在人类进入信息化社会的进程中起到不可估量的作用。Internet 的出现极大地改变了我们传统的工作方式、学习方式和生活方式。Internet 的逻辑结构参见图6.9。

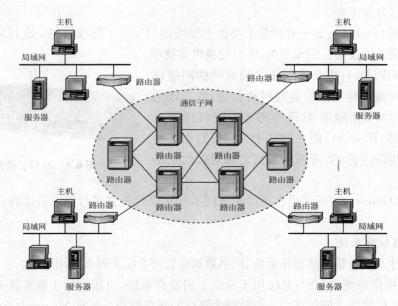

图 6.9　Internet 逻辑结构示意图

6.2.2　Internet 的发展

1. Internet 的历史

Internet 起源于 20 世纪 60 年代末期美国国防部高级研究计划署(ARPA:Advanced Research Project Agency)建立的军用实验通信网 ARPAnet。ARPAnet 最初只连接了美国的 3 所大学和 1 个研究所。

1983 年,由美国国家科学基金会(NSF:National Science Foundation)提供资助,美国的很多大学、研究机构和政府部门把自己的局域网并入,进行电子邮件的交换和共享各种资源。

1986 年,NSFnet 建成后取代了 ARPAnet 而成为互联网的主干网。

1994 年,美国的 Internet 由商业机构全面接管,这使 Internet 由单纯的科研网络演变成世界性商业网络。自此,Internet 开始飞速发展,从国防利器转变为平民的工具,并跨越地域限制,在全球掀起网络浪潮。Internet 也因此成为世界上规模最大、用户最多、影响最广的全球性的计算机网络。

未来的 Internet 将朝着更大、更快、更安全、更及时、更方便的方向发展。

2. Internet 在我国

自 1994 年以来，我国已建成了四大主干互联网络，并于 1997 年 10 月实现互联。它们是 CSTnet（中国科技网）、ChinaNet（中国公用计算机互联网）、CERnet（中国教育和科研计算机网）和 China Gbnet（中国公用经济信息网）。

3. 关于"信息高速公路"

人们形象地将美国政府于 1993 年提出的"国家信息基础结构"（NII：National Information Infrastructure）计划称之为"信息高速公路"。在该项计划中，NII 被定义为："将内容广泛的物理元件互相结合并集成系统，形成一个完善的网络。它的存在有助于永远改变人们生活、工作和交往的方式。"

简单地说，信息高速公路就是计算机技术、通信技术等高新科技结合的产物，是一个以光纤、卫星和微波通信为主干线，联结所有通信系统、数据库系统，同各种计算机主机和用户终端联结在一起并能传输视频、音频、数据、图像等多种媒体信息的高速通信网络。

6.2.3 Internet 提供的服务

1. 电子邮件（E-mail）

电子邮件（E-mail：Electronic Mail）是基于计算机网络通信功能而实现信件通信的技术。它是 Internet 的一个重要组成部分，是互联网上交流信息的一种重要工具，同时也是使用最为广泛的一种服务。

2. 远程登录（Telnet）

远程登录就是通过计算机网络进入和使用远程计算机系统，是 Internet 提供的基本服务之一。它的意义在于当用户登录到远程计算机后，就可以像使用本地计算机一样与远程计算机进行交互，并控制远程计算机程序的运行。

3. 文件传输（FTP）

FTP 是"File Transfer Protocol"（文件传输协议）的英文缩写，负责将文件从一台计算机传输到另一台计算机。FTP 既代表一种协议，也代表一种服务，这种服务是 Internet 提供的极为实用的服务之一。使用 FTP 可以传输多种类型的文件，如文本文件、二进制文件、图像文件、声音文件和视频文件等。传输示意图如图 6.10 所示。

FTP 服务分普通服务和匿名服务两种。普通 FTP 服务是向注册用户提供的文件传输服务，登录时需要提供已注册的账户和密码。而匿名（Anonymous）FTP 服务是向 Internet 用户提供的有限的文件传输服务，不用注册即可用"Anonymous"作为账户、任何一个电子邮件地址作为密码进行登录。登录后即可进行文件的下载（Download）与上传（Upload）的操作。

图 6.10 上传与下载示意图

4. 电子公告牌系统(BBS)

BBS 是"Bulletin Board System"的缩写,意即电子公告牌系统,就是 Internet 上的电子布告栏。BBS 包含了新闻组、电子邮件和聊天会话等功能,是集教育性、知识性和娱乐性于一体的信息服务系统。BBS 上的网络新闻(Netnews)为具有共同兴趣的用户提供了一个交流思想和观点以及进行讨论的平台。

5. WWW 服务

WWW 为"World Wide Web"的缩写,意即全球信息网或万维网,简称"Web"或"3W"。它是一个运行在 Internet 上的相互关联、图文并茂、动态的交互式信息平台。

6.2.4　TCP/IP 协议

1. TCP/IP 概述

TCP/IP(TCP: Transmission Control Protocol——传输控制协议,IP: Internet Protocol——网际协议)是 ARPAnet 最初开发的网络协议。虽然 TCP/IP 协议都不是 OSI 标准,但它们是目前最流行的商业化的协议,并被公认为是当前的工业标准或"事实上"的标准。

2. TCP/IP 工作原理

TCP/IP 协议所采用的通信方式是分组交换方式,即数据在传输时被分成若干段(每个数据段称为一个"数据包"——TCP/IP 协议的基本传输单位)。TCP/IP 在数据传输过程中,首先由 TCP 协议把数据分成若干数据包,并给每个数据包编上序号,以便接收端把数据还原成原来的格式;IP 协议给每个数据包写上发送主机和接收主机的地址,以便在网上进行传输。数据包可以通过不同的传输途径(路由)进行传递。在传输过程中,由于路径不同及其他一些原因,可能会出现数据顺序颠倒、数据丢失、数据失真甚至重复的现象,这些问题都由 TCP 协议来处理,它具有检查和处理错误的功能,在必要时还可以请求发送端重发。

简而言之,IP 协议负责数据的传输,而 TCP 协议负责数据的可靠传输,Internet 基本上都是将这两种协议一起使用。

6.2.5　Internet 的资源定位

1. IP 地址

在 TCP/IP 网络中,每个主机都有唯一的地址,它是通过 IP 协议来实现的。IP 协议要求在每次与 TCP/IP 网络建立连接时,每台主机都必须为这个连接分配一个唯一的地址。需要指出的是,这里的主机是指网络上的一个节点,不能简单地理解为一台计算机。实际上,IP 地址是分配给计算机的网络适配器(即网卡)的,一台计算机若有多个网络适配器,就可以有多个 IP 地址。

IP 地址用 32 位二进制数字表示,如"11010011010001101000000000000001"。实际使用中将其转化为用 4 组十进制数字表示,各组数字间用点"."分隔,即"点一分"十进制表示法。这样,每组数字的范围就在 0~255 之间。如"211.70.128.1"就是一个有效的用十进制数字表示的 IP 地址。

组建一个网络时,为了避免该网络所分配的 IP 地址与其他网络上的 IP 地址发生冲突,必须为该网络申请一个网络标识号,然后再给该网络上的每个主机设置一个唯一的主机号码,这样网络上的每个主机都拥有一个唯一的 IP 地址。

在一个网络内部,IP 地址的分配方法有"静态"分配和"动态"分配两种。静态分配是指预先给每一台网络设备分配一个固定的不相互重复的 IP 地址;动态分配是指在网络设备启动时临时向其管理机申请 IP 地址,因此其 IP 地址是不固定的。静态分配的好处是当网络发生问题时,比较容易跟踪;缺点是当某些网络设备没有上网时,IP 地址浪费较多。

目前的 32 位二进制地址的格式(称 IPv4)虽然可提供 40 亿个 IP 地址,但随着 Internet 的不断发展,IP 地址不够的问题便突显出来。因此,在新一代的 IPv6 版本中,地址长度将由原来的 32 位扩大到 128 位,可提供多达 160 亿个 IP 地址。

2. 域名服务系统

(1) 域名服务系统

IP 地址的"点一分"十进制表示法虽然简单,但单纯用数字表示的 IP 地址对于用户来说既难于记忆又难于识别。为解决这一问题,Internet 引进了"域名服务系统"(DNS:Domain Name System),使用域名来代替 IP 地址。域名就是主机名的一种字符化表示,与 IP 地址相比,域名更易于记忆与识别。Internet 上的每个域名对应着唯一的一个 IP 地址。当用户输入域名后,域名服务器就将其解析为相应的 IP 地址。例如,当用户输入域名"www. bbmc. edu. cn"后,域名服务器就自动将其转换为"211. 70. 128. 1"。输入域名或输入 IP 地址,这两种方式对于用户来说效果是一样的。

(2) DNS 的结构

Internet 的域名系统采用层次结构,每一层构成一个子域名,子域名之间用圆点"."隔开,自左至右分别为主机名、网络名、机构名、顶级域名。

(3) 顶级域名的划分

以机构区分的顶级域名有 COM(商业机构)、NET(网络服务机构)、GOV(政府机构)、MIL(军事机构)、ORG(非营利性组织)、EDU(教育部门)等。如图 6.11 所示。这些域名的注册服务,按照 ISO - 3166 标准,一般由各国的网络信息中心负责(中国是 CNNIC)。

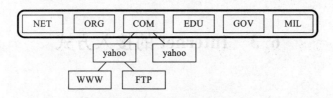

图 6.11　以机构划分的顶级域名

以地域区分的顶级域名有 CN(中国)、FR(法国)、UK(英国)等。如图 6.12 所示。

我国域名体系分为"类别域名"和"行政区域名"两套。类别域名有六个,分别依照申请机构的性质分为 AC(科研机构)、COM(工、商、金融等)、EDU(教育机构)、GOV(政府机构)、NET(网络服务商)和 ORG(各种非营利性组织)。行政区域名是按照我国的各个行政区域划分而成的,其划分标准依照国家技术监督局发布的国家标准而定,包括行政区域名 34 个,适用于我国的各省、自治区、直辖市,如 BJ(北京市)、SH(上海市)、TJ(天津市)、AH(安徽)等。

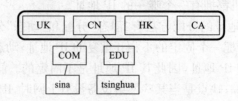

图 6.12   以区域划分的顶级域名

（4）中文域名

由于互联网起源于美国,使得英文成为互联网上资源的主要描述性文字。为了使中文用户可以在不改变自己的文字习惯的前提下,使用中文来访问互联网上的资源,中国互联网络信息中心(CNNIC)于 2000 年 11 月 7 日推出并管理形如"中文.公司"格式的中文域名。中文域名允许使用中文、英文、阿拉伯数字等字符,允许以中文句号"。"代替英文圆点".",并兼容简体字与繁体字。

3. 统一资源定位器

统一资源定位器(URL:Uniform Resource Locator)是专为标识 Internet 网上资源而设的一种编址方式,用来指出某一资源在 Internet 上的位置及其存取方式,即通常所说的 Internet 地址或网址。URL 的语法格式为:

资源名://主机名[/路径/文件名]

其中,"资源名"是指资源所使用的通信协议,如 HTTP、FTP、Gopher 等;"主机名"是指主机的 IP 地址或其域名;"路径/文件名"是指资源文件在主机上的位置及名称,当省略这一部分时,则默认是服务器的主页(Home Page)文件。例如,"http://www.ahmu.edu.cn/home/index.html"中的"http"是超文本传输协议,"www.ahmu.edu.cn"是主机名,"home/index.html"是 Web 页面文件的存放位置及名称。每一个信息资源都有统一的并且也是唯一的 URL。

6.3 Internet 的接入方式

用户要想使用 Internet 提供的服务,首先必须将自己的计算机接入 Internet。

6.3.1 通过拨号接入

由于这种方式费用低廉、安装方便,所以特别适合于家庭上网。

1. 申请账号

用户必须向 ISP 提出申请注册,并由 ISP 提供账号、密码及拨号电话号码。ISP(Internet Service Provider,Internet 服务提供商)是专门为接入 Internet 提供服务的商业机构。

2. 所需硬件

所需硬件包括计算机、电话线、ADSL、网卡和信号分离器(滤波器)。安装原理参见图6.13。ADSL(Asymmetric Digital Subscriber Line,非对称数字用户线路)有内置式、外置式和 USB 接口等几种,俗称宽带猫,用来进行数字信号与模拟信号的相互转换。

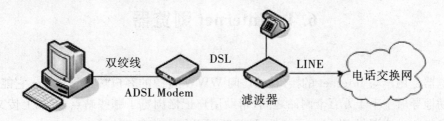

图 6.13　ADSL 连接原理图

3. 所需软件

Windows 操作系统已提供了上网所必须的相关软件,如没有特殊需要就不需再安装其他软件。

6.3.2　通过局域网接入

是指用户的计算机连接到一个已经接入 Internet 的计算机局域网上,一旦局域网连接到 Internet,那么连接到这个网络上的所有计算机便能访问 Internet 上的资源和享受 Internet 所提供的服务。通常一些较大的单位,如机关、公司、学校,甚至于住宅小区都可拥有自己的计算机局域网。

局域网一般都是通过专线方式接入 Internet 的,用户通过局域网接入 Internet 不仅可以减少接入费用,而且网络传输速度也比前面几种方式要快。此外,通过局域网接入 Internet 不需要任何拨号操作,用户的计算机只要开机就可始终在线。连接示意图参见图 6.14。

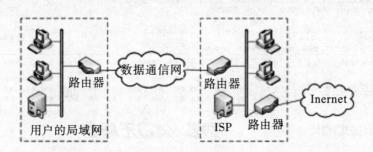

图 6.14　通过局域网接入 Internet 示意图

6.3.3　通过线缆调制解调器接入

线缆调制解调器(Cable Modem)是通过现有有线电视(CATV,Community Antenna Television)网进行数据高速传输的通信设备。其传输速率可以达到 10 Mbps 以上,用户无需拨号且可以始终在线并共享带宽资源。随着有线电视网的发展壮大和人们生活质量的不断提高,通过 Cable Modem,利用有线电视网访问 Internet 已成为越来越受业界关注的一种高速接入方式。

6.4 Internet 浏览器

　　浏览器是用户与 Internet 的接口,是访问 WWW 资源的客户端工具软件。它能够帮助用户成功地导航于千千万万个网站之间,帮助用户记忆浏览了哪些站点、下载上传文件、搜索信息和打印文档资料、收发电子邮件、访问新闻组和欣赏多媒体等。

　　目前常用的浏览器有 Internet Explorer(IE)、Navigator 和 Opera 等,用户可利用它们在网上畅游,充分享受网上冲浪的乐趣。IE 由微软公司开发,它界面友好、方便易用、功能强大,在我国拥有众多用户。下面以 IE6.0 版本为例介绍其各项功能及使用。

6.4.1　IE 的启动

　　启动 IE 有两种方法,一是双击桌面上的 IE 快捷方式图标,另一是单击"开始"菜单中"程序"项下的"Internet Explorer"。

6.4.2　IE 窗口简介

　　启动 IE 后的窗口如图 6.15 所示,与其他应用程序窗口类似,由标题栏、菜单栏、工具栏和浏览区等组成。

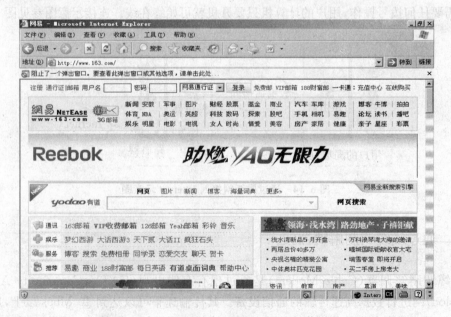

图 6.15　IE 的窗口

1. 菜单栏

IE 的菜单有"文件"、"编辑"、"查看"、"收藏"、"工具"和"帮助"六大项。

2. 工具栏

包括"标准按钮"工具栏和"地址栏"。主要命令及其功能如下：

① 前进、后退 ←后退 ▾ → ▾ ：向前或向后查看已浏览过的网页。单击右端的下拉箭头可有选择地浏览已浏览过的网页。

② 停止 ⊗ ：停止页面的下载。

③ 刷新 ↻ ：更新当前页面的显示，以查看页面最新内容。

④ 主页 🏠 ：启动 IE 时自动登录的网站的首页。

⑤ 搜索 🔍搜索 ：查找包含关键字的网页。

⑥ 收藏夹 ⊛收藏夹 ：收藏用户自己喜爱或经常要访问的网址。

⑦ 历史 📃 ：过去一段时间浏览过的网页。

⑧ 邮件 ✉▾ ：启动 Outlook Express 以新建、阅读、发送邮件，阅读订阅的新闻。

⑨ 地址栏：用于输入欲访问的资源名（网址、驱动器、文件夹、应用程序等），单击其右端的"转到"或按回车键即可访问该资源。如图 6.16 所示，输入"http://www.ahmu.edu.cn"后单击"转到"或直接按回车键即可登录该网站。

图 6.16　IE 的地址栏

3. 浏览区

页面内容的显示区，是 IE 的窗口的主要部分。

6.4.3　IE 的使用

1. 浏览网页

在地址栏输入网址后按回车键或单击"转到"。输入网址时，"http://www"可以省略，按<Ctrl>＋回车键可在网址后自动加上".com.cn"。利用这些技巧可减少输入网址时的操作。

2. 刷新网页

浏览过的网页内容被自动存储到本地硬盘，若希望查看当前网页的最新信息，可单击工具栏上的"刷新"按钮或直接按<F5>键，IE 将重新连接到该站点下载最新内容。

3. 保存网页内容

（1）保存整个页面

单击"文件"菜单中的"保存"或"另存为"，将弹出如图 6.17 所示的"保存网页"对话框。在保存时，可根据需要选择保存的类型。

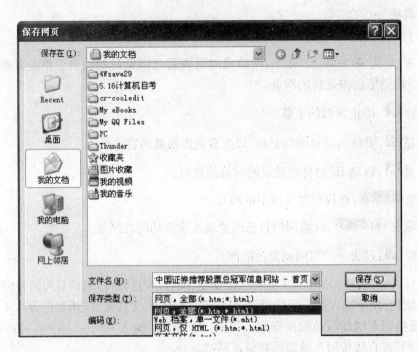

图 6.17　选择保存位置、类型,指定名称

(2) 保存部分内容

若只想保存网页中的部分内容时,可先选择欲保存的区域,将其复制到剪贴板,然后再粘贴到其他文档中,如 Office 文档。

(3) 保存图片

鼠标指向图片右击,从弹出的快捷菜单中选择"图片另存为"可将该图片保存到指定的文件夹。

4. 收藏夹的使用

(1) 收藏网址到收藏夹

用户可将自己经常需要访问的网址添加到收藏夹,以方便以后登录该网站。方法是:单击"收藏"菜单中的"添加到收藏夹",在弹出的对话框中输入名称后,单击"确定"。

(2) 整理收藏夹

单击"收藏"菜单中的"整理收藏夹"可对收藏夹中的内容进行整理,以方便使用。整理的内容包括创建新的文件夹,重命名、删除和移动文件夹或其中的项目。

5. 搜索信息

(1) 搜索引擎的概念

整个 Internet 就像一个信息的海洋,几乎涉及所有领域。为了能充分利用网上资源,迅速找到所需要的信息,网上出现了一种独特的服务器,其本身并不提供信息,而是致力于组织和整理网上的信息资源,我们将这些提供搜索服务的服务器称为搜索引擎。在 Internet 上,国内外知名不知名的搜索引擎数量众多,常用的有百度、Google、YAHOO! 等。

(2) 搜索引擎的使用

直接在 IE 的地址栏内输入欲搜索的关键字,或直接登录搜索引擎网站,在搜索框内输入需要查询的内容,就可以得到符合查询需求的网页内容主题。

6. 在当前网页内查找

若需要在当前网页内搜索指定的文字,可单击"编辑"菜单中的"查找"或按<Ctrl>+F快捷键,之后在如图 6.18 所示对话框的"查找内容"框内输入需要查找的内容,单击"查找下一个"即进行查找。

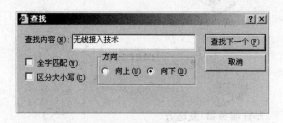

图 6.18　查找对话框

6.5　电子邮件

电子邮件(E-mail,Electronic mail)是基于计算机网络的通信功能而实现的通信技术。它是 Internet 的一个重要组成部分,是网上交流信息的一种重要工具,也是网上最基本、使用最广泛的工具。

6.5.1　电子邮件的特点

电子邮件的特点有:

① 可以用计算机工具方便地书写、编辑或处理信件。

② 通过 Internet,可以便利地与世界各地的组织或个人通信,快速准确。

③ 内容丰富:不仅可以书写文字,而且可以插入图片、声音、视频等。利用信件的附件更可以发送各种类型的文件。

④ 地址固定:无论是接收或是发送电子邮件,都无时间和地点的限制,且不因收件人的地址变更而改变。

⑤ 一对多发送:一封电子邮件可以同时发送给多个收件人。

6.5.2　电子邮件的工作原理

电子邮件的收发过程遵循客户机/服务器模式。电子邮件服务器是 Internet 邮件服务系统的核心,其作用相当于普通信件传送中的"邮局"。Internet 上有大量的邮件服务器,如果某个用户要利用某台邮件服务器收发邮件,就必须在该服务器上申请一个合法的账号(用户名和密码)。一旦用户在一台邮件服务器中拥有了账号,也便在这台邮件服务器中拥有了自己的电子信箱。

发送邮件时,首先将邮件从自己的计算机发送到邮件服务器,再由邮件服务器经 Inter-

net 传送到收件人邮箱所在的邮件服务器上,最后由收件人接收到自己的计算机中。如图
6.19 所示。

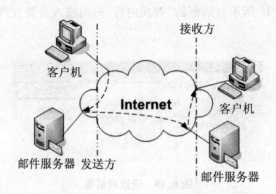

图 6.19　邮件发送工作原理图

6.5.3　电子邮件的地址

电子邮件地址是一个类似于家庭的门牌号码的邮箱地址,或者更准确地说,相当于你在
邮局租用了一个信箱。信箱是邮件服务器中为合法用户开辟的一个存储用户邮件的空间,
是用户接收电子邮件的地方。每个电子信箱都有一个全球唯一的地址,格式为:用户名@主
机名。其中,用户名是在邮件服务器上为用户建立的电子邮件账户名,主机名是拥有独立 IP
地址的邮件服务器名。例如"bbmcsf@sina.com"就是一个有效的电子邮件地址。

6.5.4　电子邮件的传输协议

电子邮件的发送和接收过程需要专门的电子邮件协议,它是整个网络应用协议的一部分。

1. SMTP 协议

SMTP(Simple Mail Transfer Protocol),即简单邮件传输协议,适用于服务器与服务器
之间的邮件交换和传输。Internet 上的邮件服务器大多遵循 SMTP 协议。

2. POP3 协议

POP(Post Office Protocol),即邮局协议,POP3 是它的第三版。用户可使用 POP3 协议
来访问 ISP 邮件服务器上的信箱,以接收发给自己的电子邮件。它提供信息存储功能,负责
为用户保存接收到的电子邮件,并从邮件服务器上下载这些邮件。

6.5.5　电子邮件的管理

电子邮件的管理方法有两种,一是使用客户端邮件管理软件,如 Outlook Express、Dre-
amMail、Foxmail 等;二是以 Web 方式直接登录邮件服务器,利用邮件服务器上的应用程序
进行邮件管理。使用客户端邮件管理软件,需要进行账号设置,因此适合于有固定计算机的
用户。对于出差或求学在外的用户,以 Web 方式直接登录邮件服务器,利用邮件服务器上
的应用程序进行邮件管理则更为方便。

1. Outlook Express 的使用

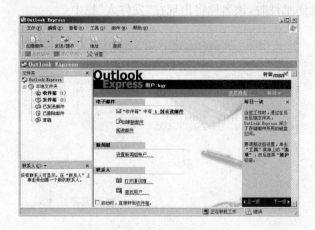

图 6.20 Outlook Express 的窗口

（1）Outlook Express 的窗口

Outlook Express 的窗口由以下几部分构成。

① 文件夹区：包含 Outlook Express 中的所有文件夹。

● 收件箱：新收到的邮件和还没有来得及处理的邮件。

● 发件箱：已经写好但还没有发送的邮件。

● 已发送邮件：已经发送的邮件。

● 已删除邮件：存储已删除的邮件，类似于 Windows 的"回收站"。

● 草稿：尚未完成的邮件，可以对这些邮件再一次编辑。

② 内容显示区：显示相应栏目的内容。

③ 联系人区：本栏列出了通信簿中的所有联系人。

（2）设置邮件账号

使用 Outlook Express，需要对用户的邮件账户进行设定，才能建立与邮件服务器的连接，进行电子邮件的收发。创建电子邮件账号的过程如下：

① 单击"工具"菜单中的"账户"，则出现如图 6.21 所示的账户设置对话框。

图 6.21 账户设置对话框

② 单击"添加"按钮并选取"邮件",打开如图 6.22 所示的"Internet 连接向导"对话框,在此输入名称(在发送邮件时,该名称将出现在"发件人"栏中)。

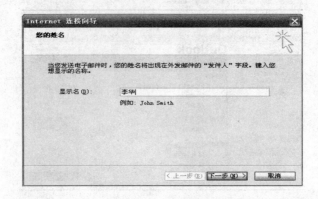

图 6.22　Internet 连接向导

③ 单击"下一步",输入你的电子邮件地址,如"lihua@126.cm"(图 6.23)。

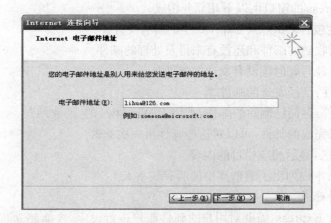

图 6.23　输入邮件地址对话框

④ 单击"下一步",在如图 6.24 所示的对话框中输入用于接收和发送邮件的服务器的名称。该名称在申请邮箱的网站中一般都有注明或相关帮助,不能填错。

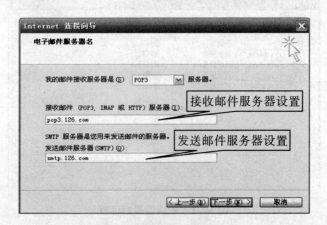

图 6.24　邮件服务器的配置

⑤ 单击"下一步",在如图 6.25 所示的对话框中输入你申请邮箱时的密码。

图 6.25　输入邮箱密码

⑥ 单击"下一步"完成账户的设定,随之返回如图 6.26 所示的对话框。选择"邮件"选项卡,则显示刚建立的邮件账户。如果要修改账户信息,可单击"属性"。如果要继续添加账户,可重复以上步骤。

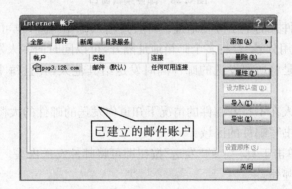

图 6.26　账户设置对话框

⑦ 单击"关闭"按钮,完成账户的建立。

(3) 接收和阅读邮件

单击"工具"菜单中的"发送和接收",选择"接收全部邮件"或指定邮箱即可(图 6.27)。也可单击工具栏上的"发送和接收全部邮件"按钮。

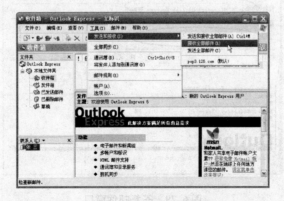

图 6.27　接收邮件

邮件下载完毕，单击"收件箱"，即在内容区显示出所有接收到的邮件。

（4）书写和发送邮件

单击工具栏左端的"写邮件"按钮，则出现如图 6.28 所示的邮件编辑窗口。

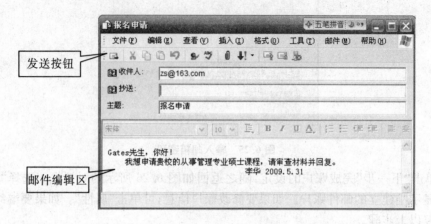

图 6.28　邮件编辑窗口

① 收件人：指收件人的电子邮箱地址。可直接输入邮箱地址，也可单击"收件人"按钮，从通讯簿中选择。若用分号"；"将多个邮箱地址隔开，可以同时向多人发送邮件。

② 抄送：抄送就是将所要发送的邮件同时发送给其他人，并且每个收件人都知道你把这封邮件发给了谁。

③ 主题：让收件人在不打开邮件的情况下知道你发送的邮件的大概内容。

④ 邮件编辑区：书写邮件的区域。

邮件编辑完毕，单击工具栏上的"发送"按钮即可将邮件发送出去。

（5）答复和转发邮件

① 答复邮件：单击"邮件"菜单中的"答复发件人"即可打开邮件书写窗口。与新建邮件不同的是，在收件人栏自动填入待回复的收件人的邮件地址和主题，并且保留原发件人的内容（图 6.29）。

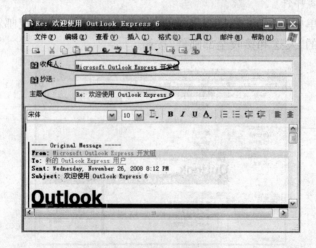

图 6.29　答复邮件窗口

② 转发邮件:转发在收件人栏不自动填入邮件地址,其他与答复完全相同。

(6) 插入附件

附件是发件人要传送给收件人的文件,该文件可以是任何类型的文件,如歌曲、Office文档、程序等。插入附件的方法是:单击"插入"菜单中的"文件附件"或工具栏上的回形针按钮(图 6.30),选择待插入的附件,最后单击"附件"以完成附件的插入。

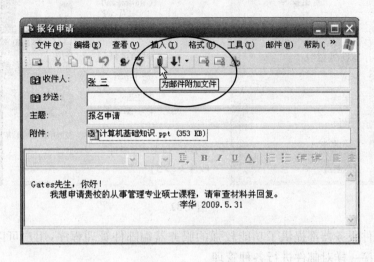

图 6.30　插入附件

说明:① 为节省传输时间,附件应先行压缩。② 由于邮件服务器的限制,过大的附件可能无法发送。

2. 以 Web 方式管理邮件

以新浪网为例,登录网站"http://www.sina.com.cn"(图 6.31),在"登录名"处输入在新浪网申请的电子邮件账号,在"密码"框内输入邮箱密码,单击"登录"。稍等即进入邮箱首页,如图 6.32 所示。

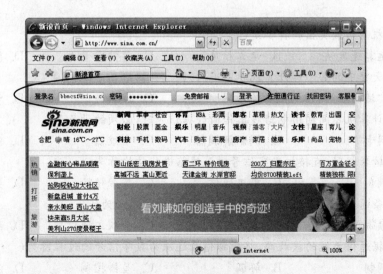

图 6.31　新浪网首页

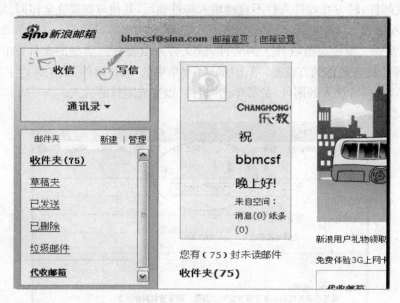

图 6.32

现在的邮件服务器都提供了功能较强的服务器端邮件管理程序,用户可以像使用客户端邮件应用程序一样对邮件进行各种管理。

习　题

一、单项选择题

1. 计算机网络最突出的特征是(　　)。
   A. 运算速度快　　　　B. 运算精度高　　　　C. 存储容量大　　　　D. 资源共享

2. 一幢大楼中的若干台计算机要实现联网,这种网络属于(　　)。
   A. 广域网　　　　　　B. 局域网　　　　　　C. 城域网　　　　　　D. 资源子网

3. 两台计算机之间利用电话线路传输数据信号时,必须的设备是(　　)。
   A. 网卡　　　　　　　B. 调制解调器　　　　C. 中继器　　　　　　D. 同轴电缆

4. 在传输数据时,直接把数字信号送入线路进行传输称为(　　)。
   A. 调制　　　　　　　B. 单工通信　　　　　C. 基带传输　　　　　D. 频带传输

5. 在一条通信线路中可以同时双向传输数据的方式称为(　　)。
   A. 频带传输　　　　　B. 单工通信　　　　　C. 全双工通信　　　　D. 半双工通信

6. 在数据通信系统的接收端,将模拟信号还原为数字信号的过程称为(　　)。
   A. 调制　　　　　　　B. 解调　　　　　　　C. 差错控制　　　　　D. 流量控制

7. 在局域网中,以集中方式提供共享资源并对这些资源进行管理的计算机称为(　　)。
   A. 服务器　　　　　　B. 工作站　　　　　　C. 终端　　　　　　　D. 主机

8. 计算机网络按其地理覆盖范围分为(　　　)。

    A. 局域网、城域网和广域网　　　　　　　　B. 广域网、校园网和局域网

    C. 局域网、校园网和城域网　　　　　　　　D. 城域网、广域网和校园网

9. 为网络数据交换而制定的规则、约定和标准称为(　　　)。

    A. 协议　　　　　　B. 文本　　　　　　C. 文件　　　　　　D. 软件

10. 关于 TCP/IP 的说法,不正确的是(　　　)。

    A. TCP/IP 协议定义了如何对传输的信息进行分组

    B. IP 协议专门负责按地址在计算机之间传递信息

    C. TCP/IP 协议包括传输控制协议和网际协议

    D. TCP/IP 是超本文传输协议

11. IPv4 中的 IP 地址由一组长度为(　　　)位的二进制数字组成。

    A. 8　　　　　　　　B. 16　　　　　　　C. 32　　　　　　　D. 64

12. 从域名"www. bbmc. edu. cn"可以看出该站点是(　　　)。

    A. 政府部门　　　　B. 军事机构　　　　C. 商业机构　　　　D. 教育部门

13. IE 收藏夹的作用是(　　　)。

    A. 存放电子邮件　　　　　　　　　　　　　B. 存储网页内容

    C. 存放网站的地址　　　　　　　　　　　　D. 存放本机的 IP 地址

14. 在 Internet 中,ISP 指的是(　　　)。

    A. 电子邮局　　　　B. 中国电信　　　　C. Internet 服务商　　D. 中国移动

15. 在 IE 的历史记录中所保存的是(　　　)。

    A. 已浏览的页面内容　　　　　　　　　　　B. 已浏览的站点地址

    C. 本机的 IP 地址　　　　　　　　　　　　D. 电子邮件地址

16. 某人的电子邮件到达时,若他的计算机没有开机,则邮件(　　　)。

    A. 退回给发件人　　　　　　　　　　　　　B. 开机时对方重发

    C. 该邮件丢失　　　　　　　　　　　　　　D. 存放在接收邮件服务器中

17. 电子邮件通信的双方(　　　)。

    A. 可以都没有电子信箱　　　　　　　　　　B. 只要发送方有电子信箱即可

    C. 只要接收方有电子信箱即可　　　　　　D. 双方都要有电子信箱

18. 电子邮件的附件可以是(　　　)。

    A. 声音文件　　　　B. 文本文件　　　　C. 图片文件　　　　D. 以上都是

19. E-mail 地址格式正确的表示是(　　　)。

    A. 主机地址@用户名　　　　　　　　　　　B. 用户名,用户密码

    C. 电子邮箱号,用户密码　　　　　　　　　D. 用户名@主机域名

20. 正确的 IP 地址是(　　　)。

    A. 202.112.111.2　　　　　　　　　　　　　B. 202.2.2.2.2

    C. 202.202.1　　　　　　　　　　　　　　　D. 202.257.14.13

二、填空题

1. 计算机网络是计算机技术和_____技术相结合的产物。

2. 常见的网络拓扑结构有_____、_____、_____、_____。

3. 我国接入 Internet 的四大主干网是_____、_____、_____、_____。

4. Internet 提供的服务有_____、_____、_____、_____、_____。

5. BBS 的含义是_____。

6. IP 地址是用来_____。

7. 信息高速公路传递的是_____。

8. 某人的电子邮件地址是 lihua@tom.com,则其接收邮件服务器是_____。

9. 在 Internet 中,"WWW"的含义是_____。

10. 全双工通信是指_____。

三、简答题

1. 什么是计算机网络?

2. 局域网的特点有哪些?

3. 家庭上网一般采用哪种方式? 特点是什么?

4. 什么是搜索引擎? 列举出三个。

5. 简述电子邮件的工作原理。

四、操作题

1. 查看本机的 IP、网关、DNS 地址。

2. 了解你正在上课的实验机房的网络拓扑结构和网络设备,并画出示意图。

3. 将本校网站设为 IE 的缺省主页,并将该主页内容以"我校的主页"为名保存。

4. 通过搜索,了解有关 NCRE 的相关政策、级别设置、测试内容、测试方式、测试时间及成绩的计算。最后将搜索到的内容以 Word 文档保存。

5. 申请一免费信箱,发一封带有附件的邮件给自己(也可与同伴互发)。

实　　验

实验 6.1　共享资源的设置与访问

一、实验目的与要求

能熟练地将指定的文件夹设置为共享,供网络内其他用户访问。

二、实验步骤

1. 安装"Microsoft 网络的文件和打印机共享"服务。

（1）右击桌面上的"网上邻居"，从弹出的菜单中选择"属性"，打开"网络连接"对话框（图 6.33）。

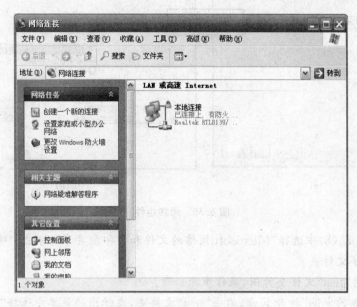

图 6.33　"网络连接"对话框

（2）在如图 6.33 所示的"网络连接"对话框中，右击"本地连接"，从弹出的菜单中选择"属性"，进入"本地连接属性"对话框（图 6.34）。

图 6.34　"本地连接属性"对话框

（3）查看"本地连接属性"对话框中（图 6.34）是否已经安装了"Microsoft 网络的文件和

打印机共享"服务。如果已经安装,则可直接跳到"2. 设置共享文件夹"。

(4) 单击"安装",在随后出现的"选择网络组件类型"对话框中选中"服务"(图 6.35 (a)),单击"添加按钮。

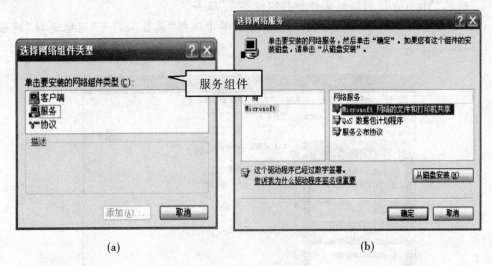

(a)   (b)

图 6.35　添加组件

(5) 在图 6.35(b)中选择"Microsoft 网络的文件和打印机共享",单击" 确定"。

2. 设置共享文件夹。

以 E 盘下的"test"文件夹为例,操作步骤如下:

(1) 使用"我的电脑"打开 E 盘,右击"test"文件夹,在弹出的菜单中选择"共享和安全",出现如图 6.36 所示的对话框。

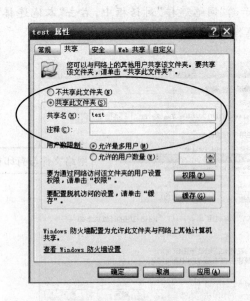

图 6.36　设置共享

(2) 在图 6.36 中,选中"共享此文件夹",单击"确定"按钮,完成共享的设置。共享后的文件夹图标如图 6.37 所示。

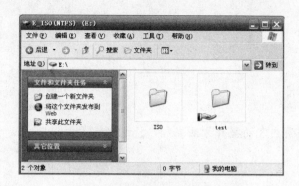

图 6.37　共享后的文件夹图标样式

说明：可为共享后的文件夹设置不同访问权限。

3．访问共享资源。

（1）打开"网上邻居"，单击"查看工作组计算机"（图 6.38（a）），随后可看到属于本组的计算机（图 6.38（b））。

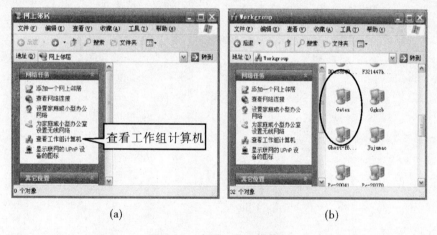

　　　　　　　（a）　　　　　　　　　　　　　　　　　　（b）

图 6.38　查看工作组计算机

（2）双击欲查看的计算机（如 Gates），即可查看和使用该机的共享资源（图 6.39）。

图 6.39　Gates 计算机上的共享资源

实验 6.2   保存网页内容

一、实验目的与要求

熟练掌握保存网页内容的操作方法。

二、实验步骤

(1) 打开某一网站的页面。

(2) 单击"文件"菜单中的"另存为"。

(3) 在"保存网页"对话框中,选定保存位置、保存类型及保存的文件名,最后单击"保存"。

第 7 章　FrontPage 2003

FrontPage 是 Microsoft 公司推出的网页制作软件,采用了图形化界面及"所见即所得"方式编写网页,直观易学,不仅提高了专业网页制作人员的工作效率,而且也得到了广大非专业人员的喜爱。FrontPage 集成在 Office 软件包中,不仅可以利用其自身的强大功能,还可以充分利用 Office 中其他软件的功能,使开发网站更加简便。本章讲解 FrontPage 2003 的基本用法。

7.1　网页的基本操作

7.1.1　网页文件

网页文件由各种添加了 HTML 标记的内容构成,HTML 标记是由"<"和">"括住的指令,主要分为单标记指令和双标记指令(由"<"起始标记">"、"< / 结束标记 >"构成)。HTML 网页文件可用任何文本编辑器或网页专用编辑器编辑,完成后以 . htm 或 . html 为文件后缀保存。将 HTML 网页文件用浏览器打开显示,若测试没有问题则可以放到服务器上,对外发布信息。详细的知识需要专门课程讲解,本章重点是了解利用 FrontPage 2003 可视化工具制作简单的网页,所以对于 HTML 语法不做细致讲解。HTML 文件基本结构如下:

<HTML> 文件开始
<HEAD> 标头区开始
<TITLE>...</TITLE> 标题区
</HEAD> 标头区结束

<BODY> 主体内容区开始
主体内容区内容
</BODY> 主体内容区结束

</HTML> 文件结束

<HTML> 网页文件格式

<HEAD> 标头区：记录文件基本资料，如作者、编写时间

<TITLE> 标题区：文件标题须使用在标头区内，可以在浏览器最上面看到标题

<BODY> 本文区：文件等资料，即在浏览器上看到的网站内容

通常一个 HTML 网页文件包含两个部分：<HEAD>…</HEAD> 标头区，<BODY>…</BODY> 本文区。而 <HTML> 和 </HTML> 代表网页文件格式。

FrontPage 的窗口组成和 Word 大同小异，分成菜单栏、工具栏、视图栏和主编辑窗口四大部分，如图 7.1 所示。

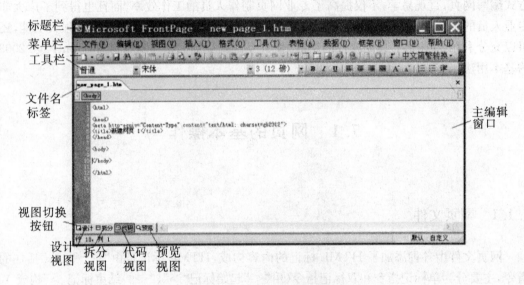

图 7.1　FrontPage 窗口

1. 建立与保存网页文件

新建一个网页有三种方法：① 通过主菜单中的"文件/新建"菜单项；② 在常规工具栏中单击相应工具图标；③ 用快捷键<Ctrl>＋N。

点击主菜单中的"文件/新建"菜单项，在窗口界面右边出现如图 7.2 所示对话框，其中有"新建网页"、"新建网站"、"模板"和"Office Online 模板"项。

选择"空白网页"选项后，则在主编辑窗口出现用于网页编辑的空白区，此时可以在主编辑窗口输入文字或插入图片等网页构成元素，完成新建网页操作。

选择"文本文件"选项后，则在主编辑窗口出现用于文本文件(.txt)编辑的空白区，此时可以在主编辑窗口完成新建文本文件的操作。

选择"根据现有网页…"选项后，则出现一个用于选择现有文件的对话框，指定要用于仿照的网页文件。本选项的功能就是根据已经存在的网页文件来生成一个类似的网页。

选择"其他网页模板"选项后，则出现一个如图 7.3 所示的对话框，其中有很多选项，选择"普通网页"后，在主编辑窗口出现用于网页编辑的空白区，此时可以在主编辑窗口输入文字或插入图片等网页构成元素，完成新建网页操作。

保存一个网页文件的操作方法为：点击主菜单中的"文件/保存"菜单项，出现要求为新建网页建立文件名的对话框，对话框的操作内容有三项：① 保存位置(文件夹的选择)；② 为保存的文件输入文件名；③ 文件格式的选择。

图 7.2　"新建"对话框

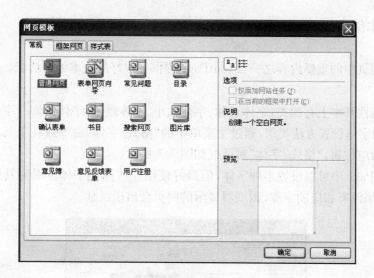

图 7.3　"网页模板"对话框

2. 网页的 HTML 源代码

可以随时查看网页的 HTML 源代码,点击图 7.1 所示对话框中的"代码视图"标签就可以看到当前正在编辑的文件的 HTML 源代码。超文本语言(HyperText Markup Language,简称为 HTML)是为创建网页和其他可在网页浏览器中看到的信息设计的一种置标语言。HTML 被用来结构化信息——例如标题、段落和列表等等,也可用来在一定程度上描述文档的外观和语义。由蒂姆·伯纳斯·李给出原始定义,由 IETF 用简化的 SGML(标准通用置标语言)语法进行进一步发展的 HTML 后来成为国际标准,由万维网联盟(W3C)维护。如图 7.4 所示,HTML 字符以两种颜色显示,蓝色字符为标记号或标记号中的属性值,黑色字符为用户输入的文本信息或各种属性值。

```
1
2
3  <html>
4
5  <head>
6  <meta http-equiv="Content-Type" content="text/html; charset=gb2312">
7  <meta http-equiv="Content-Language" content="zh-cn">
8
9  <title>Adventure Works 新闻网页</title>
10 <meta name="GENERATOR" content="Microsoft FrontPage 6.0">
11 <meta name="ProgId" content="FrontPage.Editor.Document">
12 <meta name="Microsoft Theme" content="journal 1000, default">
13 <meta name="Microsoft Border" content="tlb, default">
14 </head>
```

图 7.4　HTML 文本

3. 网页预览

编辑完一个网页后,可以对所编辑的网页进行预览。单击窗口转换栏的"预览视图"标签即可看到网页在发布后的大致式样和效果;要想看到网页在 WWW 浏览器中的真实情形,必须使用主菜单中的"文件/在浏览器中预览…",选择所需浏览器即可。

注意,同一网页文件在不同的 WWW 浏览器中显示产生的效果可能不同。

7.1.2　文本编辑

文字是网页中的重要内容之一,FrontPage 提供了很好的文本编辑功能。

1. 字体

字体的属性基本上有四类:字体名称、字体大小、字体颜色、字体修饰。字体的设置方法与 Word 中的字体设置方法类似,通过主菜单中的"格式/字体"命令或在工具栏中单击设置字体属性的相应按钮,"格式/字体"对话框如图 7.5 所示。

在 FrontPage 中可以设置多种字体,但最好使用一些标准字体。因为其他浏览者在浏览网页时,如果没有相应的字库,浏览器显示的网页会出现混乱。

图 7.5　"字体"对话框

2. 段落

网页中的文本过长时,需要对其进行分段。用回车键可实现分段。分段后,对各个段落可建立段落属性。选择主菜单中的"格式/段落"菜单项,出现一个"段落"对话框,如图 7.6 所示。段落属性的设置在该对话框中进行,设置方法和 Word 中一致。

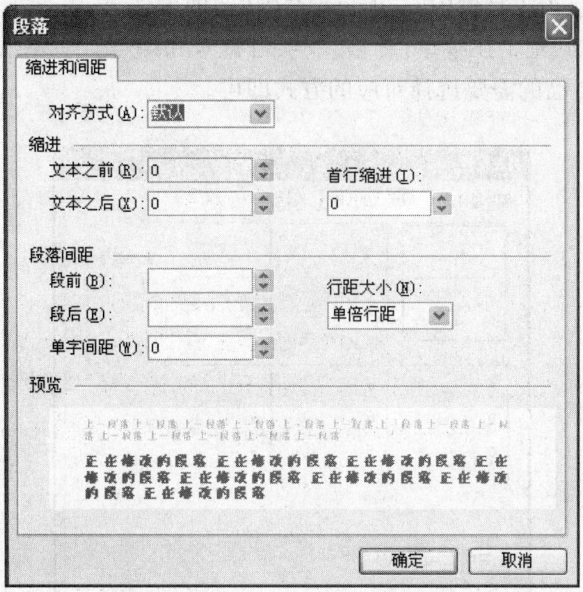

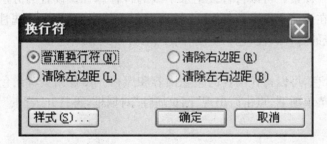

图 7.6　"段落"对话框

分段过程中的换行处理有两种:自动换行和人工加入换行符。当一条语句超过屏幕一行所能显示的字符个数时,FrontPage 会自动进行换行,实际上,当屏幕变大时,下一行文字会自动回到上一行。人工加入换行符操作要执行主菜单中的"插入/换行符"命令,点击后出现"换行符"对话框,这种方式的换行不管屏幕大小如何改变,它都不会变化,除非屏幕的宽度小于该行宽度,该行文字才会自动换行,但原来的换行仍保持不变。换行符有四种属性可供选择,如图 7.7 所示。

图 7.7　"换行符"对话框

3. 列表

列表是用于组织数据的一种比较好的工具,其特点是重点突出、简洁有效、层次分明、结构有序,以下介绍常见的两种列表。

● 编号列表:是在实际应用中最常见的一种列表,编号列表的各列表项以某种形式的顺序进行排列。在"常用"工具栏中有"编号列表"按钮 ≣ ≣ 。在编号列表中，列表符号可以是数字，也可以是其他符号，如罗马数字、英文字母等。

● 项目符号列表：其功能的实现与数字列表相似，在项目符号列表中各列表项都是通过一个特殊符号引出的。当需要设置不同的符号形式时，先用光标定位在要求项目符号列表所在行的任意位置，点击工具栏中的"项目编号"按钮即可。

以上两种列表方式集中在菜单栏"格式/项目符号和编号"中，点击后弹出对话框，如图7.8 所示，可以根据自己的需要选择对应的方式即可。

图 7.8 项目符号与编号

4. 水平线

水平线用于分隔网页中的不同内容。在标题与主体内容之间使用水平线可使标题一目了然，主体部分也独自成为一体。在网页中使用水平线，就好像是把网页划分成几个不同的页面。设置水平线的操作为：单击主菜单中"插入/水平线"菜单项。水平线的宽度默认为窗口宽度，高度为两个像素。可以自行设定水平线的各种属性。设置的方法为：选中水平线，右键单击水平线，在快捷菜单中选择"水平线属性"，在弹出的"水平线属性"对话框中，可根据需要设置水平线的各种属性，包括宽度、高度、对齐方式和颜色等。

5. 背景色

一种好的背景色，可以衬托网页的主题内容和风格。设置网页背景色的操作在主菜单中的"格式/背景"菜单项下，点击后出现"网页属性"对话框，再打开"背景"选项卡，进入网页背景色设置。

7.1.3 网页图像编辑

用 FrontPage 可以在网页中插入图像，可以设置图像的边框、大小和位置，并且可以直接对图像进行编辑。

1. 在网页中加入图像

图像文件的格式有几十种，互联网支持的常用图像有 GIF、JPEG、PNG 和 BMP 等格式。

FrontPage 中加入图像的操作类似于 Word，操作方法是：点击主菜单中的"插入/图片"，选择图片来源即可。

2. 设置图像边框

在网页中，图像的边框可以起到装饰图像的作用。图像的边框属性包括边框的大小和颜色。边框的大小即边框的宽度，以像素为单位进行设置。设置方法是：在选中的图像上右击鼠标，弹出快捷菜单，在菜单中选择"图片属性"，出现"图片属性"对话框，打开"外观"选项卡，即可对图像边框属性进行设置。

3. 图像与文本关系设置

图像与文本的关系包括：图像在文本中的位置、图像与文本的对齐方式、图像环绕。

在网页中，图像与文本可以在同一行，也可以在文本中的任意位置。图像在文本中的插入位置视光标位置而定。图像与文本有三种对齐方式：

- 底部对齐：图像的底部与文本的底部高度一致，这是默认对齐方式。
- 中部对齐：图像的中部与文本的中部高度一致。
- 顶部对齐：图像的顶部与文本的顶部高度一致。

设置方法是：在选中的图像上右击鼠标，弹出快捷菜单，选择"图片属性"菜单项，出现"图片属性"对话框，打开"外观"选项卡，如图 7.9 所示，此时可设置对齐方式。

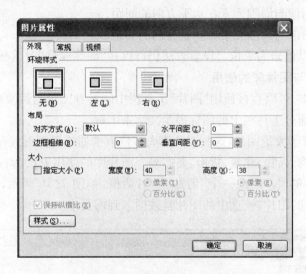

图 7.9 "图片属性"对话框

一般情况下，一幅图像只能与一行文字处在同一高度。但有时需要将图和文字分开，并且两者互不影响。比如网页中左边是一幅图像，图像右边的文字仍可以进行多行输入。要实现这种效果，可以通过设置图像的环绕方式来实现。网页中图像环绕方式分为两种：

- 左环绕：图像在左边，文本在图像的右边环绕。
- 右环绕：图像在右边，文本在图像左边环绕。

设置方法是：在"图片属性"对话框中选择所需的环绕方式即可，如图 7.9 所示。

4. 图像的大小设置和比例缩放

在 FrontPage 中，当网页中加入一幅图像后，图像大小默认为其原来的大小。但有时图像在网页中太大或太小，或有其他特殊需要，要求将图像大小重新调整，这就需要对图像的大小属性进行设置。图像的大小属性包括图像的高度和宽度。设置图像的高度与宽度的方式有：以像素为单位，将图像设置为固定大小，这种方法设置的图像大小不变；按浏览器窗口的大小比例设置，这种方法设置的图像大小可以随浏览器窗口的大小而改变。

设置图像大小的方法为：点击图像，在图像四周出现八个控点，将鼠标移到图像边上的中间控点，按住左键拖动，图像即可在此边的方向拉伸或压缩。鼠标拖动设置图像大小是一种比较直接的方法，但不是太精确。图像大小的精确设置方法为：点击主菜单中的"格式/属性"，打开"图像属性"对话框，然后在对话框中进行设置，如图7.9所示。

设置图像比例缩放就是图像被设置为大小可以按比例变化。设置比例缩放的优点是对于不同的浏览器，总可以全部或部分看到图像的外观。对于不同分辨率的浏览器窗口，同一个网页的浏览效果都相同。设置方法为：在图像上点击右键，弹出快捷菜单，点击"图像属性"（或点击主菜单中的"格式/属性"），出现"图像属性"对话框，打开"外观"选项卡，在"大小"栏中选中"指定大小"复选框，选择"宽度"和"高度"下面的"百分比"单选按钮，将"宽度"和"高度"设置为100，最后单击"确定"按钮，此时图像的宽度和高度都设置为窗口大小的100%。

5. 设置图像间距

图像与周围元素的空白间距默认设置为0，也可以通过设置确定图像与周围元素的间距的值。该间距主要有两个方向的值：

● 水平间距：图像与周围元素在水平方向的间距。

● 垂直间距：图像与周围元素在垂直方向的间距。

两种间距都是以像素为单位。设置方法仍可以在"图像属性"对话框中找到。

6. 图片工具栏与图片库的使用

在FrontPage中，可以直接使用"图片"工具栏中的各种工具对网页中的图像进行编辑，这些编辑功能可以通过工具栏上的图标提示文字来了解。

FrontPage自带了大量图片，这些图片库大多数以卡通或漫画形式存在。这些图片分为许多类，如商业、动物、人物、建筑、货币、姿态等。图片库的使用方法为：点击主菜单中的"插入/图片/剪贴画"菜单项。出现一个"剪贴画"对话框，如图7.10所示，搜索到所需要的图片，然后双击要插入的图片，被选中的图片就被插入到网页中。

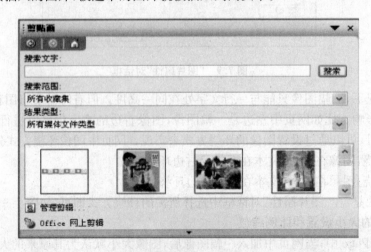

图7.10 "剪贴画"对话框

7.2　超　链　接

网页中的超链接在本质上属于一个网页的一部分,它是一种允许我们同其他网页或站点之间进行连接的元素。各个网页链接在一起后,才能真正构成一个网站。所谓的超链接是指从一个网页指向另一个目标的连接关系,这个目标可以是另一个网页,也可以是相同网页上的不同位置,还可以是一个图片,一个电子邮件地址,一个文件,甚至是一个应用程序。而在一个网页中用来超链接的对象,可以是一段文本或者是一个图片。当浏览者单击已经链接的文字或图片后,链接目标将显示在浏览器上,并且根据目标的类型来打开或运行。

7.2.1　建立文本超链接

1. 建立 WWW 超链接

超链接既可以链接到别的站点,也可以链接到本地站点的一个网页。在建立一个超链接时,必须指定被链接的目标的统一资源定位符(Uniform Resource Locator,URL),它是一个提供在全球广域网上的站点或资源的 Internet 位置的字符串,根据网络相应的协议把链接源与链接目的之间的资源联系在一起,常用来表示网页的位置。

以文本方式建立 WWW 超链接的方法为:假设主编辑窗口中有“欢迎光临新华网”这几个文本,选中要设置成超链接的文本“新华网”三个字,再选择“插入/超链接(I)…”菜单,则弹出如图 7.11 所示的“插入超链接”对话框,在“地址(E):”中输入“www. xinhuanet. com”,点击“确定”即可生成一个指向新华网网站的超链接。也可以通过右击鼠标,弹出快捷菜单,在快捷菜单中选择“超链接…”,点击后同样出现“插入超链接”对话框。超链接生成后,“新华网”三个字变为蓝色,并且带有下划线,表明这三个字已被设置为超链接文本。

图 7.11　“插入超链接”对话框

2. 建立到其他文件的超链接

超链接不仅可链接到网页文件上,也可链接到其他文件上,如图像文件、电子表格文件、

Word 文件等各种浏览器所支持的文件。这里讲的是链接到一个 Word 文件的超链接,当浏览者点击这种超链接时,就会打开相应的 Word 文件。建立这种超链接的方法与上述方法基本相同,只是在"插入超链接"对话框中选择对应的 Word 文件即可,如图 7.12 所示。

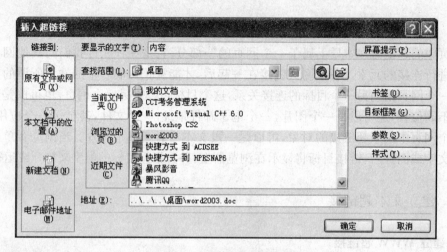

图 7.12 "插入超链接"对话框

3. 设置超链接文本颜色

在网页中的超链接有三种不同状态:未访问过的超链接,正在访问的超链接,已经访问过的超链接。这三种状态在网页中可以设置不同的颜色,其主要作用是提示浏览者哪些超链接是访问过的,哪些是还没有访问过的,哪个是当前正在访问的,这样可以避免重复浏览某个网页。

设置不同超链接文本颜色的方法是:选择主菜单中的"格式/背景",出现"网页属性"对话框,选中"格式"标签,如图 7.13 所示,在"颜色"栏中可以分别设置。

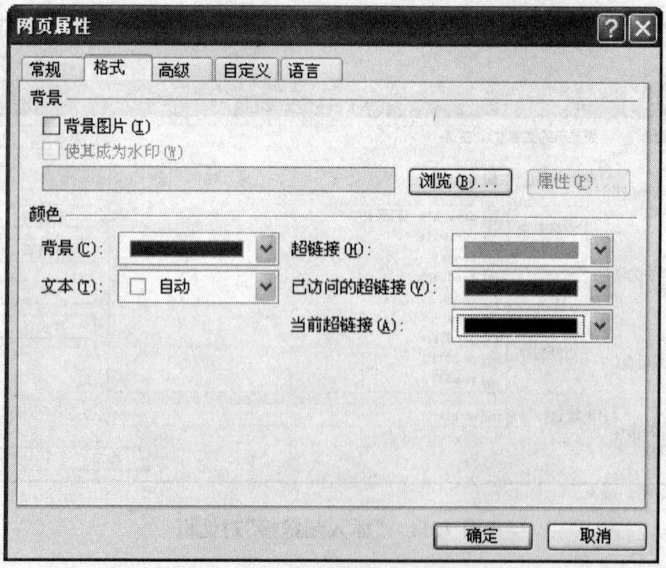

图 7.13 "网页属性"对话框

7.2.2　建立图像超链接

图像超链接与文本超链接功能相同。但图像超链接的形式多样，可以做得非常漂亮，甚至还可以带有动画的功能。设置图像超链接的方法和文本超链接的方法类似，具体操作如下：

① 在网页中插入图片。

② 选中图片，点击菜单"插入超链接"或者在图片上点右键选择"超链接⋯"，弹出"插入超链接"对话框，后续操作同文本超链接。

7.3　表格与表单

7.3.1　表格组成与基本操作

表格是日常生活中常用的一种工具，表格最大的特点是能有效地组织数据，如图 7.14 所示。表格在网页中的作用表现在两个方面：① 存放数据，如用户在 Web 数据库查询时，返回的结果一般通过表格来显示；② 组织网页内容，有些网页，表面上看上去不像表格，实际却是用表格组织的，有时在 FrontPage 中组织好的数据，在浏览器中往往看不到预想的效果，而用表格来组织这些数据，便不会发生这种情况，这就是表格的定位功能。

图 7.14　一个典型的表格使用网页

1. 表格组成与建立

一个完整的表格主要由标题、行、列、表头、单元格、边框组成。

表格最基本的单位是单元格。另外还可以以行或列为单位，行用于显示一条完整的记

录,列则是由不同记录的同一类值组成。在网页中,表格可以设置的属性有:

● 标题属性:用于设置标题的位置,分为顶部(Top)和底部(Bottom)两种形式,通过设置使标题放置在表格的正上方或正下方。

● 行高和列宽:行高用于设置单元格的行数,列宽用于设置单元格的列数。

● 边框属性:包括边框的宽度和边框的颜色。边框的宽度以像素为单位。边框颜色包括亮边框颜色和暗边框颜色,两者可以分别进行设置。

● 单元格填充:单元格与相邻单元格或边界的距离,其单位也是像素。

● 单元格间距:单元格内的元素与单元格边界的距离,包括四个方向的距离。当给定某个值后,每个方向的距离都不得小于这个值。

● 单元格对齐方式:包括水平对齐方式和垂直对齐方式两种属性。水平对齐属性有:左边对齐,中间对齐,右边对齐。垂直对齐属性有:顶部对齐,中部对齐,底部对齐。

● 背景属性:包括背景色和背景图像两种属性,可以用于设置整个表格或单元格。当用于整个表格时,表格各单元格及边框的背景都相同。当用于单元格时,背景只对单个单元格有效。当同时设置了表格和单元格的背景时,单元格的背景由本身设置的背景属性决定,表格的其他部分由表格背景属性决定。

在网页中加入表格的方法为:点击主菜单中的"表格/插入/表格"菜单项,出现"插入表格"对话框,如图 7.15 所示。在"插入表格"对话框中,设置好行与列的大小,然后单击"确定"按钮,此时表格被自动添加到网页中。设置表格属性可以用快捷菜单,如对某单元格设置属性,将光标定位于其中,右击鼠标,弹出快捷菜单,点击"单元格属性"菜单项,出现一个"单元格属性"对话框,可以根据对话框的提示内容设置。

另外,可以使用"常用"工具栏中的"插入表格"按钮插入表格;还可以使用"表格/手绘表格"调出"表格"工具栏,使用其中的"手绘表格"工具绘制表格。

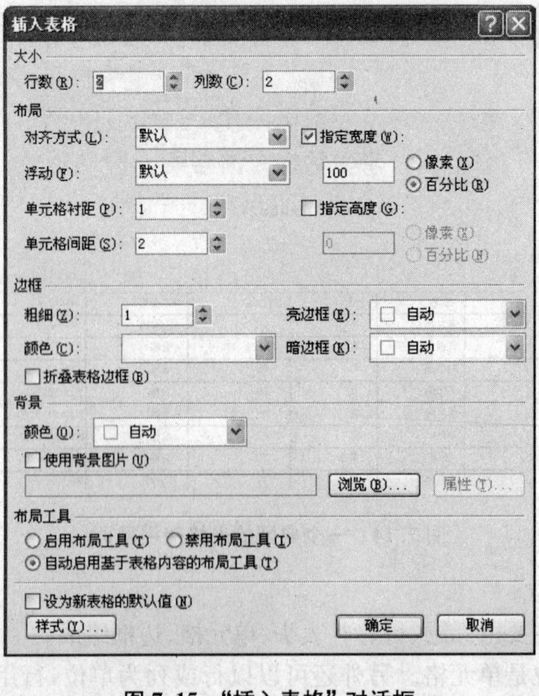

图 7.15 "插入表格"对话框

2. 表格的行与列操作

在网页中加入表格后,有时需要增加一行或一列数据,同时不改变原来表格中的内容,这就要用到增加行或列的功能,其步骤为:点击主菜单中的"表格/插入/行或列"菜单项,出现一个"插入行或列"对话框,如图 7.16 所示。在对话框中选择"行"单选按钮,设置"行数"选项的值,并在"位置"栏中选择"所选区域上方"或"所选区域下方",然后单击"确定"按钮,即可在表格所选区域下方或上方增加新的行;插入列的方法与插入行的方法类似,只是"位置"栏的选项变为"所选区域左方"和"所选区域右方"。

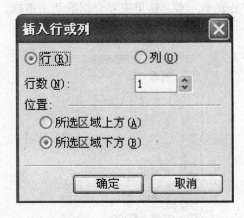

图 7.16 "插入行或列"对话框

3. 选择表格元素

只有在选择表格元素之后,才能进行其他操作,如复制、剪切和删除等。

● 选择单元格:将光标移到表格的某一单元格中,按下键盘上的<Alt>键的同时点击鼠标左键,此时该单元格变成黑色,表示已经选中该单元格。也可以通过点击主编辑窗口网页文件名下方的"<td>"HTML 语言标签选中一个表格。

● 选择表格的行:将光标移到表格中某行的左边,当光标变成一个向右的黑色小箭头时,单击鼠标,该行变成反色,表示选中该行。

● 选择表格的列:将光标移到表格中某一列的上边,余下操作与选择行操作相同。

● 选择整个表格:将光标移到表格的左边,当光标变成反向箭头时,双击鼠标,此时整个表格变成反色,表示已选中整个表格。

● 选择表格的内容:将光标移到表格左上角的单元格中,然后用鼠标拖动光标到表格的右下角,此时表格中的所有文字变成反色,表示已选中此表格中的所有文字。

4. 删除行、列或单元格

当表格中某行数据或某列数据多余,或不需要某单元格时,可以将它们删除。首先选中要删除的对象,然后点击主菜单中的"表格/删除单元格"菜单项,即可删除选中的单元格、行或者列。

5. 合并和拆分单元格

合并单元格和拆分单元格的操作与 Office 组件的其他软件相似。

6. 表格的行高与列宽设置

在网页中,出于格式的需要,常要求将表格的某些单元格设置成比较大的宽度或高度,这就需要对单元格的行高或列宽进行设置。这项设置可以用主菜单中的"表格/表格属性/

单元格"完成。

7.3.2 表单基本控件及使用

表单是网页中的一个重要概念,可以说凡是存在和浏览者交互的地方就有表单的存在。在访问网络上的站点时,经常能看到网页中有表单的成员,如在一些具有留言功能的网页中,用来显示和存放留言的一个空白区域就是表单元素——滚动文本框。表单元素的种类很多,如图7.17所示为常见表单元素。这里主要介绍滚动文本框、下拉框、单行文本框这些网页中常用的表单元素。

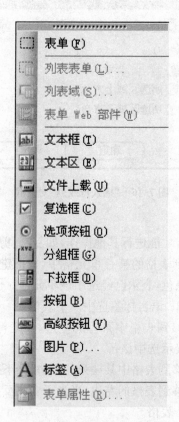

图 7.17 常见表单元素

1. 滚动文本框

滚动文本框是表单元素中一次能输入信息量最大的一个元素,在滚动文本框中可以输入多行文字。当输入的文字超过滚动文本框显示的数量时,滚动文本框会自动出现滚动条。可以通过移动滚动条来浏览文本框中其余的内容。滚动文本框的属性有:

● 名称:滚动文本框的识别名,是表单处理程序操作的唯一可识别标记。要在某个表单元素中返回信息,首先必须知道该表单元素的名称,否则无法将信息表达出来。

● 初始值:初始值是浏览器刚打开滚动文本框时,滚动文本框中显示的默认信息。可能是一些提示信息,也可能是一些默认设置的值。

● 宽度:滚动文本框每一行能输入的最大字符数。当用户在某一行输入的字符数超过这个数字时,便会自动显示在下一行。

● 行数：滚动文本框最多能输入的文字的行数。如果用户输入的文字超过规定的行数，则以后输入的文字无效，滚动文本框不再接受。

● Tab 键顺序：主要用于定义各个滚动文本框之间的切换顺序。

建立滚动文本框的操作为：

① 点击主菜单中的"插入/表单/文本区"菜单项，此时网页中出现一个虚线框，虚线框中有一个滚动文本框和两个按钮，其中虚线框表示表单，按钮"提交"和"重置"是自动添加的。

② 选中滚动文本框，点击鼠标右键，弹出快捷菜单，在菜单中选择"表单域属性"，出现一个"文本区属性"对话框，如图 7.22 所示，按照自己的需要进行滚动文本框的各项属性设置。

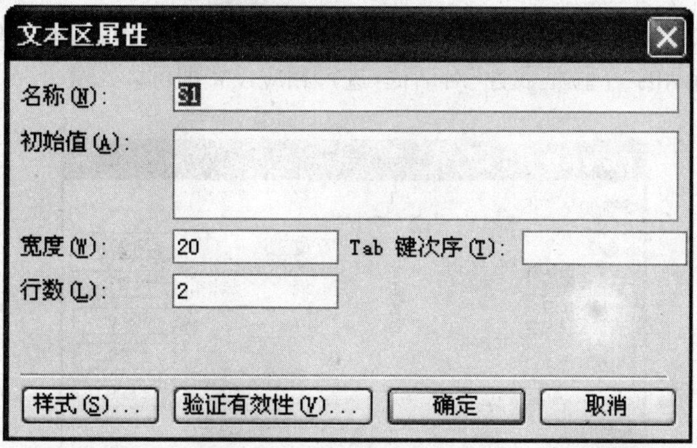

图 7.18　"文本区属性"对话框

图 7.18 中，单击"验证有效性"按钮，出现一个"文本框有效性验证"对话框，可以对用户输入的数据进行所需要的限制，如图 7.19 所示，其中限制了用户输入的内容只能为文本类型中的字母。

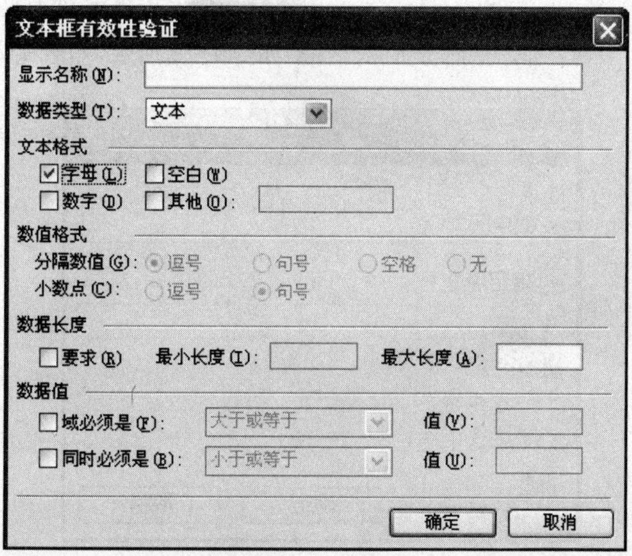

图 7.19　"文本框有效性验证"对话框

2. 下拉框

下拉框由一个单行的空白区域和一个下拉按钮组成,当用鼠标单击下拉按钮时,则会出现一个项目列表框,框中列出了下拉菜单的所有项目,用鼠标单击列表框中的项目,该项便会出现在列表框的显示框中,表示此项已被选中,常用于给定选项,由用户选择所对应项目。下拉菜单由多个菜单选项组成,菜单选项需要用手工方法逐个加入,它具有三个属性:名称,值,选中状态(即是否被选中)。通常情况下,下拉框只显示当前选中的选项,其他部分都隐藏在下拉菜单中,以使表单显得更简洁。

建立下拉框的操作为:

① 点击主菜单中的"插入/表单/下拉框"菜单项,出现一个下拉框,此时下拉菜单中无任何选项。

② 选中刚加入的下拉框,右击鼠标,弹出快捷菜单,在菜单中选择"表单域属性",出现一个如图 7.20 所示的"下拉框属性"对话框,进行相应设置即可。

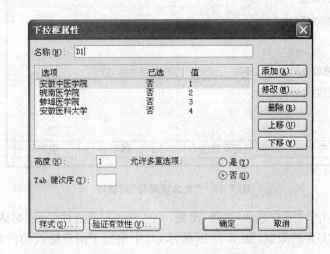

图 7.20 "下拉框属性"对话框

图 7.20 中的"安徽中医学院、皖南医学院、蚌埠医学院、安徽医科大学"四个选项值是通过单击"添加"按钮,出现一个"添加选项"对话框,如图 7.21 所示,然后输入对应值添加的。

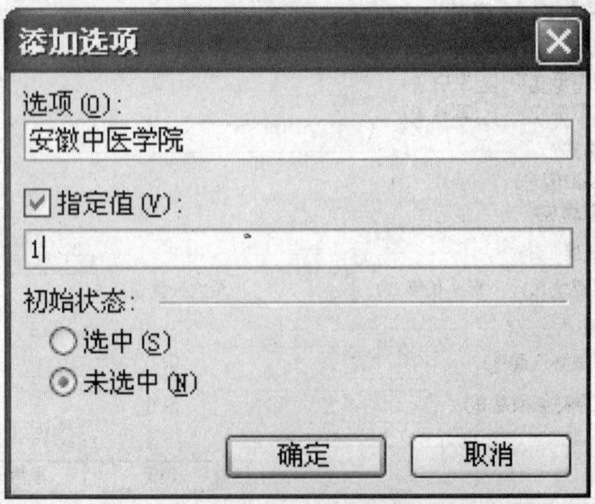

图 7.21 "添加选项"对话框

3. 单行文本框

单行文本框在外形上就是一个单行的长条形空白区域。当单行文本框被激活时,里面会出现一个闪动的光标,用户键入的字符或信息便会显示在其中。单行文本框与滚动文本框的功能区别是:单行文本框只允许输入一行文字,而滚动文本框允许输入多行文字;单行文本框一般用于输入信息量较少的文字,滚动文本框一般用于输入信息量较多的文字。

单行文本框的设置同样分成两步:

① 点击主菜单中的"插入/表单/文本框"菜单项,在网页中加入单行文本框。

② 选中刚加入的单行文本框,右击鼠标,弹出快捷菜单,选择"表单域属性"菜单项,出现一个"文本框属性"对话框。如图7.22所示,按照自己的需要进行相应设置即可。

图7.22　"文本框属性"对话框

当文本框中需要输入密码等敏感信息的时候,应该选中"密码域"的"是"按钮,这样对于用户输入的资料统统以"﹡"显示,达到了隐藏的作用。

表单中的元素还有单选按钮、一般按钮、复选框、表单图片、隐藏域等多种类型。在实际的应用中,使用表单是为了建立网站与用户的交互功能,完成用户端向网站的数据传递。一个表单往往需要同时使用多种表单元素,必须把它们有机地结合起来,使表单能准确有效地传递数据。

7.3.3　表单属性设置

表单的最终目的就是将用户信息发送到处理这些信息的目标对象中。这种功能的实现,需要对表单属性进行设置,也就是要定义接受表单数据的目标对象属性,即保存表单结果选项。

表单信息可以发送到四种形式的对象中:

① 直接发送到文件中。

② 以电子邮件的形式发送。

③ 发送到数据库。

④ 发送到各种脚本处理程序中。

在表单中右击鼠标,弹出快捷菜单,选择"表单属性"菜单项,出现"表单属性"对话框,如

图 7.23 所示,可以在对话框中进行各种设置。

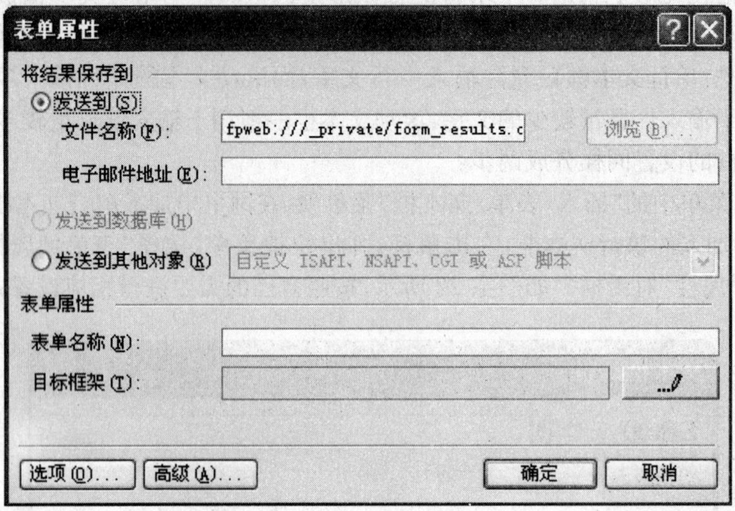

图 7.23 "表单属性"对话框

发送到文件的操作方法为:在"表单属性"对话框中,选择"发送到"选项并单击"选项"按钮,会出现一个"保存表单结果选项"对话框,此时打开的是"文件结果"选项卡,选项有:

● 文件名称:表单数据将要发送到目标文件的文件名。

● 文件格式:表单数据将要发送到目标文件的文件格式。

以电子邮件形式发送的操作方法与前一种方式类似,在"保存表单结果选项"对话框中单击"电子邮件结果"标签,打开"电子邮件结果"选项卡。选项卡中的主要设置内容是接受结果的电子邮件地址和电子邮件格式。

其他保存表单结果的操作都可以在"保存表单结果选项"对话框中完成。

7.4　网　页　装　饰

如果直接设置各种网页元素的属性来装饰网页,则存在工作量巨大的问题,这种方法只能适用于小规模的网页制作。当需要制作大量的网页,或者是长时间制作网页,则应该将一些比较常用的格式设置成固定的模板,以后在每次使用时只需直接套用这些已经设置好的格式即可。这些常用的格式包括网页的主题、网页的样式表和网页的动画效果等。因为网页样式表比较复杂,以下只讲解网页主题和动画效果。

7.4.1　网页主题

在创建 Web 站点时,需要大量的资料,如图片资料、文本资料以及各方面的信息资料。实际上 FrontPage 已经准备了大量的资料和精美的样式库,这是设计网页的很好的资料。用这些资料来装饰网页,可使网页变得丰富多彩、样式多变。

　　"主题"(Theme)是 FrontPage 专门准备好的各种样式的网页模板。在主题中定义了网页横幅的样式、字体的样式、按钮的样式以及颜色的搭配等几乎所有网页中的元素样式。在设计网页时,只要在网页中加入各种元素便会自动被设置成各种样式。下面介绍如何在网页中使用 FrontPage 已经定义好的主题。

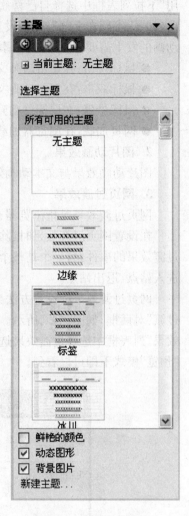

　　在网页中加入主题的操作方法为:点击主菜单中的"格式/主题"菜单项,出现一个"主题"对话框,如图 7.24 所示,可以根据需要选择主题。

　　在对话框中还包括以下选项:

　　● 鲜艳的颜色:选中此复选框时,主题中的颜色会变得更加鲜艳。

　　● 动态图形:选中此复选框时,导航条中的按钮图像变成动态图像。将光标移动到按钮上时,按钮图像会自动变色,即有"悬停按钮"功能。

　　● 背景图片:选中此复选框时,在网页中将使用主题定义的背景图片。在此要注意,如果网页中使用了主题,则不能再设置网页的背景属性,除非将主题去掉。

　　点击中意的主题后,在主题图标右侧会出现一个向下箭头,点击后弹出一个菜单,如图 7.25 所示,有"应用为默认主题"、"应用于所选网页"、"自定义"和"删除"这几个选项,按照自己的需要选择对应项即可。

图 7.24　"主题"对话框

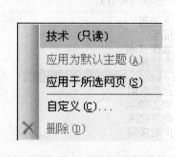

图 7.25　点击主题后的弹出菜单

7.4.2　动画效果

　　在 FrontPage 中有一种动画工具,就是 DHTML 效果,在菜单栏上选择"视图/工具栏/DHTML 效果"则可打开 DHTML 效果工具栏,利用这个工具栏可以设置很多动画效果。

1. 文本动画效果

　　用 FrontPage 设置的动画效果必须由某个事件引发,这些事件包括网页加载、鼠标单击、鼠标双击和鼠标移动。各种事件产生的动画效果各不相同。

　　文本动画效果的设置方法为:在网页中输入一小段文字,选中这段文字,在工具栏中打开"＜选择一种事件＞"下拉列表框,选择动画效果事件选项,如单击事件,然后就可以在"应用"下拉列表框中选择自己喜欢的内容。在最右端的下拉列表框中就可以选择动画效果选项,如"逐字到右上部",即可设置完毕。在预览标签中可以预览动画效果。对于文本动画,动画的发生需要一定条件,按事件分类,有以下几种:

- 鼠标单击:在单击动画文本时发生。
- 鼠标双击:在双击动画文本时发生。
- 鼠标悬停:在鼠标移动到文本上静止1秒钟左右时发生。
- 网页加载:在浏览器加载网页时发生。

2. 图片动画效果

图片动画效果与文本动画效果一样,设置方法与文本动画效果设置方法类似。

3. 网页过渡效果

网页过渡效果是指浏览器在更新网页时两个网页之间替换过渡的方式。

在设置网页过渡效果时,除了选择过渡效果外,还需要设置两个选项:一个是引发产生过渡效果的事件,另一个是整个过渡效果的持续周期,其中,事件包括:进入网页、退出网页、进入站点、退出站点。

网页过渡效果的设置方法为:点击主菜单中的"格式/网页过渡"菜单项,出现一个"网页过渡"对话框,如图7.26所示。在对话框中打开"事件"下拉列表框,选择事件选项;在"过渡效果"列表框中选择过渡效果选项,并可以设置周期值。所设置的过渡效果在主编辑窗口中"预览"模式下即可以看到。

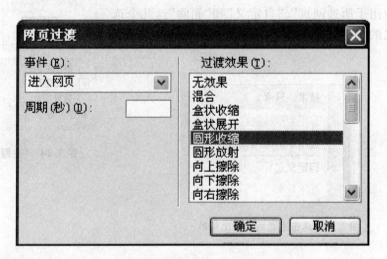

图7.26 "网页过渡"对话框

7.5 网页设计实例

利用FrontPage 2003可以方便快捷地创建出美观实用的网页。如图7.27所示网页为几个学校的简介,以此为实例,介绍FrontPage 2003的网页设计过程。

学校名称	图　片	简　介
安徽中医学院	安徽中医学院	安徽中医学院创建于1959年，学校秉承安徽"北华佗、南新安"的医学传统，已经形成"弘扬新安医学，培育中医人才"的办学特色。
皖南医学院	皖南医学院	皖南医学院是安徽省普通高等学校。学校坐落在具有"徽风皖韵，千湖之城"美誉的国家级开放城市—芜湖。
蚌埠医学院	蚌埠医学院 BengBu Medical College	蚌埠医学院创建于1958年7月，由上海第二医学院和安徽医学院援建而成，是安徽省省属普通高等医学本科院校和国家首批具有学士和硕士学位授予权的单位。
安徽医科大学	安徽医科大学	安徽医科大学创办于1926年5月，办学定位是建设高水平的教学研究型医科大学。学校弘扬"爱国爱民，献身人类健康"的光荣传统，秉承"兴国、奉献、仁爱"的育人理念，倡导践行"求真、求精、求新"的校风学风。

图 7.27　一个网页实例

在开始制作之前，首先必须准备材料，主要是图片。实例涉及的图片如图 7.28 所示。

图 7.28　网页实例需要的素材

其次是要清楚页面布局，然后思考如何实现。对于复杂的页面，需要先在纸上画一个草稿以清晰思路。在本例中，主要是利用表格来实现的。

点击"文件/新建"，选择空白网页。然后点击"表格/布局表格和单元格"，可以看到如图 7.29 所示的操作界面，选择整页，宽度、高度取默认值，对齐方式为居中，从而在空白网页中绘制一个布局表格。其他各项内容都是插入到此布局表格中的。

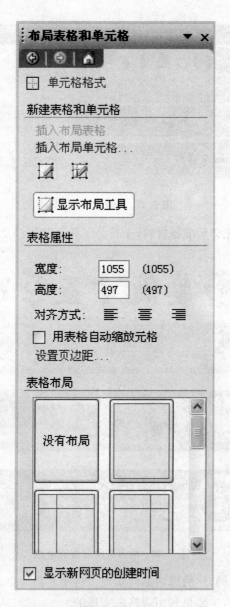

图 7.29 "布局表格和单元格"对话框

  将光标放于布局表格中,选择"表格/插入/表格",如图 7.30 所示,将显示基本信息的表格插入布局表格中,得到如图 7.31 所示的结果。

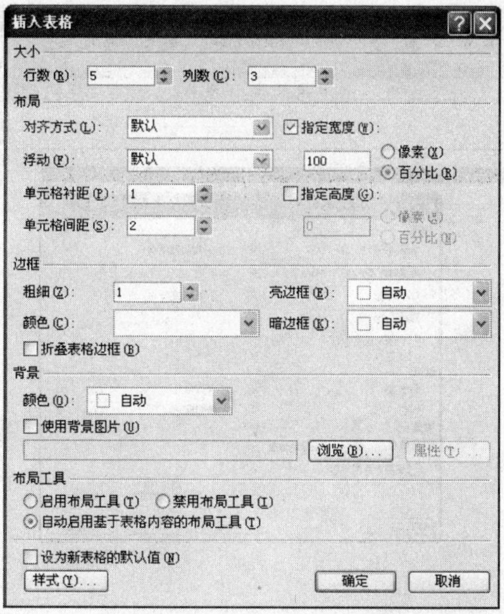

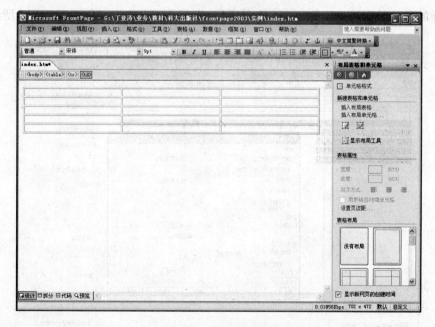

图 7.30　"插入表格"对话框

图 7.31　初步效果图

　　选中 3 个表头单元格,点击右键,选择"单元格属性",在如图 7.32 所示的"单元格属性"对话框中,将表头单元格颜色设置为 800000 值。

图 7.32 单元格属性

同样的方法处理第一列的 2、3、4、5 单元格,将其背景色设为绿色,如图 7.33 所示。

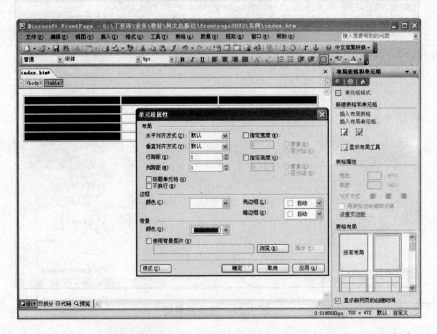

图 7.33 设置单元格背景色

第二列插入图片(来自文件),分别选择准备好的图片素材,如图 7.34 所示。

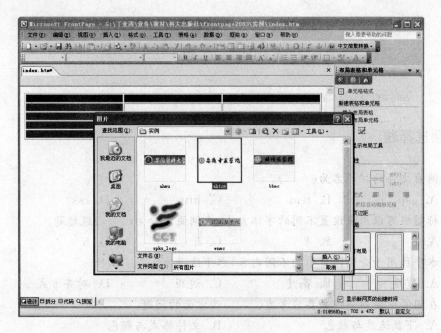

图 7.34 插入图片

　　插入图片后,选择图片,按右键,选择"图片属性",将其宽度统一设为 280,如图 7.35 所示。

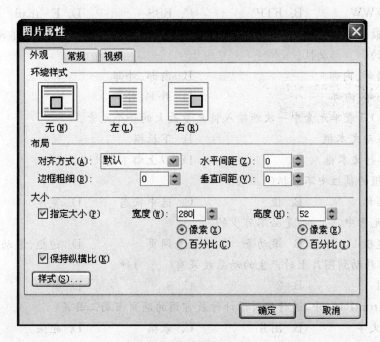

图 7.35 设置图片属性

　　最后将所有单元格设置为居中的对齐方式,最终结果如图 7.27 所示。

习　题

一、单项选择题

1. 网页文件的扩展名为（　　）。
   A. asp　　　　　　B. tem　　　　　　C. htm　　　　　　D. css

2. 标题级可以用来设置不同的字体大小，在网页中分为（　　）级标题。
   A. 3　　　　　　　B. 4　　　　　　　C. 5　　　　　　　D. 6

3. 水平线用于分隔网页中的不同内容，水平线没有（　　）属性。
   A. 宽度　　　　　　B. 高度　　　　　　C. 边距　　　　　　D. 对齐方式

4. 在网页中使用图像主要应考虑（　　）两方面的问题。
   A. 下载速度与颜色　　　　　　　　B. 文件格式与颜色
   C. 下载速度与文件格式　　　　　　D. 以上都不是

5. （　　）是一种资源丰富、面向大众的服务；在（　　）上既可以浏览别人的信息，也可以发布自己的信息。
   A. WWW　　　　　B. FTP　　　　　　C. BBS　　　　　　D. E-mail

6. 表格最基本的单位是单元格。单元格间距是单元格的（　　）属性，单元格填充是单元格的（　　）属性。
   A. 内部、内部　　　　　　　　　　B. 内部、外部
   C. 外部、内部　　　　　　　　　　D. 外部、外部

7. （　　）是表单元素中一次能输入信息量最大的一个元素。
   A. 滚动文本框　　　　　　　　　　B. 下拉框
   C. 单行文本框　　　　　　　　　　D. 以上都不是

8. 下拉框的属性中不包括（　　）。
   A. 名称　　　　　　B. 值　　　　　　　C. 选中状态　　　　D. 宽度

9. 框架元素中，（　　）是必不可少的。
   A. 边框　　　　　　B. 滚动条　　　　　C. 网页　　　　　　D. 边框、滚动条和网页

10. 鼠标移动到图片上时产生的动画效果有（　　）种。
    A. 1　　　　　　　B. 2　　　　　　　C. 3　　　　　　　D. 4

11. 在 FrontPage 中，进行网页设计时最常用的网页布局工具是（　　）。
    A. 文字　　　　　　B. 图片　　　　　　C. 表格　　　　　　D. 框架

12. 在 FrontPage 中，表格的单元格边距是指（　　）。
    A. 表格内单元格与单元格之间的距离
    B. 表格的外边框与内部单元格间的距离
    C. 单元格内文字与单元格边框的距离
    D. 表格的外边框与内部文字间的距离

13. 在 FrontPage 中,关于图片缩略图的说法正确的是(　　)。
    A. 图片缩略图和原图片是同一个文件大小的不同显示
    B. 图片缩略图和原图片是以不同文件名存在的两个文件
    C. 图片缩略图不能改变大小
    D. 网页中的图片缩略图和原图片是相互独立的

14. 在一个网站中,路径通常有两种表示方式,分别是(　　)。
    A. 根目录相对路径、文档目录相对路径
    B. 绝对路径、根目录相对路径
    C. 绝对路径、文档目录相对路径
    D. 绝对路径、根目录绝对路径

15. 在网页中,动态图片的文件扩展名通常为(　　)。
    A. BMP　　　　　B. WAV　　　　　C. JPG　　　　　D. GIF

16. 在网页制作中,下列关于绝对路径的说法正确的一项是(　　)。
    A. 绝对路径是被链接文档的完整 URL,不包含使用的传输协议
    B. 使用绝对路径需要考虑源文件的位置
    C. 在绝对路径中,如果目标文件被移动,则链接同样可用
    D. 创建外部链接时,必须使用绝对路径

二、多项选择题

1. 如何向 FrontPage 中插入图形?(　　)。
   A. 在"插入"菜单上,单击"图片",然后单击"剪贴画"
   B. 在"插入"菜单上,单击"Web 组件"
   C. 右键单击该页面,然后单击"插入图形"
   D. 在"插入"菜单上,单击"图片",然后单击"来自文件"

2. 如果将单元格的水平对齐方式更改为"居中",以下哪些不会发生?(　　)。
   A. 整个单元格将移动到表格中央,不管它的最初位置如何
   B. 单元格中的内容将对齐单元格的中央
   C. 整个表格将对齐网页的中央
   D. 整个单元格将对齐网页的中央。

3. URL 指的是(　　)。
   A. 仅指向硬盘驱动器上的文件
   B. Internet 上文件的唯一地址
   C. 是用来显示带下划线的蓝色文本的唯一方法
   D. 统一资源定位器

4. 如果指定了表格中单元格宽度,以下说法不正确的是(　　)。
   A. 无论什么情况都将始终保持指定的宽度值
   B. 如果其内容的宽度超出了指定的宽度,单元格可能会加宽
   C. 如果向单元格输入内容,它将折叠
   D. 如果其内容的宽度超出了指定的宽度,单元格仍然不会加宽

5. 下列哪一个操作可以用于更改表格的背景色？（　　）

　　A. "布局表格和单元格"任务窗格

　　B. 点击"表格"菜单,选择"表格属性"中的"表格"对话框

　　C. "单元格格式"任务窗格

　　D. 在表格上点击右键,选择"表格属性"

6. FrontPage 软件是（　　）。

　　A. 幻灯片处理软件　　　　　　　　B. 表格处理软件

　　C. 网页制作软件　　　　　　　　　D. 是 Micorsoft Office 中的一个成员

7. FrontPage 视图形式包括（　　）。

　　A. 网页视图　　　B. 报表视图　　　C. 文件夹视图　　　D. 导航视图

8. FrontPage 中,可以作为超链接的对象有（　　）。

　　A. 文本　　　　　B. 按钮　　　　　C. 图片　　　　　D. 声音

9. FrontPage 中,若想在本机上测试网页发布的结果,必须经过的操作步骤有（　　）。

　　A. 在本机上安装 Windows 2000 的 IIS(Internet 信息服务)功能项

　　B. 在"配置默认 Web 站点"对话框中设置好主目录及文档

　　C. 在对网页调试时在 IE 地址栏中输入"http://127.0.0.1"或"http://localhost"即
　　　可访问到自己的网站

　　D. 也可在 IE 中直接更改所发布的网页

10. 在 FrontPage 中,表单域包括（　　）。

　　A. 文本框　　　　B. 按钮　　　　　C. 标签　　　　　D. 复选框

11. 在用 FrontPage 创建的一个空白站点中,系统默认的文件夹包括（　　）。

　　A. private 文件夹　　　　　　　　B. main 文件夹

　　C. index 文件夹　　　　　　　　　D. image 文件夹

12. 在网页制作中,URL 引用的地址形式可以是（　　）。

　　A. 自动引用　　B. 绝对地址　　　C. 相对地址　　　D. 复合地址

13. 在网页编辑中,可以插入的表单对象有（　　）。

　　A. 按钮　　　　　B. 图片　　　　　C. 文本　　　　　D. 标签

14. 在利用 FrontPage 进行网页设计时,网页的编辑视图形式有（　　）。

　　A. 普通视图　　　　　　　　　　　B. HTML 视图

　　C. 页面视图　　　　　　　　　　　D. 大纲视图

三、填空题

1. 换行是文本里最常见的现象。在 FrontPage 中,既可以＿＿＿＿＿换行,也可以＿＿＿＿＿加入换行符。

2. 列表是用于组织＿＿＿＿＿的一种比较好的工具,在 HTML 中共有 6 种列表,分别是＿＿＿＿＿、＿＿＿＿＿、＿＿＿＿＿、＿＿＿＿＿、＿＿＿＿＿。

3. 图像文件的格式有几十种,最常用的图像格式有＿＿＿＿＿、＿＿＿＿＿、＿＿＿＿＿和＿＿＿＿＿。

4. 图像与文本有三种对齐方式,分别是＿＿＿＿＿、＿＿＿＿＿和＿＿＿＿＿。

5. 在网页中,图像的环绕方式有两种:左环绕是图像在_____,文本在图像的_____进行环绕;右环绕是图像在_____,文本在图像的_____进行环绕。

6. 在建立一个超链接时,必须指定被链接的目标_____。超链接不一定只链接到_____文件上,也可以链接到其他文件上,如_____文件、_____文件、_____文件等各种_____所支持的文件。

7. 一个完整的表格主要由_____、_____、_____和_____四个部分组成。表格最基本的单位是_____。

8. 表单元素种类主要有_____、_____、_____、_____等。

9. 框架中的滚动条有三种属性,分别是_____、_____和_____。拆分框架有两种方式:一种是_____,可以将一个框架一次拆成_____;另一种是_____,可以将一个框架一次拆成_____。

10. _____是框架使用中最为重要的部分,也是使用框架的_____。

11. "主题"是 FrontPage 专门准备好的各种样式的_____,在主题中定义了_____样式、_____样式、_____样式以及颜色的搭配等几乎所有网页中的元素样式。

12. 图片动画效果按事件来分有_____、_____、_____和_____四类。

实　　验

实验 7.1　FrontPage 2003 的使用

一、实验目的

1. 熟悉 FrontPage 主菜单中各菜单项的功能。
2. 掌握网页中一些最基本元素的使用方法和操作技巧。
3. 掌握网页创作过程中图像与文本的编辑关系,并力求网页中的内容编排和谐美观。
4. 掌握超级链接及表格的操作方法。
5. 了解网页设计构思。

二、实验内容

1. 新建一个空白网页。
2. 为网页添加一个布局表格。
3. 构思好页面内容的布局,需要开动脑筋。

4. 在对应位置先合并单元格，再插入图片。

5. 输入相应文字，并设置字体、字号和颜色。

6. 为网页文字添加超链接。

7. 设置左边表格和顶部单元格的背景色。

8. 效果页如图 7.36 所示，仿照该效果图进行操作。

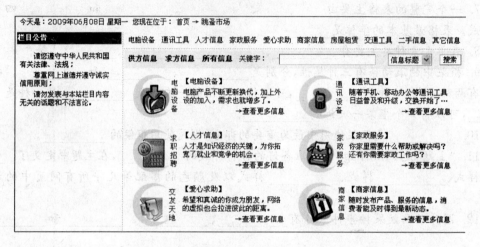

图 7.36　效果页

第8章　信息技术与信息系统安全

自从第一台计算机问世以来,短短的六十年时间,计算机已被应用到人类社会的各个领域,正在改变着人类传统的工作、学习和生活方式。随着网络的迅猛发展,全球信息化已成为人类发展的趋势,学习和掌握计算机信息技术变得尤为重要。

信息系统的安全主要包括计算机系统的安全和计算机网络的安全。网络的发展,给人类提供了丰富的资源,提高了信息传递、交换的效率,同时也受到计算机病毒、网络黑客等其他不轨行为的攻击,给社会造成了巨大的损失,所以信息系统的安全问题是一项非常重要的工作。

本章主要介绍信息技术基础知识,与信息系统安全相关的计算机病毒、数据加密、数据签名、防火墙技术以及信息系统安全的道德意识和道德建设等内容。

8.1　信息技术基础知识

当今社会已步入信息社会、数字社会,了解和掌握信息技术已成为当代大学生必不可少的学习内容之一。

8.1.1　信息与数据

数据是指存储在某种媒体上能够被识别的物理符号。它不仅包括字母、汉字、数字和其他特殊字符所组成的文本形式的数据,而且还包括图形、图像、声音、影像等多媒体数据。当前常用的、基本的数据是文本数据。

一般来说,信息是反映各种事物的特征,以及事物之间相互联系的表征。人是通过接受信息来认识、了解事物的,从这个意义上讲,信息是一种知识。信息同社会中的物质一样,是人们赖以生存不可缺少的重要资源。信息无处不在,我们需要了解信息、利用信息,进而推动人类自身和社会的发展;信息以多种形式存在,如"医学信息"、"高考信息"、"股票信息"等等;信息可以传递和存储,信息的传递也称为通信,例如,同学们可以通过电子邮件、电话、网络 BBS 等方式交流学习心得,这个过程就是信息的传递,信息也可以通过不同存储介质保存下来,以后可以多次利用,具有时代意义的重要信息,也可以永久保存,作为人类文明沿承下去。

数据和信息是两个互相联系、互相依存又互相区别的概念。信息通过数据来表达,存在多种多样的形式。数据反映信息,它是信息的载体。

有时人们把数据与信息互换使用,其实数据是枯燥的、无实际意义的,而信息在不同的场合、环境下具有特定的意义。例如,某个人的年龄是 25 岁,记录在其档案上的 25 实际上是个数据。单纯的 25 这个数据,并不知道它到底表示什么意义,当数据通过某种形式经过描述、比较、处理,便被赋予了实际意义。

8.1.2　信息技术

1. 信息技术的概念

信息技术从广义上讲,是指人类获取、存储、加工、传递和利用信息的技术。

从狭义上讲,信息技术是指利用电子计算机和现代通信手段获取、传递、存储、显示信息和分配信息的一门新技术。也就是说,信息技术是以现代计算机技术、现代通信技术和控制技术为代表的一门新技术。

随着信息技术的不断发展,其内涵也具有时代特性,其概念多种多样,没有统一。联合国教科文组织对信息技术的定义是:应用在信息加工和处理中的科学、技术与工程的训练方法和管理技巧;这些方法和技巧的应用,涉及人与计算机的相互作用,以及与之相应的社会、经济和文化等诸多事物。

信息技术主要反映在如下几个方面:

① 信息技术一般是指"一系列与计算机、网络相关的技术";

② 这些技术能够对数量巨大的、形式变化的、地域分散的各种信息进行存储、处理、显示、传递和使用;

③ 信息技术越来越多地同文本、图形、图像、声音、影像等多种媒体格式的数据信息相关联。简单地说,信息技术是能够拓展人自身的信息功能的技术。主要包括:拓展人的思维器官存储、分析、处理信息功能的计算机技术;拓展人的神经系统传递信息功能的通信技术;拓展人的脑细胞控制、指挥、发布信息功能的控制技术。

2. 信息技术的特点

信息技术的飞速发展有利于加强对信息的处理。信息处理主要包括对文本、图形、图像、声音、影像等的处理。

信息技术对信息处理方式所产生的影响,有如下特点:

① 地域性。通过网络,可以高速、准确地对异地信息进行操作。例如,身在北京的名医,可以对合肥的病人进行就诊。

② 实时性。通过网络、可视电话等高科技手段对信息进行实时处理。

③ 多样性。信息是客观事物存在方式和运动状态的反映,大千世界纷繁复杂的事物,表现出不同的特征和形态,这些客观存在的特征,通过多种多样的信息表达出来。

④ 共享性。信息的多样性,为使用者提供了选择的空间,同一信息,可以被多个使用者享用。网上有大量的医学论文、医学杂志等医学信息资源,可以在世界范围内供老师、学生等共享使用。

⑤ 交互性。随着通信技术的发展,通过网络、电话、通信卫星等手段,信息可以实时传递,信息提供者和接受者可以相互交流,进而信息提供者和接受者的身份也变得模糊了。

3. 信息技术的内容

根据当前信息技术对信息处理所作用的范围可以包含三个方面的内容:

① 信息基础技术。它是信息技术的基础,包括新能源、新材料、新工具的研发和制造技

术,以化工技术、电子技术为代表。

② 信息系统技术。它是指有关信息的获取、处理、传输、控制的设备和系统的技术,以计算机技术、通信技术、控制技术为核心技术。

③ 信息应用技术。它是在生活、工作、教学、科研等各个领域的广泛应用,对人类社会的发展产生巨大的影响。

8.1.3　信息技术的发展及应用

1. 信息技术的发展

信息技术的快速发展正在加速经济的发展、加速产业结构调整的步伐和社会的全面变革。信息技术正在改变政府和企业的管理模式,成为综合竞争力的重要组成部分。在当今社会中,网络和信息产品已经融入人们的生活方式,信息生产和信息消费的增长将成为经济发展和社会进步的主要动力。信息技术的发展趋势可以概括为数字化、网络化、智能化、多媒体化、个性化、微型化、移动化、服务化、参与式和交互式。

① 数字化:现实社会正由模拟化世界向数字化世界转变,计算机所存储和处理的信息都是数字化的。大量数字化的信息可以被高速传输、压缩容量、去除噪声,有模拟化信息无可比拟的优势。数字化电视现已逐步进入家庭,可以得到高清晰、逼真的视觉享受,家电产品以及其他电子产品正逐步被数字化产品代替。新的数字化产品也在不断地被研发出来,对社会各领域造成巨大影响。

② 网络化:网络化是信息技术发展的基础与环境。信息技术的高速发展离不开网络,以网络为平台,把丰富的信息联系在一起,社会的每个人既是信息的缔造者,也是信息的享用者。

③ 智能化:现代的信息处理装置,大都是被动地按照人的意志去做某些事情,几乎没有智能,随着信息技术的发展,越来越有必要研发出有智慧的电子产品,在某些方面通过一系列智能技术使设备或者系统部分地具有人的智能,从而能够部分地代替人的劳动,这也是信息技术发展的目的之一。

④ 多媒体化:现在,随着信息技术的不断发展,计算机由初期单纯的数字、文本处理转向对图像、声音、影视等多媒体信息的综合处理。随着数字化技术的发展,多媒体数字化技术逐步应用于工业、生活中,以近乎人类的思维方式去工作。

⑤ 交互性:使所有的人都能够参与对信息的控制和使用活动,我们每一个人都不再仅仅是信息的被动接受者。

⑥ 微型化:未来的信息化产品,逐步向体积小、重量轻、性能高等微型化的方向发展。

⑦ 个性化:未来的社会崇尚个性,可以根据个人的意愿,很人性化地去制造相应的产品,可以说,个性化是信息技术所取得的最伟大的成就之一。

2. 信息技术在医学上的应用

随着计算机软件、硬件的高速发展,特别是网络的普及,计算机技术已渗透到医学及其管理的各个领域,可利用计算机获取、识别、存储、处理医学及医学管理的各种信息。近十年来,现代医学科学技术也进入了高速发展期,大量的医学研究成果发表在各种医学期刊和医学会议论文中,据统计,全世界每年在 4 万多种生物医药杂志上约有 200 多万篇医学论文发表。如何从海量的医学文献库中,较快地获取治疗某一疑难疾病的方案? 如何在检索到的大量医学文献中获取解决医学问题的最科学、最有效的医治方案？信息技术、通信技术、互联网技术及软件的开发和应用使这一难题迎刃而解。通过收集世界范围内各专业的随机对比研究的医学文献,应用 Meta 和 Pooled 等分析软件进行系统地分析、评价和综述,与分子生物学知识、免疫学、遗传学、新型材料技术、新型药物知识等现代医学相结合,能够做出正确的、最佳的诊断决策方案。

计算机技术在医学领域中的应用主要包括以下几个方面:

① 医学情报检索系统。

首先把医学图书、期刊、各种医学资料等信息根据分类标准存入后台数据库(海量数据库),可以本地访问,也可以远程访问;其次,编写服务器端的检索程序,以高效访问、存储、处理后台数据库;最后通过网络或客户端程序通过关键词等即可迅速查找到所需文献资料。

美国国立医学图书馆编制的"医学文献分析与检索系统"(MEDLARS)是国际上较著名的软件系统,这是一个比较完善的实时联机检索的网络检索系统。其他著名的系统还有IBM4361、MEDLARS 等。我国也开发了一些专题的医学情报资料检索系统,如中医药文献、典籍的检索系统。

② 计算机辅助诊断和决策系统(CAD&CMD)。

通过收集病人的信息(症状、体征、各种检查结果、病史包括家族史以及治疗效果等),以及临床专家的诊断信息存入医疗信息数据库。计算机辅助诊断和决策系统则是通过计算机与医疗信息数据库相结合,运用神经网络、模糊数学、概率统计以及数据挖掘技术,在计算机上建立数学模型,对病人的信息进行处理,给出诊断意见和治疗方案。这一系统也称为"专家系统"。

数据挖掘(Data Mining)技术就是从大量的、不完全的、有噪声的、模糊的、随机的实际应用数据中,提取隐含在其中的、人们事先不知道的、但又是潜在有用的信息和知识的过程,帮助决策领导者寻找数据间的潜在联系以及趋势分析。

这类系统中,比较著名的有美国斯坦福大学的 MYCIN 系统,它能识别出引起疾病的细菌种类,提出适当的抗菌药物。在中国,类似的系统有中医专家系统,或称"中医专家咨询系统"。

③ 医院信息系统(HIS)。

用以收集、处理、分析、储存和传递医疗信息、医院管理信息。医院信息系统可以包括的功能有:病人登记、预约;病历管理;病房管理;临床监护;医院行政管理;药房和药库管理;病人结账和出院;医疗辅助诊断决策等功能。

这类系统中,比较著名的有马萨诸塞综合医院使用的 COSTAR 系统。中国也开发了大量的医院信息系统,并统一规划开发了医院统计、病案、人事、器材、药品、财务管理软件包。

④ 生物医学统计软件。

在临床实验研究及生物药学研究中,需要统计处理大量医学信息。应用计算机技术可以准确快速地对这些数据进行运算和处理。较著名的计算机统计软件包有 SAS、SPSS、SYSTAT 及中国的 RDAS 等。

⑤ 医学图像处理与图像识别。

医学研究与临床诊断中要研究的载体主要以图像文件为主。医学图像一般分为两类:一是信息随时间变化的一维图像,如心电图、脑电图等;另一是信息在空间分布的多维图像,如 X 射线、细胞立体图像等。在医学领域中需要处理和识别大量的图像,以往都是采用人工方式,其优点是可以由有经验的医生对临床医学图像进行综合分析,但分析速度慢,正确率随医生而异。有一些医学图像,如脑电图的分析,凭人工观察,只能提取少量信息。而利用计算机可做复杂的计算,能提取其中许多有价值的信息。另外,进行肿瘤普查时,往往要在显微镜下观看数以万计的组织切片;日常化验或研究工作中常需要做某种细胞的计数。这些工作既费力又费中,若使用计算机,就将节省大量人力并缩短时间。在心血管造影中,当用手工测量容积、导出血压容积曲线时,只能分析出心脏收缩和舒张的特点。若利用计算机计算,每张片子只需 1 秒钟,并可以得到瞬时速度、加速度、面积和容积等有用的参数。医学图像处理在计算机体层摄影成像术(CT)方面的突出成就和磁共振成像仪、数字减影心血管造影仪等新装置的相继出现,以及超声等其他医学成像仪器的进一步完善,使人们对放射和核医学图像的处理及模式识别的研究兴趣更为浓厚。

医学影像领域是一个多学科交叉的领域,医学影像设备根据间接探测到的活体组织某个生理层面的信息,获得该生理层面的影像,然后利用这些影像在专业软件和硬件的支持下进行诊断和治疗。它涉及的知识包括各类影像形成的物理原理,成像对象、活体组织的生物学机理,以及如何处理探测到的信息,这些与信息技术密不可分。在信息技术领域主要涉及影像重建、三维影像分割、医学影像配准技术、高性能计算、网格计算等技术。

目前,各大医院基本实现了病历电子化,建立起了相关的病人数据库,医生通过该数据库可很快了解患者以前的病史信息,从而能更快速、准确地诊断病情,对提高疗效大有帮助。如果主治医师不在,患者可接受其他医院同领域专家基于本人病历的远程医疗。另外,各医院通过共享患者数据,可实现优势互补,并向患者提供最适当的治疗,对具体数据的集中分析还能更好地验证医疗效果等。

信息科学技术是发展最快、带动面最广、能加快经济发展速度、对经济结构和社会变革影响最大的科学技术。信息技术将渗透到所有产业、服务业和管理工作中去。通信、电子、家电、摄影等行业已开始在数字化和网络化的基础上融合。

8.2　信息系统安全

随着网络的高速发展,各种危害信息系统安全的病毒、黑客、木马等越来越猖獗,如何防护信息系统的安全是一项很重要的工作。

8.2.1　信息安全

信息安全是指保护计算机信息系统中的资源(包括计算机软件、硬件、存储介质、网络设备和数据等)免受毁坏、泄漏、窃取等。

信息安全研究防止信息内容被故意地或偶然地非授权泄漏、更改、破坏,或信息被非法的系统辨识、控制的各种机制,它可以确保信息的完整性、可用性、保密性和可控性。

信息安全包括操作系统安全、数据库安全、网络安全、病毒防护、访问控制、加密与鉴别七个方面。

8.2.2 信息系统安全

8.2.2.1 信息系统安全的基本概念

计算机信息系统（Computer Information System）是指由计算机及其相关的和配套的设备、设施（含网络）构成的，按照一定的应用目标和规则对信息进行采集、加工、存储、传输、检索等处理的系统。

对于计算机安全，根据 ISO 的定义是："为数据处理系统建立和采取的技术的和管理的安全保护，保护计算机硬件、软件、数据不因偶然的或恶意的原因而遭破坏、更改、显露。"根据我国公安部计算机管理监察司的定义是："计算机安全是指计算机资产安全，即计算机信息系统资源和信息资源不受自然和人为有害因素的威胁和危害。"

8.2.2.2 信息系统安全的分类

为了保证分类体系的科学性，遵循如下原则：

① 适度的前瞻性。

② 标准的可操作性。

③ 分类体系的完整性。

④ 与传统的兼容性。

⑤ 按产品功能分类。

计算机信息系统安全包括实体安全、运行安全、信息安全三个方面。

1. 实体安全（Physical Security）

实体安全是保护计算机设备、设施（含网络）以及其他媒体免招地震、水灾、火灾、有害气体和其他环境事故（包括电磁污染等）破坏的措施、过程。主要包括如下方面：

（1）设备安全

设备安全应提供对计算机信息系统设备进行安全保护的机制，主要涉及以下内容：

1）设备防盗。

使用一定的防盗手段（如移动报警器、数字探测报警和部件上锁）用于计算机信息系统设备和部件，以提高计算机信息系统设备和部件的安全性。

2）设备防毁

① 对抗自然力的破坏，使用一定的防毁措施（如接地保护等）保护计算机信息系统设备和部件。

② 对抗人为的破坏，使用一定的防毁措施（如防砸外壳）保护计算机信息系统设备和部件。

3）防止电磁信息泄漏

① 防止电磁信息的泄漏，如录用屏蔽室等防止电磁辐射引起的信息泄漏。

② 干扰泄漏的电磁信息，如利用电磁干扰对泄漏的电磁信息进行置乱。

③ 吸收泄漏的电磁信息，如通过特殊材料/涂料等吸收泄漏的电磁信息。

4）防止线路截获

① 预防线路截获，使线路截获设备无法正常工作。

② 探测线路截获,发现线路截获并报警。

③ 定位线路截获,发现线路截获设备工作的位置。

④ 对抗线路截获,阻止线路截获设备的有效使用。

5) 抗电磁干扰

① 抗外界对系统的电磁干扰。

② 消除来自系统内部的电磁干扰。

6) 电源保护

① 对工作电源的工作连续性的保护,如不间断电源。

② 对工作电源的工作稳定性的保护,如纹波抑制器。

（2）环境安全

环境安全提供对计算机信息系统所在环境的安全保护,主要涉及以下内容:

1) 受灾防护

① 灾难发生前,对灾难的检测和报警。

② 灾难发生时,对正遭受破坏的计算机信息系统采取紧急措施,进行现场实时保护。

③ 灾难发生后,对已经遭受某种破坏的计算机信息系统进行灾后恢复。

2) 区域防护

① 静止区域保护,如通过电子手段（如红外扫描等）或其他手段对特定区域（如机房等）进行某种形式的保护（如监测和控制等）。

② 活动区域保护,对活动区域（如活动机房等）进行某种形式的保护。

（3）媒体安全

媒体安全提供对媒体数据和媒体本身的安全保护,主要涉及以下内容:

1) 媒体的安全

① 媒体的防盗;

② 媒体的防毁,如防霉和防砸等。

2) 媒体数据的安全

① 媒体数据的防盗,如防止媒体数据被非法拷贝。

② 媒体数据的销毁,包括媒体的物理销毁（如媒体粉碎等）和媒体数据的彻底销毁（如消磁等）,防止媒体数据删除或销毁后被他人恢复而泄露信息。

③ 媒体数据的防毁,防止意外或故意的破坏使媒体数据的丢失。

2. 运行安全(Operation Security)

运行安全为保障系统功能的安全实现,提供一套安全措施（如风险分析、审计跟踪、备份与恢复、应急等）来保护信息处理过程的安全。主要包括如下内容:

（1）风险分析

它首先是对系统进行静态的分析（尤指系统设计前和系统运行前的风险分析）,旨在发现系统的潜在安全隐患;其次是对系统进行动态的分析,即在系统运行过程中测试、跟踪并记录其活动,旨在发现系统运行期间的安全漏洞;最后是系统运行后的分析,并提供相应的系统脆弱性分析报告。主要涉及以下内容:

① 系统设计前的风险分析。通过分析系统固有的脆弱性,旨在发现系统设计前潜在的安全隐患。

② 系统试运行前的风险分析。根据系统试运行期的运行状态和结果,分析系统的潜在

安全隐患,旨在发现系统设计的安全漏洞。

③ 系统运行期的风险分析。提供系统运行记录,跟踪系统状态的变化,分析系统运行期的安全隐患,旨在发现系统运行期的安全漏洞,并及时通告安全管理员。

④ 系统运行后的风险分析。分析系统运行记录,旨在发现系统的安全隐患,为改进系统的安全性提供分析报告。

（2）审计跟踪

它对计算机信息系统进行人工或自动的审计跟踪、保存审计记录和维护详尽的审计日志。主要涉及以下内容:

① 记录和跟踪各种系统状态的变化,如提供对系统故意入侵行为的记录和对系统安全功能违反的记录。

② 实现对各种安全事故的定位,如监控和捕捉各种安全事件。

③ 保存、维护和管理审计日志。

（3）应急

它提供紧急事件或安全事故发生时,保障计算机信息系统继续运行或紧急恢复所需要的设备和措施,包括应急计划辅助软件和应急设施两个方面。

1）应急计划辅助软件

① 紧急事件或安全事故发生时的影响分析。

② 应急计划的概要设计或详细制订。

③ 应急计划的测试与完善。

2）应急设施

① 提供实时应急设施,实现应急计划,保障计算机信息系统的正常安全运行。

② 提供非实时应急设施,实现应急计划。

（4）备份与恢复

它提供对系统设备和系统数据的备份与恢复,对系统数据的备份和恢复可以使用多种介质（如磁介质、纸介质、光碟、缩微载体等）。主要涉及以下内容:

① 提供场点内高速度、大容量、自动的数据存储、备份和恢复。

② 提供场点外的数据存储、备份和恢复,如通过专用安全记录存储设施对系统内的主要数据进行备份。

③ 提供对系统设备的备份。

3. 信息安全(Information Security)

信息安全研究防止信息财产被故意地或偶然地非授权泄露、更改、破坏、或信息被非法的系统辨识、控制。即确保信息的完整性、保密性、可用性和可控性。主要包括如下内容:

（1）操作系统安全

它提供对计算机信息系统的硬件和软件资源的有效控制,能够为所管理的资源提供相应的安全保护。它们或是以底层操作系统所提供的安全机制为基础构作安全模块,或者完全取代底层操作系统,目的是为建立安全信息系统提供一个可信的安全平台。主要涉及以下内容:

1）安全操作系统

安全操作系统,是指从系统设计、实现和使用等各个阶段都遵循了一套完整的安全策略的操作系统。

2）操作系统安全部件

① 通过构作安全模块，增强现有操作系统的安全性。

② 通过构作安全外罩，增强现有操作系统的安全性。

（2）网络安全

它提供访问网络资源或使用网络服务的安全保护。主要涉及以下内容：

1）安全网络系统

它是从网络系统的设计、实现、使用和管理等各个阶段都遵循一套完整的安全策略的网络系统。

2）网络系统安全部件

① 对网络资源访问的某一过程提供安全保护，例如身份认证是对登录过程的保护，旨在防止黑客对网络资源的访问。

② 对网络资源的某一部分提供安全保护，例如防火墙是对网络资源的某个部分（本地网络资源）的保护。

③ 对网络系统提供的某种服务提供安全保护，例如安全电子邮件服务是对网络系统提供的电子邮件服务的保护。

3）网络安全管理

① 帮助协调网络的使用，预防安全事故的发生。

② 跟踪并记录网络的使用，监测系统状态的变化。如提供对网络系统故意入侵行为的记录和对违反网络系统安全管理行为的记录。

③ 实现对各种网络安全事故的定位，探测网络安全事件发生的确切位置。

④ 提供某种程度的对紧急事件或安全事故的故障排除能力。

（3）数据库安全

它对数据库系统所管理的数据和资源提供安全保护。它一般采用多种安全机制与操作系统相结合，实现数据库的安全保护。主要涉及以下内容：

1）安全数据库系统

安全数据库系统是指从系统设计、实现、使用和管理等各个阶段都遵循一套完整的系统安全策略的安全数据库系统。

2）数据库系统安全部件

① 通过构作安全模块，增强现有数据库系统的安全性。

② 通过构作安全外罩，增强现有数据库系统的安全性。

（4）计算机病毒防护

它提供对计算机病毒的防护。病毒防护包括单机系统的防护和网络系统的防护。单机系统的防护侧重于防护本地计算机资源，而网络系统的防护侧重于防护网络系统资源。计算机病毒防护产品是通过建立系统保护机制，预防、检测和消除病毒。主要涉及以下内容：

1）单机系统病毒防护

① 预防计算机病毒侵入系统。

② 检测已侵入系统的计算机病毒。

③ 定位已侵入系统的病毒。

④ 防止病毒在系统中的传染。

⑤ 清除系统中已发现的计算机病毒。

2）网络系统病毒防护

① 预防计算机病毒侵入网络系统。

② 检测已侵入网络系统的病毒。

③ 定位已侵入网络系统的病毒。

④ 防止网络系统中病毒的传染。

⑤ 清除网络系统中已发现的病毒。

（5）访问控制

它保证系统的外部用户或内部用户对系统资源的访问以及对敏感信息的访问方式符合组织安全策略。主要涉及以下内容：

1）出入控制

① 物理通道的控制，例如利用重量检查控制通过通道的人数。

② 门的控制，例如双重门、陷阱门等。

2）存取控制

① 提供对口令字的管理和控制功能。例如提供一个弱口令字库，禁止用户使用弱口令字，强制用户更换口令字等。

② 防止入侵者对口令字的探测。

③ 监测用户对某一分区或域的存取。

④ 提供系统中主体对客体访问权限的控制。

8.3　计算机病毒

随着计算机和网络的不断发展，人们在工作、生活和学习中已离不开计算机和网络。在我们享受计算机和 Internet 带来的高速信息传递，高效事务处理的时候，计算机病毒和黑客悄然出现在身边，破坏我们的数据，降低计算机的运转效能，给我们的生活和工作造成了巨大的危害。

最初的计算机病毒，多半基于算法研究或开发游戏而诞生，其影响仅限于实验室或大型主机上。随着网络的发展，为病毒的滋生提供了良好的平台，病毒的种类越来越多，病毒的攻击性越来越强。为了有效地防止电脑被病毒感染，我们需要了解病毒的基本知识和防治措施。

8.3.1　计算机病毒的含义

1. 计算机病毒的定义

什么是计算机病毒？广义上来讲，凡能够破坏计算机系统，影响计算机工作并能实现自我复制的一段程序或指令代码都可称为计算机病毒。

在《中华人民共和国计算机信息系统安全保护条例》中的定义是："计算机病毒，是指编制或者在计算机程序中插入的破坏计算机功能或者毁坏数据，影响计算机使用，并能自我复制的一组计算机指令或者程序代码。"

2. 计算机病毒的特点

计算机病毒具有以下特点：

① 破坏性。计算机病毒在发作时都具有不同程度的破坏性。例如，有的干扰计算机系统的正常工作；有的占用计算机内存，降低计算机运行速度；有的修改或删除磁盘数据或文件内容，甚至使计算机系统瘫痪。

② 隐蔽性。大多数计算机病毒隐藏在可执行文件或数据文件中，不容易被发现。

③ 传染性。计算机病毒具有可传播性和很强的再生机制，这是计算机病毒的最本质的特征，并且计算机病毒的编制者可以对传染的方向、对象、传染次数加以选择和控制，病毒程序一旦加载到当前运行的程序体上，就开始搜索能感染的其他程序，从而使病毒很快扩展到磁盘和整个计算机系统。

④ 潜伏性。计算机系统在染上病毒后，遇到一定的条件，激活了它的传染机制后，才开始传染；或激活它的破坏机制开始进行破坏活动，这称为病毒发作。在发作条件满足前，病毒可能长时间潜伏在合法的程序中，不影响系统的正常运转。例如"黑色星期五"病毒就是在每逢 13 号的星期五才会发作。

⑤ 不可预见性。病毒种类多种多样，病毒代码千差万别，而且新的病毒制作技术也不断涌现，我们对于已知病毒可以检测、查杀，而对于新的病毒却没有未卜先知的能力，尽管这些新式病毒有某些病毒的共性，但是它们采用的技术将更加复杂，更不可预见。

⑥ 寄生性。病毒嵌入到载体中，依靠载体而生存，当载体被执行时，病毒程序也就被激活，然后进行复制和传播。

3. 计算机病毒的症状

计算机感染上病毒后，会表现出一定的症状，了解这些症状有利于及时发现病毒、清除病毒。目前，常见的病毒的症状有：

① 屏幕显示出现异常情况，如出现异常字符、突然黑屏、异常图形、显示的信息不全、显示的信息突然消失等。

② 系统运行异常，如速度突然减慢、出现异常死机、系统无法启动等。

③ 文件异常，如文件的长度无故加长、文件名有异常字符、文件无故变化或丢失等。

④ 磁盘存储异常，如"丢失"了磁盘驱动器、磁盘空间异常减少、硬盘上出现大量无效文件、出现异常读写情况等。

⑤ 打印机异常，如系统"丢失"了打印机、打印机状态发生变化等。

⑥ 邮件异常，如接收到大量垃圾邮件，造成网络带宽被严重浪费，网速减慢。

4. 计算机病毒的传播途经

计算机病毒总是通过某种传播媒介进行传染的。计算机病毒的主要传播途径有：

① 磁盘。软盘曾是主要的传播病毒的媒介。使用带有病毒的软盘，随着软盘的复制或在不同的计算机上使用，病毒就随之传播起来。另外，硬盘也是传播病毒的媒介。一旦某台计算机硬盘感染了病毒，可能会将该硬盘上的所有程序都染上病毒；在感染了病毒的计算机中使用软盘，如果软盘没有处于写保护状态，软盘就有可能染上病毒。

② 光盘。计算机病毒也可以通过光盘进行传播。如果购买的光盘中的软件本身带有病毒，使用此软件，计算机就可能染上病毒。

③ 移动存储设备。随着硬件技术的发展，存储设备向体积小、重量轻、容量大、外观美的方向发展，病毒的传播媒体也随之多元化，常见的有可移动硬盘、具有存储记忆功能的

MP3、可移动磁盘等。

④ 网络。当前病毒的主要载体是网络，特别是电子邮件。通过网络传播病毒的速度很快，能在很短的时间内传遍网络上的计算机，破坏性很强。

8.3.2 计算机病毒的分类

尽管病毒的数量非常多，表现形式也多种多样，但是通过适当的标准可以把它们分门别类地归纳成几种类型，从而更好地来了解和掌握它们。

1. 根据寄生方式分类

（1）引导型病毒

通过感染磁盘上的引导扇区或改写磁盘分区表（FAT）来感染系统，它是一种在系统启动时出现的病毒，用软盘引导启动的电脑容易感染这种病毒。该病毒几乎常驻内存，激活时即可发作，破坏性大。如小球病毒、大麻病毒就属于这种类型。

（2）文件型病毒

以感染 COM、EXE、OVL 等可执行文件为主，病毒以这些可执行文件为载体，当运行这些可执行文件时就可以激活病毒。文件型病毒大多数也是常驻内存的。如"CIH"病毒就属于文件型病毒，主要感染 Windows 95/98 下的可执行文件。CIH 病毒会改写 BIOS 和破坏计算机硬盘，导致系统主板的破坏，危害性极大，一般发生在 4 月 26 日。

（3）混合型病毒

兼有文件型病毒和引导型病毒的特点，所以它的破坏性更大，传染的机会也更多，防治也更困难。如新世纪病毒、One－half 病毒就属于这种类型。

（4）宏病毒

宏病毒是一种新型的文件型病毒，它寄存于 Word 文档中，一打开隐藏有该种病毒的文档，宏病毒即被激活。该病毒还可衍生出各种变形变种病毒。由于 Word 的广泛应用，所以宏病毒的流行非常广泛。危害较大的梅丽莎病毒（Macro. Melissa）就属于这种类型。

2. 根据连接方式分类

（1）源码病毒

在源程序编译之前插入其中，并随源程序一起编译、连接成可执行文件。此时刚刚生成的可执行文件已经带毒了。

（2）入侵型病毒

可用自身代替正常程序中的部分模块或堆栈区。因此这类病毒只攻击某些特定程序，针对性强。一般情况下也难以被发现，清除起来也较困难。

（3）操作系统病毒

可用其自身加入或替代操作系统的部分功能。因其直接感染操作系统，故这类病毒的危害性也较大。

（4）外壳病毒

将自身附在正常程序的开头或结尾，相当于给正常程序加了个外壳。大部分的文件型病毒都属于这一类。

3. 根据传染途径分类

根据传染途径，病毒分为驻留内存型和不驻留内存型。

4. 根据病毒的破坏情况分类

（1）良性病毒

是指不包含有立即对计算机系统进行破坏的程序代码的病毒，它主要是为了表现自己的存在而不停地扩散，不会破坏计算机中的程序和数据资料。如"救护车"病毒、"扬基"病毒等都属于这一类。

（2）恶性病毒

是指包含有破坏计算机系统的程序代码，在其发作和传染时对计算机系统产生破坏作用的病毒。如黑色星期五病毒、米开朗基罗病毒等就属于这种类型。

5. 常见的四类恶性病毒

（1）网络蠕虫病毒

是一种通过网络传播的恶性病毒，依靠不断地自我复制，来感染电脑和占用系统、网络资源，造成 PC 和服务器负荷过重而死机，并以使系统内数据混乱为主要的破坏方式。蠕虫病毒的一般前缀是 Worm。这种病毒的特点是可以通过网络或者系统漏洞来进行传播，很大一部分的蠕虫病毒都有向外发送带毒邮件、阻塞网络的特性，破坏性强，传播能力强。如冲击波、震荡波、爱虫病毒、尼姆达病毒、熊猫烧香病毒、Conflicker 等就属于这种类型。其中 Conflicker 蠕虫病毒是目前才出现的新型蠕虫病毒，主要依靠 Microsoft Windows 服务器中的漏洞 MS08－067 进行传播，也可以通过当前最流行使用的 USB 存储设备传播，如 U 盘，Mp3、Mp4 播放器等。此类型的蠕虫病毒与前些年的"Melissa－梅丽莎"及"ILoverYou－我爱你"病毒极为相似。不同之处在于以前的病毒通过软盘传播，而现今 Conficker 通过 USB 设备进行传播。据报道，2009 年元月份，法国海军遭受 Conficker 病毒攻击，致使网络瘫痪，损失惨重。

（2）木马病毒

源自古希腊特洛伊战争中著名的"木马计"而得名，它是一种伪装潜伏的网络病毒。木马病毒的一般前缀是 Trojan。这种病毒的特点就是通过网络或者系统漏洞进入用户的系统并隐藏，会修改注册表、驻留内存、在系统中安装后门程序、开机加载附带的木马，一旦发作，就可设置后门，定时地发送该用户的隐秘信息到木马程序指定的地址，一般同时内置可进入该用户电脑的端口，并可任意控制此计算机，进行文件删除、拷贝、改密码等非法操作。如 QQ 消息尾巴 Trojan. QQPSW. r，网络游戏木马病毒 Trojan. StartPage. FH，灰鸽子（Back-door. Gpigeon）病毒，爱情后门病毒 Worm. Lovgate. a/b/c，网游大盗 Trojan/PSW. Game-Pass. jws 等。其中网游大盗是一例专门盗取网络游戏账号和密码的病毒，该病毒会盗取包括"魔兽世界"、"完美世界"、"征途"等多款网游的玩家账户和密码，并且会下载其他病毒到本地运行。玩家计算机一旦中毒，就可能导致游戏账号、装备等丢失。病毒名中有"PSW"是表示这个病毒有盗取密码的功能，要特别注意防范。

（3）脚本病毒

是用脚本语言编写，通过网页进行传播的病毒。脚本病毒的一般前缀是：script，vbs，html。如红色代码 Script. Redlof、欢乐时光 VBS. Happytime、Iframe 溢出者 Exploit. HTML. IframeBof 等就属于这种类型。其中"Iframe 溢出者"是当前容易诱发的新脚本病毒，主要是利用"iframe"标签漏洞进行恶意程序传播的，如果用户的计算机操作系统没有及时更新漏洞补丁，当用户访问带有"Iframe 溢出者"的恶意网页时，就会在用户计算机后台自动挂载远程木马站点，下载恶意程序并自动调用运行，会给被感染计算机用户造成不可估量的损失。

（4）CIH 病毒

是第一个能破坏硬件的病毒。它主要是通过篡改主板 BIOS 里的数据，造成电脑开机就黑屏，从而让用户无法进行任何数据抢救和杀毒的操作。CIH 的变种能在网络上通过捆绑其他程序或是邮件附件传播，并且常常删除硬盘上的文件及破坏硬盘的分区表。所以 CIH 发作以后，即使换了主板或其他电脑引导系统，如果没有正确的分区表备份，硬盘中的数据基本会丢失，并且不能还原，破坏性极强。

8.3.3 计算机病毒的防治

1. 计算机病毒的预防

计算机病毒种类繁多，据调查统计，已经超过 10 万种。病毒攻击性强，破坏强度大，不仅能篡改、破坏计算机系统文件和数据资料，而且对硬件也有相当程度的破坏，给社会和国家带来巨大损失。预防病毒的侵入、阻止病毒的传播、及时地消除计算机病毒是一项非常艰巨的工作，而在这些工作中，预防病毒的侵入显得尤为重要。计算机病毒的预防一般可分为两个方面：从管理上预防和从技术上预防。

（1）从管理上预防计算机病毒

由于计算机病毒是人为制造的、对计算机系统有破坏作用的程序代码，因此，相关部门要对使用和操作计算机的人员进行职业道德教育，使他们从思想上认清计算机病毒的危害性，严禁传播和编制计算机病毒。

（2）从技术上预防计算机病毒

● 不要乱用来历不明的软盘、光盘。

● 系统启动盘要专用，而且要加上写保护；对于未感染计算机病毒的计算机，尽量使用硬盘启动。

● 对于重要的数据文件应及时备份，以备被病毒感染后，可以重新恢复。

● 对系统安装盘和重要的数据盘设置写保护。

● 在计算机上安装杀毒软件，并启用实时杀毒，定期升级更新杀毒软件，获取最新的病毒库。

● 不要随意打开某些来历不明的电子邮件。

● 严禁访问非法、色情和暴力网站。

● 针对 USB 设备，禁用 AutoRun。

● 检查电脑是否存在可能的漏洞，及时更新系统漏洞补丁。

2. 计算机病毒的检测与清除

计算机病毒检测技术是通过相关的技术手段判定出计算机病毒的一种技术。主要有两种检测方法：

① 根据病毒程序中的特征程序段内容、病毒特征、传染方式、发作条件等方面检测病毒。

② 并不具体研究病毒程序，而是对可疑文件进行跟踪，比较可疑文件的变化差异，根据病毒出现的症状检测病毒。

检测和清除病毒的常用方法是利用先进的杀毒软件，它能自动检测和清除计算机系统中的病毒。目前，大部分的杀毒软件不仅能检测隐藏在文件和引导扇区内的病毒，还能检测内存中驻留的计算机病毒。

3. 常用杀毒软件

（1）瑞星杀毒软件

瑞星杀毒软件是由北京瑞星科技股份有限公司所研发的软件产品。它是针对目前流行的网络病毒和黑客攻击，采用目前国际上最先进的结构化多层可扩展（SME）技术设计研制的模块化智能反病毒引擎，增强了对未知病毒、黑客木马、变种病毒、恶意网页程序快速查杀的能力，具有智能升级、定时备份、定时查杀病毒的能力，是保护计算机系统安全的工具软件。

为了更好地查杀病毒，瑞星公司推出了"云安全"计划。"云安全"（Cloud Security）计划通过互联网，将全球瑞星用户的电脑和瑞星"云安全"平台实时联系，组成覆盖互联网的木马、恶意网址监测网络，能够在最短时间内发现、截获、处理海量的最新木马病毒和恶意网址，并将解决方案瞬时送达所有用户，提前防范各种新生网络威胁。它的核心功能是自动检测并提取电脑中的可疑木马样本，并上传到瑞星"木马/恶意软件自动分析系统"，随后自动分析系统将把分析结果反馈给用户，查杀木马病毒，并通过"瑞星安全资料库"，分享给其他所有瑞星用户。瑞星网站为 http://www.rising.com.cn。

（2）金山毒霸

金山毒霸杀毒软件是由金山公司所研发的软件产品。它具有杀毒快、杀毒全面、升级快的特点。这一防毒系统可在 Windows 未完全启动时就开始保护用户的计算机系统，可扫描操作系统及各种应用软件的漏洞，当新的安全漏洞出现时，金山毒霸会下载漏洞信息和补丁，经扫描程序检查后自动帮助用户修补，它新增更强的木马专杀功能，日最大病毒处理能力提高 100 倍，杀毒更彻底采用独创的流行病毒查杀模式，升级方便快捷，是一款不错的杀毒工具。金山毒霸网站为 http://db.kingsoft.com。

（3）江民杀毒软件

江民杀毒软件是由江民科技公司所研发的软件产品。它具有独创的防毒防护技术，能够与操作系统底层技术结合更紧密，占用系统资源更小，能够与防火墙联动防毒、同步升级，防杀病毒更有效，能够检测或清除目前流行的病毒。江民杀毒网站为 http://www.jiangmin.com/。

（4）诺顿杀毒软件

诺顿杀毒软件是由赛门铁克公司所研发的软件产品，公司全球总部设在加里弗尼亚的库帕蒂诺，现已在 35 个以上的国家设有分支机构。它具有独创的"蠕虫拦截技术"，"程序性病毒拦截技术"和"启发式侦测技术"，可防范已知和未知的病毒、黑客木马、变种病毒，同时还加强了对压缩文件的检测，自动扫描所有从网上下载的压缩文件，在文件被打开之前就可以查杀文件中隐藏的病毒，它是一款功能强大的杀毒工具软件。诺顿杀毒网站为 http://www.symantec.com。

（5）卡巴斯基反病毒软件

卡巴斯基（Kaspersky）反病毒软件来源于俄罗斯，它具有最尖端的反病毒技术，时刻监控一切病毒可能入侵的途径，同时该产品应用独有的 iChecker ®技术，使处理速度比同类产品快 3 倍，它还应用了第二代启发式病毒分析技术识别未知恶意程序代码。卡巴斯基反病毒软件具有超强的中心管理和杀毒能力，能真正实现带毒杀毒，提供了一个广泛的抗病毒解决方案。它提供了多种类型的抗病毒防护：抗病毒扫描仪，监控器，行为阻断和完全检验。

目前卡巴斯基拥有世界上最完整和最庞大的反病毒数据库，并且拥有世界上最快的升级速度，每小时常规升级一次，以使系统随时保持抗御新病毒侵害的能力。卡巴斯基反病毒软件有许多国际研究机构、中立测试实验室和 IT 出版机构的证书，确认了 Kaspersky 具有汇集行业最高水准的突出品质。卡巴斯基反病毒软件网站为 http://www.kaspersky.com.cn/。

可以选择其中一款杀毒软件安装在计算机中，进行相关参数设置，使得该软件可以智能升级、实时查杀毒。由于病毒的防治技术往往滞后于新病毒的出现，杀毒软件可能对某些病毒检测不出或无法清除，我们平时应做好杀毒软件的升级工作，争取与最新版本同步，防"病毒"于未然。

4. 杀毒软件的使用

下面以瑞星杀毒软件 2009 为例来说明杀毒软件的使用。

（1）杀毒软件的获取

杀毒软件的获取可以有多种方法，常用的有两种，第一种是购买正版最新瑞星杀毒软件（提倡使用正版软件）；第二种是从瑞星网站（http//www.rising.com）上下载最新瑞星杀毒软件包。

（2）杀毒软件的安装

执行安装程序，根据安装向导输入相关序列号或插入钥匙盘（随光盘附带的 3.5 英寸软盘）一步一步完成安装，限于篇幅，不再赘述。

（3）杀毒软件的使用

启动杀毒软件，主界面如图 8.1 所示。

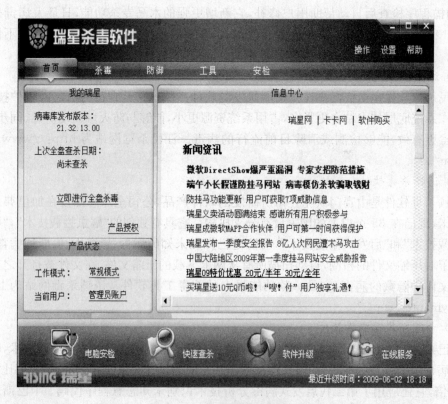

图 8.1　杀毒软件主界面

● 在查杀目录中,选择要查杀的盘符路径,单击"查杀病毒"按钮,该软件会自动检测和清除病毒。

● 相关环境设置。在菜单栏上单击"设置"→"详细设置",出现对话框如图 8.2 所示。

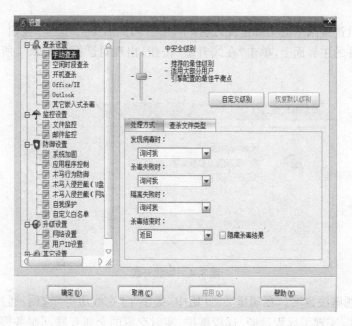

图 8.2　环境设置

在此窗口中,可以进行"查杀设置"、"监控设置"、"防御设置"、"硬盘备份"等相关设置,能做到有针对性地查杀文件,定时升级,定时备份等个性设置。

● 软件升级设置。在菜单栏上单击"设置"→"网络设置",出现对话框如图 8.3 所示。

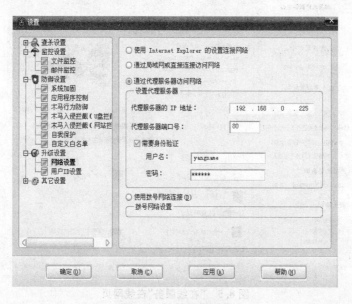

图 8.3　软件升级设置

若通过局域网连接 Internet,可以直接选取"通过局域网或直接连接访问网络"按钮。

若通过代理服务器连接 Internet,可以选取"通过代理服务器访问网络"按钮,然后输入代理服务器的 IP 地址和端口号,若需要身份认证,则输入用户名和密码。

若通过 IE 的设置直接连接网络,可以选取"使用 Internet Explorer 的设置连接网络"按钮。

根据计算机连接网络的实际情况,选择上述之一,然后单击"确定"按钮。

在杀毒软件的主界面上,单击"在线升级"按钮,出现对话框如图 8.4 所示,表示开始智能升级。

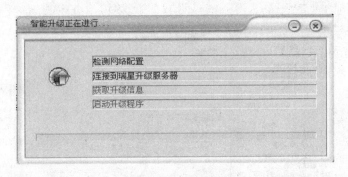

图 8.4　智能升级

● 疑难问题解决方案。在瑞星 2009 版中,提供了"在线服务"选项,通过它实现了在线互动式服务模式,实现了远程诊断、远程维护、实时交流的全新互联网服务模式,有效地解决了瑞星软件问题、瑞星升级问题、疑难病毒的处理问题等。进入"在线服务"的方法是,在启动杀毒软件的主界面上,单击"在线服务"按钮,便会自动进入其在线网页,如图 8.5 所示。

图 8.5　"在线服务"在线网页

8.3.4　系统漏洞的更新与修复

1.　系统漏洞的概念

系统漏洞是指操作系统或应用软件在逻辑设计上的缺陷或在编写时产生的错误,这个缺陷或错误可以被不法者或者电脑黑客利用,通过植入木马、病毒等方式来攻击或控制整个电脑,进而获取客户资料信息并可能破坏计算机系统。

系统漏洞主要是指 Windows 操作系统漏洞,同时也包括应用软件的漏洞,如 Office 安全漏洞、IE 安全漏洞等。

2.　存在系统漏洞的原因

系统漏洞由软件、硬件、人为等因素引起,主要有以下几种情况:

① 系统由软件开发人员编程实现,编写软件时存在调用函数、启用组件、访问数据库等操作,如调用的函数、数据库本身存在缺陷,将导致系统不可避免存在漏洞。

② 某些软件需要访问低层硬件,而硬件本身存在漏洞,从而使硬件的问题通过软件驱动,隐含的漏洞不可避免。

③ 由人为因素引起。编程人员可能会受到经济利益驱使或其他目的,人为地在系统中留下可访问的接口,导致系统出现漏洞。

3.　系统漏洞的更新与修复

系统漏洞可以通过漏洞补丁进行修复。

系统漏洞更新与修复一般有两种方法,一种是系统本身提供漏洞补丁,直接进行漏洞修复,另一种是借助漏洞修复软件进行修复。

微软 Windows 系列操作系统和 Office 系列办公软件体系庞大,存在大量的系统漏洞,微软会定期发布对应用于修复已发现安全漏洞的安全更新程序,也就是俗称的"安全补丁"。

用户可以直接通过微软操作系统的"Windows Update"(自动更新)功能来自动下载和安装相应的安全补丁(图 8.6)。另外,用户还可以在系统自带的防火墙组件中开启安全更新的自动检测功能,这样,一旦操作系统监测到有安全补丁更新,就会自动启用"Windows Update"功能进行安全补丁的下载和安装(图 8.7)。

图 8.6　利用"Windows Update"修复系统漏洞

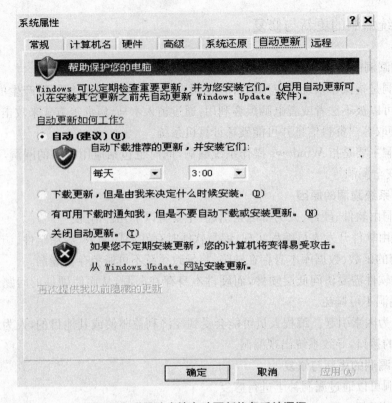

图 8.7　利用防火墙自动更新修复系统漏洞

利用系统本身提供的漏洞补丁,直接进行漏洞修复,大多会受到操作系统版权的限制。另外,安全补丁的修复时间相对滞后,不支持第三方应用软件的漏洞修复。

漏洞修复软件比较多,常见的有奇虎 360 安全卫士、Windows 优化大师、杀毒软件等。

奇虎 360 安全卫士是一款免费的漏洞修复软件,拥有木马查杀、恶意软件清理、漏洞补丁修复、电脑全面体检、垃圾和痕迹清理等多种功能,其运行界面如图 8.8 所示。

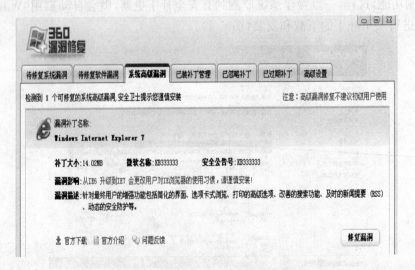

图 8.8　360 安全卫士系统漏洞修复

瑞星杀毒软件也提供了漏洞修复功能,如图 8.9 所示。

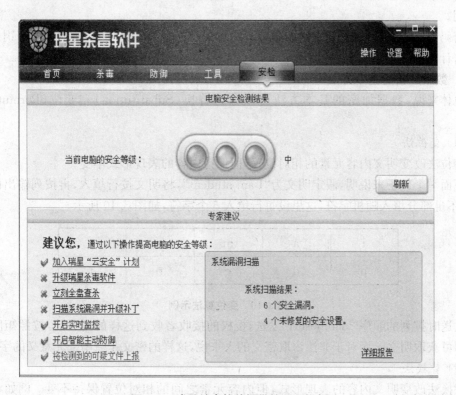

图 8.9　瑞星杀毒软件提供的漏洞修复

8.4　数据加密及数据签名技术

随着网络的不断发展,社会中各行各业的业务处理已离不开网络,为了确保重要数据信息不被他人窃取、破坏,就有必要对通信的数据进行数据加密,以保证数据的安全传输。

8.4.1　数据加密技术

1. 数据加密的概述

数据加密就是将被传输的数据变换其表示形式来伪装需要保护的数据信息,使得非授权者无法了解被保护信息的内容。通常,我们把没有加密的原始数据称为明文;将加密后的数据称为密文;把明文转换成密文的过程称为加密,而把密文还原成明文的过程称为解密;加密时使用的信息变换规则称为密码算法;对明文进行加密的人称为加密者,接收密文的人称为接收者。

一个加密系统采用的基本工作方式称为密码体制。密码体制的基本要素是密码算法和密钥,其中密码算法是一些公式、函数或程序,而密钥是密码算法中的可变参数。密码算法有加密算法和解密算法两种,密钥也有加密密钥和解密密钥两种。

密码学的基本原则：在设计加密系统时，总是假定密码算法是公开的，真正需要保密的是密钥。

密码算法的特点：在已知密钥的条件下的解密计算是简单有效的，而不知道密钥条件下的解密计算是不可行的。

2. 数据加密的基本方法

总体来说，数据加密的基本方法可以分为替换（Substitution）和变位（Permutation）两种。

（1）变位法

变位法改变明文内容元素的相对位置，但保持内容的表现形式不变。

下面举个例子来说明，假定明文为"I am student"，将明文按行填入，再按列输出即成为密文，不足部分填入随机字符，这里设每行填入 5 个字符，如图 8.10 所示。

i	a	m	s	t
u	d	e	n	t

图 8.10   变位算法示例

发送时按列的顺序"iuadmesntt"发送，授权的接收者收到这样的密文后，按照矩阵方向填入即可获取明文。而对于非法窃取密文的人来说，这样的密文是一串毫无意义的字符。

（2）替换法

替换法改变明文内容的表现形式，但内容元素之间的相对位置保持不变。例如将明文中的字母用其他字母、数字、符号代替，这样各字母保持其原来的位置不变，但其本身变了。

① 单表替换密码算法：明文字母表到密文字母表的一一映射。

② 同义替换密码算法：明文中的每个字母都有多种替换可能性，加密时的替换是随机不确定的，但解密时的替换是唯一确定的。

③ 多字母替换密码算法：将一组字符分别用各自不同的其他文字群来代替。

④ 插入式密码算法：将明文嵌入其他信息中隐藏。

⑤ 连锁替换式密码算法：数据内容彼此相关地进行加密，可以保证数据完整性。

实际的加密算法通常是变位法和替换法的组合运用。

3. 密码体制的分类

① 对称密码体制和非对称密码体制：加密密钥与解密密钥是否相同。

② 序列密码体制和分组密码体制：密文生成是否与明文位置有关。

③ 确定型密码体制和概率密码体制：明文与密钥确定后密文是否唯一确定。

④ 单向函数密码体制和双向变换密码体制：加密之后能否解密。

8.4.2   数字签名技术

数字签名是指对网上传输的数据报文进行签名确认的一种方式。数字签名的目的是使数据报文的接收方能够知道报文的内容是真实的，而且是由指定的发送方送出的，发送方事后不能根据自己的个人利益随便否认报文的内容，而且接收方也不能伪造、篡改报文中的内容。

数字签名是签名方对数据报文内容完整性的一种承诺,它所保护的信息内容可能会被破坏,但不会被欺骗。数字签名只是使系统具有无否认的能力,而无否认功能的实现需要其他系统的支持。

数字签名的过程如下:发送方首先用哈希函数从原文得到数字签名,然后采用公开密钥体系用发送方的私有密钥对数字签名进行加密,并把加密后的数字签名附加在要发送的原文后面。发送方选择一个秘密密钥对文件进行加密,并把加密后的文件通过网络传输到接收方。发送方用接收方的公开密钥对秘密密钥进行加密,并通过网络把加密后的秘密密钥传输到接收方。接受方使用自己的私有密钥对密钥信息进行解密,得到秘密密钥的明文。接收方用秘密密钥对文件进行解密,得到经过加密的数字签名。接收方用发送方的公开密钥对数字签名进行解密,得到数字签名的明文。接收方用得到的明文和哈希函数重新计算数字签名,并与解密后的数字签名进行对比。如果两个数字签名是相同的,说明文件在传输过程中没有被破坏。如果第三方冒充发送方发出了一个文件,因为接收方在对数字签名进行解密时使用的是发送方的公开密钥,只要第三方不知道发送方的私有密钥,解密出来的数字签名和经过计算的数字签名必然是不相同的。这就提供了一个安全的确认发送方身份的方法。

目前数字签名已经应用于安全邮件系统、网上电子银行系统、电子购票系统、网上货币支付系统等一系列电子商务的签名认证服务。

8.4.3　数据鉴别技术

数据鉴别是保证信息交换过程合法性和有效性的一种手段,包括对通信内容的鉴别,对通信对象的鉴别。鉴别技术是对传递信息的相关参数进行有效性检验,大部分方法都是基于密码技术。

数据鉴别的内容主要包括:

① 证实存储数据的真实性。

② 证实发送信息的真实性。

③ 证实信息的实效性。

④ 证实通信对象的真实性:通过身份认证防止攻击者冒充。

⑤ 证实收到信息的真实性:包括信息内容的真实性、完整性。

数据鉴别的类型:

① 报文鉴别。

报文鉴别是指信息交换过程中,交换信息的双方对收到的信息进行验证确认,以确保所收到的信息真实、完整。

报文鉴别过程:发送方根据鉴别密钥对报文内容计算一个检验和,把它作为报头或报尾同报文一起传送;接收方使用相同的鉴别密钥对报文内容进行计算,并将得到的检验和与收到的检验和进行比较,若相同则认为报文内容真实可靠,否则认为鉴别失败。

② 身份鉴别。

身份鉴别是指对信息发送者或接收者身份的验证确认,以确保不被攻击者冒充。

身份鉴别涉及两个方面的内容:

● 识别:明确信息发送者或接收者的身份。

● 验证:对信息发送者或接收者的身份进行确认。主要通过口令、签名、生物特征等方面进行确认。

数据鉴别技术广泛地应用于电子商务活动中。

8.5 防火墙技术

8.5.1 防火墙概述

防火墙(Firework)设置在内部网和外部网之间,是网络之间一种特殊的访问控制安全设备,是内部网和 Internet 之间的屏障,用于控制内部网和外部网之间的数据流动,通过检测跨越防火墙的数据流,最大限度地对外部屏蔽网络内部的数据、信息和运行情况,用于防止外部非法数据的入侵和攻击,这是当前比较常用的网络安全防范技术。

防火墙可以确定哪些内部服务允许外部访问,哪些外部人员被许可访问所允许的内部服务,哪些外部服务可允许内部人员访问。为了使防火墙发挥效力,防火墙只允许授权信息通过,而防火墙本身不能被渗透。它可以负责过滤、限制和分析,具有安全控制、监控和管理的功能。

防火墙一般具有以下特征:

① 从内部到外部或从外部到内部的数据流量都要经过防火墙。

② 只有本地安全策略允许的数据流量才能够通过防火墙。

③ 防火墙本身具有预防入侵的功能,是不可穿透的。

防火墙系统可以是安装了防火墙软件的主机或路由器系统,主要保护内部网络的数据信息不被来自外部网络的黑客攻击、病毒破坏等。防火墙系统通常位于等级较高的网关(如网点)与 Internet 的连接处,同时防火墙系统也可以位于等级较低的网关处,以便为某些数量较少的子网提供保护。防火墙系统的主要用途就是控制对受保护的网络的往返访问。

8.5.2 防火墙的种类

根据防火墙实现技术的不同可以有 4 种基本类型:包过滤型,应用代理服务器型,电路层网关,混合型。

1. 包过滤型防火墙(Packet Filter Firewall)

数据包过滤是指在网络层对数据包进行分析、比较、选择和过滤。由于它工作在网络层,因此也称为网络防火墙。包过滤器安装在路由器上,当然计算机上也可以安装包过滤软件。它基于单个包实施网络控制,根据所收到的数据包的源地址、目的地址、tcp/udp、源端口号及目的端口号、包出入接口、协议类型和数据包中的各种标志位等参数,与用户预定的访问控制表进行比较,决定数据是否符合预先制定的安全策略,决定数据包的转发或丢弃,即实施信息过滤。它实际上是控制内部网络上的主机直接访问外部网络,而外部网络上的主机对内部网络的访问则要受到限制。

　　数据包过滤防火墙的优点是简单、方便、速度快、透明性好,对网络性能影响不大。缺点是缺乏用户日志(Log)和审计信息(Audit),缺乏用户认证机制,不具备登录和报告性能,不能进行审核管理,且过滤规则的完备性难以得到检验,复杂过滤规则的管理很困难,容易出现漏洞,为特定服务开放的端口存在着潜在的危险,因此安全性较差。

　　例如,“天网个人防火墙”属于包过滤型防火墙,有效地增强了计算机的防御能力。

2. 应用代理服务器型防火墙(Proxy Service Firewall)

　　应用代理服务器型防火墙通过在主机上运行代理的服务程序,将跨越防火墙的网络通信链路一分为二,从而使内部网不直接与外部网进行通信。外部网络与内部网络之间想要建立连接,首先必须通过代理服务器的中间转换,内部网络只接收代理服务器提出的要求,拒绝外部网络的直接请求。代理服务可以实现用户认证、详细日志、审计跟踪和数据加密等功能,并能实现对具体协议及应用的过滤。

　　应用代理服务器型防火墙能完全控制网络信息的交换,控制会话过程,它的优点是具有灵活性和安全性。缺点是影响网络的性能,对用户不透明,且对每一种服务器都要设计一个代理模块,建立对应的网关层,难以实现。

　　代理服务应用比较广泛,如学校可以通过代理服务器连接 Internet,这样可有效防止外部网络对校园内部网络的侵扰。

3. 电路层网关(Circuit Gateway)

　　电路层网关在网络的传输层上实施访问策略,是在内、外网络主机之间建立一个虚拟电路,进行通信。

4. 混合型防火墙(Hybrid Firewall)

　　混合型防火墙把过滤和代理服务等功能结合起来,形成新的防火墙,所用主机称为堡垒主机,负责代理服务。

　　各种类型的防火墙各有其优缺点。当前的防火墙产品已不是单一的包过滤型或代理服务器型防火墙,而是将各种安全技术结合起来,形成一个混合的多级防火墙,以提高防火墙的灵活性和安全性。例如,瑞星企业级防火墙是一个安全性能高、功能强大的混合型防火墙,它集过滤和代理服务技术于一体,提供强大的信息过滤、代理服务、访问控制等功能。

8.5.3　防火墙的作用

　　防火墙可以控制安全脆弱性的服务进出网络,并抗击来自各种路线的攻击,如防止黑客、网络破坏者等进入内部网络。它的用途广泛,主要如下:

　　① 在防火墙上可以实时方便地监视网络的安全性,并产生报警。

　　② 防火墙可以作为部署 NAT(Network Address Translator,网络地址变换)的逻辑地址,因此防火墙可以用来缓解地址空间短缺的问题,并消除机构在变换 ISP 时带来的重新编址的麻烦。

　　③ 利用防火墙可以准确审计和记录网络流量,查出潜在的带宽瓶颈的位置。

　　④ 防火墙也可以成为向客户发布信息的地点。它是部署 WWW 服务器和 FTP 服务器的理想地点。还可以对防火墙进行配置,允许 Internet 访问上述服务,而禁止外部访问内部网络上的其他系统。

8.5.4　防火墙的局限性

防火墙的局限性有:

① 防火墙不能防止网络内部的破坏。防火墙很难解决内部安全问题,例如,内部网络管理人员将内部网络的重要数据复制到软盘,或伪装成超级用户或诈称新雇员,防火墙无法防范。

② 防火墙无法防范通过防火墙以外的其他途径的攻击。例如,在一个被保护的网络上存在一个没有限制的网络端口,内部网络上的用户就可以直接通过 SLIP 或 PPP 连接进入 Internet。用户可以向 Internet 服务提供商(ISP)购买直接的 SLIP 或 PPP 连接,从而试图绕过防火墙系统,这样内部网络系统就存在被攻击的潜在危害。

③ 防火墙不能防止传送已感染病毒的软件或文件。这是因为病毒的类型太多,新的病毒变种不断出现,防火墙无法对每一个文件进行扫描,不能完全查出潜在的病毒。

④ 防火墙无法防范伪装数据的攻击。伪装数据从表面上看是正常的数据文件,被邮寄或拷贝到主机上,但一旦执行该文件就开始攻击,可能导致主机修改与安全相关的文件,使得入侵者很容易获得对系统的访问控制权,进而对系统进行破坏。

8.6　知　识　产　权

随着科学技术和社会经济的高速发展,知识产权愈益呈现其重要性。知识产权的保护,对于国家市场经济的发展,对于国际经济、贸易、文化艺术的交流、合作与发展,尤其是知识经济的发展都具有重要的推动作用。

8.6.1　知识产权的含义

1. 知识产权的定义

知识产权,英文为 Intellectual Property,是指公民或社会团体对自己创造性智力活动的成果依法享有的权利。保护知识产权其实就是尊重个人的智力劳动成果,提倡各行各业的人们运用自己的聪明才智,有创意、有见解地做好工作。

2. 知识产权的内容

当前世界各国相继制定了有关保护知识产权的法律、法规和国际性的公约,随着经济的不断发展,所保护的知识产权的对象也不断变化,具有时代性。

1967 年 7 月 14 日在斯德哥尔摩签订的《成立世界知识产权组织公约》指出知识产权主要包括 8 项内容:第一是文学艺术和科学作品;第二是表演艺术家的演出、录音制品和广播节目;第三是在人类一切活动领域内的发明;第四是科学表现;第五是工业品外观设计;第六是商标、服务标记、商号名称和标记;第七是禁止不正当竞争;第八是其他一切来自工业、科学及文学、艺术领域的智力创作活动所产生的权利。

1995 年 1 月 1 日成立的世界贸易组织(WTO)的《与贸易有关的知识产权协议》(英文简

称为 TRIPS，也称为 TRIPS 协议)指出知识产权主要包括:第一是版权与邻接权;第二是商标权;第三是地理标志权;第四是工业品外观设计权;第五是专利权;第六是集成电路布图设计权;第七是未公开的信息专有权,主要是商业秘密权。

3. 知识产权的特点

知识产权是一种无形财产权,是一种特殊的民事权利,它主要有如下几个特点:

① 无形性。知识产权同有形财产不同,知识产权是看不见的、无形的,属于一种智力劳动成果,易于被他人窃取。

② 专有性。知识产权具有排他性、独占性。例如一项发明创造、一个具有创意的工艺设计等只有一个专利权,由专利所有权人独自拥有,不经许可,任何单位或个人不得擅自使用,否则属于侵权行为。

③ 地域性。专利权、商标权、版权这些传统的知识产权,只能依照本国的法律产生,并在本国国内有效。若要得到其他国家的保护和承认,需得到其他国的授权。

④ 时间性。知识产权的保护具有一定的时间期限,一旦超过保护期限,知识产权会丧失专有性,进入公有领域并且不可逆转,即不可再回到专有领域。例如,在我国著作权的期限一般是作者的终生和死后 50 年;专利的发明,从申请日起为 20 年。

8.6.2　我国知识产权保护

知识产权保护主要包括行政保护、立法保护、司法保护、知识产权人的自我救济、知识产权的集体管理组织保护 5 个方面。

1. 中国知识产权保护状况

知识产权制度是促进人类经济发展、社会进步、科技创新、文化繁荣的基本法律制度。随着科学技术的发展和经济全球化进程的加快,知识产权制度在经济和社会生活中的地位得到历史性提升,知识产权保护受到国际社会的广泛关注。

中国知识产权制度建设起步较晚,发展很快。从 20 世纪 70 年代末实行改革开放政策以来,中国知识产权保护取得了重大进展,知识产权制度逐渐建立起来,推动了经济的健康发展和社会的全面进步。

1994 年 6 月,国务院新闻办公室发布了《中国知识产权保护状况》白皮书,内容主要包括中国知识产权的基本立场和态度、保护知识产权的法律制度和保护知识产权的执法体系。

2005 年 4 月,国务院新闻办公室又发布了《中国知识产权保护的新进展》白皮书,内容主要包括知识产权保护的基本情况和专利保护、商标保护、版权保护、音像制品的知识产权保护、植物新品种保护、知识产权海关保护、公安机关打击侵犯知识产权犯罪、知识产权司法保护等知识产权保护的进展情况。

在过去短短二十几年时间里,中国政府为保护知识产权付出了艰苦的努力,中国的知识产权保护取得了有目共睹的重大进展,全社会的知识产权意识有了很大程度的提高。

2. 中国知识产权保护的措施

① 建立健全协调、高效的工作体系和执法机制。在知识产权保护实践中,中国形成了行政保护和司法保护"两条途径、并行运作"的知识产权保护模式。

② 建立健全符合国际通行规则、门类比较齐全的法律法规体系。20 世纪 80 年代以来,国家颁布实施了《中华人民共和国专利法》、《中华人民共和国商标法》、《中华人民共和国著

作权法》和《计算机软件保护条例》、《集成电路布图设计保护条例》、《著作权集体管理条例》、《音像制品管理条例》、《植物新品种保护条例》、《知识产权海关保护条例》等涵盖知识产权保护主要内容的法律法规,并颁布了一系列相关的实施细则和司法解释。

③ 加大知识产权保护的行政执法力度。随着知识产权保护法律制度的逐步完善,中国知识产权保护工作重点逐渐由立法转向执法,通过日常监管与专项治理相结合,加大知识产权保护的行政执法力度。

④ 积极履行知识产权国际保护义务。中国积极参加国际保护知识产权的主要公约和条约。

3. 我国知识产权保护的法律制度和条例

(1)《专利法》

1985 年 4 月,中国开始实施《专利法》,此后相继颁布了《专利法实施细则》和《专利代理条例》,以及《专利行政执法办法》和《关于实施专利权海关保护问题的若干规定》等法规规章。将发明专利的保护期限从 15 年延长为 20 年,除对专利方法的保护延及到该专利方法直接得到的产品外,还明确规定进口专利产品必须得到专利权人同意,重新规定了对专利实施强制许可的条件。

(2)《商标法》

1983 年 3 月 1 日,《商标法》开始实施。为配合该法的实施,中国政府于 1983 年 3 月颁布了《商标法实施细则》,并于 1988 年对其进行了第一次修订。1993 年 2 月,全国人大常委会对《商标法》做了第一次修订,将服务商标纳入商标保护范围,加大了对商标侵权假冒行为的打击力度,进一步完善了商标注册程序。1993 年 7 月,中国政府对《商标法实施细则》进行了第二次修订,将集体商标和证明商标纳入商标法保护范围,增加了对"公众熟知的商标"的保护规定。2001 年 10 月,全国人大常委会对《商标法》做出第二次修订,将立体商标和颜色组合商标纳入商标保护范围,加大对驰名商标的保护力度,规定以商标制度来保护地理标志,增加商标确权程序的司法审查。

(3)《著作权法》

1991 年 6 月,《著作权法》开始实施,明确了保护文学、艺术和科学作品作者的著作权以及与其相关的权益。近年来,中国对《著作权法》进行了修订,并公布实施了《计算机软件保护条例》、《著作权法实施条例》、《著作权行政处罚实施办法》和《著作权集体管理条例》等一系列法规规章,使著作权保护有了较为完善的法律基础。

(4)《知识产权海关保护条例》

1995 年 10 月,中国首次颁布实施《知识产权海关保护条例》,开始建立符合世界贸易组织规则的知识产权边境保护制度。2000 年,全国人大常委会修订《中华人民共和国海关法》,从法律层面确定了海关知识产权保护方面的职能。2003 年 12 月,中国政府颁布修订后的《知识产权海关保护条例》,强化海关调查处理侵权货物的权力,减轻知识产权权利人寻求海关保护的负担,明确海关和司法机关以及其他行政机关之间的职责。随后,国家海关总署制定新条例《实施办法》,就新条例有关保守商业秘密问题、国际注册商标的备案问题、担保金的收取和退还问题、权利人对有关费用的承担问题等予以明确规定。

8.7　信息网络的道德意识与道德建设

　　随着全球范围的信息数字化、网络化进程的加快，人类已步入一个崭新的信息社会，它具有以往时代无可比拟的特征，网络技术正悄然改变着整个社会自上而下的生活方式，计算机及网络将会成为我们今后学习、工作、生活的必要工具。但是各种各样的信息网络道德问题也接踵而至，道德意识薄弱、人际情感疏远；道德规范方面对传统的道德规范形成冲击，其约束力减弱；道德行为方面，计算机网络犯罪、病毒程序的流行、信息私有权和信息交流自由之间的冲突，等等。网络道德建设成为当今国内外各界人士普遍重视的前沿性课题。我国《公民道德建设实施纲要》指出了网络道德建设的必要性和迫切性，提出"要引导网络机构和广大网民增强网络道德意识，共同建设网络文明。"

8.7.1　信息网络道德意识

　　信息网络道德意识是网络迅速发展的意识形态产物，在虚拟网络中，需要尊重他人的信息隐私，在公平、合理的氛围中，分享浩瀚的网络资源，同时自主地提供给网络有价值、有意义的宝贵信息。

　　由于网络是一个虚拟的平台，信息网络道德意识不同于现实社会生活中的道德意识，它有自己的特点：

　　① 道德意识的自主性。网络的主要特点就是资源共享，在这里，每一个人都既是资源的参与者，又是资源的提供者。在网络平台上每个人都是平等的，有充分发挥和挖掘个人个性的虚拟平台。在网络上，人们可以自主自愿确定自己干什么、怎么干，"自己为自己做主"、"自己管理自己"，自觉地做网络的主人。如果说传统社会的道德主要是一种依赖型道德，那么随着"信息网络社会"的到来，人们建立起来的应该是一种自主型的新道德。

　　② 道德意识的开放性。随着网络的进一步发展，世界变得越来越小，网络行为的社会性越来越明显。一个人在网络上的言谈、观点，可能在较短的时间内波及到全球。网络道德意识的开放性与现实社会的道德相比，"网络社会"的道德呈现出一种不同的道德意识、道德观念。

　　③ 道德意识的多元化。"网络社会"的道德呈现出一种多元化、多层次化的特点有其理论与现实依据。在"网络社会"中，既存在关系到社会每一个成员的利益和网络运转的正常秩序，这些属于"网络社会"共同性的主导道德规范；也存在各网络成员自身所具有的多元化道德规范，如各个国家、民族、地区的道德风俗习惯多种多样，影响到个人的道德意识。

　　④ 道德意识的复杂性。在网络这个大平台上，不同国家、地区、民族的人进行着信息交流，由于受到不同道德意识规范的影响和制约，交流中会存在分歧、矛盾，进而形成网络道德意识的多样性和复杂性。随着彼此交往的增多，这些处于矛盾、分歧、冲突和碰撞之中的多元化道德规范，一方面经历了冲突和碰撞之后达到了融合，使相互之间增进了理解；另一方面，即便彼此无法融合，也由于彼此并无实质性的利益关系而能够求同存异。

8.7.2　信息网络道德建设

据公安部的统计数字,我国信息网络安全事件发生比例继前 3 年连续增长后,2009 年略有下降,信息网络安全事件发生比例为 62.7%,同比下降了 3%;计算机病毒感染率为85.5%,同比减少了 6%,说明我国互联网安全状况有所好转。但多次发生网络安全事件的比例为 50%,多次感染病毒的比例为 66.8%,说明我国互联网用户的网络安全意识仍比较薄弱,对发生网络安全事件未给予足够重视。

网络犯罪已经成为一个不容忽视的社会问题。如何防范网络犯罪不但是各国立法机关、司法机关及行政机关迫切要解决的问题,而且也是计算机技术领域、法学及犯罪学研究领域中最引人关注的课题。

目前的网络犯罪有两个主要特点:一是电脑病毒和黑客攻击对计算机信息系统的破坏日趋严重;二是社会中的刑事犯罪大多借助网络平台,逐渐向互联网渗透。

对于形形色色的网络犯罪问题,需要制定相关的法律法规来强制管理,同时也需要加强网络道德建设,起到预防网络犯罪的作用。

1. 当前网络道德建设应处理好的几个关系

① 网络道德与传统社会道德的关系。在现实社会中,我们应遵纪守法,传承良好的社会美德,在虚拟空间中,人的社会角色和道德责任都与现实空间中有很大不同,人将摆脱各种现实直观角色等制约人们的道德环境,而在超地域的范围内发挥更大的社会作用。这意味着,在传统社会中形成的道德及其运行机制在信息社会中并不完全适用。如何在虚拟空间中引入传统道德的优秀成果和富有成效的运行机制? 如何协调既有道德与网络道德之间的关系? 这是网络道德建设的重要课题。

② 个人隐私与社会安全的关系。个人隐私是要把个人的数据信息进行保密不让他人看到,以防止他人对个人隐私进行恶意传播,造成不良影响。社会安全是要保证网络的正常运转,为了确保安全,需要把个人行为记录到数据库中,用于进行道德监督和道德评价,同时作为执法机关的证据。这里势必引起个人隐私与社会安全关系的矛盾,如何协调个人隐私与社会安全之间的平衡,如何既保护了个人信息,又不危害正常秩序,确保安全,这也是网络道德建设研究的内容。

③ 虚拟空间与现实空间的关系。现实空间是我们所生存的社会,虚拟空间是利用计算机技术所建立的网络平台。网络是一个特殊的环境,足不出户便可以看到大千世界所发生的事情,其信息传播速度快,信息传播范围广,信息传播影响面大。在网上可以不受他人控制和约束,可以做到在现实社会中不能做到的事情;可以看到在现实社会中不能看到的事情;可以自由评论在现实社会中不能评论的事情。正是由于网络空间的自由、开放,便会让一些人不能控制自己,做一些危害他人和社会的事情。这就要求我们,在网络空间应该适度掌握好一个度,培养良好的网络道德意识。把虚拟和现实联系起来,利用网络的资源,去高效地解决实际问题,摈弃不良行为。

④ 普及与提高的关系。提高是普及的目的,普及有利于促进提高。网络的普及程度,也反映了这个地区的经济的发展水平。一个地区经济水平提高了,相应的思想道德素质也会有不同程度的提高,进而会提高个人修养,养成良好的网络道德意识,促进网络道德建设。只有网络技术不断地提高,才能有利于网络软、硬件的提高。现在,我国的网络发展迅速,但

仍有部分地区比较落后,需要普及与提高共同发展,一方面,硬件设施不断完善,软件技术不断提高,另一方面,网络道德意识也不断增强,从意识形态领域有助于网络的发展。

2. 网络道德建设的措施

① 在充分发挥网络提升人的个体性和群体性作用的同时,把既有道德的运行机制引入网络领域。要利用既有道德的一般原则培养网络道德的生成和运行机制,在人们网络活动的实践中形成现实合理的网络道德规范,形成统一的信息社会的道德体系。

② 建立网络行为道德标准和法律规定,规范人们的网络行为。完整的网络行为规范应该包括网络行为的各种责任主体行为的规则,包括入网者、站点、网络服务提供商、网络产品制造者、网络社团、各国政府、审查机构、网络管理国际组织等等。只有网络上各行为主体各司其职,有规可依,整个网络空间才能有序运行。

③ 建立网络行为监督机制,保证网络道德标准和法律规定的切实执行。把道德监督和法律约束机制引入网络空间。有关机构部门能够而且有责任对网络责任主体的网上行为进行检查。健全有关电子信息网络的法律规定,对违规者进行必要的处罚。

④ 组建网络管理组织,提高网络执法队伍的管理、执法水平。信息网络将在人们的社会生活中起到越来越重要的角色,网络空间的有序性和道德水平将直接关系到整个社会的稳定和文明水平,因此,组建精干的网络管理组织,提高网络执法队伍的管理、执法水平是非常必要的。

⑤ 加强国际合作。网络是国际性的网络,网络的安全运行是各国共同的责任。

总之,网络的发展,一方面使网络道德建设面临着不可多得的发展机遇,另一方面也使网络道德建设面临着严峻的挑战。在网络信息交流中,人们的需要和个性有可能得到更充分的尊重与满足,同时,需要加强个人素质修养,养成良好的网络道德意识,切实搞好网络道德建设。

习　题

一、选择题

1. 下列(　　)不是信息技术的特点。
   A. 地域性　　　　　　B. 交互性　　　　　　C. 实时性　　　　　　D. 单一性
2. 文件型病毒传染的主要对象扩展名为(　　)。
   A. TXT　　　　　　　B. DOC　　　　　　　C. EXE　　　　　　　D. JPG
3. 宏病毒是一种新的(　　)型病毒。
   A. 文件　　　　　　　B. 引导　　　　　　　C. 嵌入　　　　　　　D. 混合
4. 防止软盘感染病毒的有效方法是(　　)。
   A. 每次使用前对软盘进行格式化
   B. 保持软盘的清洁
   C. 对软盘进行写保护

D. 上网时不使用软盘

二、填空题

　　1. 当前信息技术对信息处理所作用的范围包含_____、_____、_____三个方面的内容。

　　2. 计算机信息系统安全包括_____、_____、_____三个方面。

　　3. 计算机病毒根据连接方式分类可以分为源码病毒、外壳病毒、_____、_____。

　　4. 数据加密的基本方法可以分为_____和_____两种。

　　5. 数据鉴别的类型包括_____和_____。

　　6. 防火墙有4种基本类型：_____,应用代理服务器型、电路层网关,_____。

　　7. 知识产权的特点有无形性、专有性、_____、_____。

三、简答题

　　1. 信息与数据有何区别？

　　2. 如何防治计算机病毒？

　　3. 防火墙的作用是什么？

　　4. 如何加强信息网络道德建设？

四、操作题

　　请你从网上下载一款常用的杀毒软件,并安装到本地盘上。然后利用该杀毒软件,对本机硬盘进行查杀毒,若你的计算机上有病毒,请说出该病毒的类型。

第9章 医学信息概论

人类社会已经快速进入一个以信息化为主要特征的信息时代,信息科学技术已渗入到社会各个领域,数字地球、数字城市、数字校园、数字医院、虚拟企业、电子商务、电子政务等各行各业的数字化、信息化浪潮已经扑面而来,并正在深刻地改变着我们的学习、工作和生活。

我国政府高度重视信息化的建设,于1993年初启动了国家信息化"金"字系列工程,其中,"金卫"工程是我国卫生行业信息化建设的重要任务和发展基础,也是造福于全国人民健康的综合性工程。医疗卫生信息化的建设与应用是一个国家公共卫生工作状况和医疗卫生服务水平的综合反映,也是以计算机技术和网络通信技术为主的信息技术在卫生领域综合应用能力的反映。随着信息技术在医疗卫生各级机构的广泛应用,国内医疗工作者和医学院校学生都面临着难得的机遇和挑战。

本章主要内容:医疗卫生信息化概述,医院信息系统,临床信息系统,远程医疗,医学信息资源检索,医学统计软件等。

9.1 医疗卫生信息化概述

1984年,邓小平同志做出了"开发信息资源,服务四化建设"的指示。在我国"863"计划中,信息技术被列为重点开发的高技术领域。20世纪90年代以来,全球进入了一个全新的发展时期,经济的发展推动了信息产业的增长,信息已成为一个国家重要的经济资源之一。全球化、知识化和信息化已经成为世界经济发展的三大特征,它们都以信息技术的广泛应用为基础。近十年来,我国医疗卫生信息化建设取得明显进展,尤其是医院信息系统、临床信息系统、电子病历系统、远程医疗系统、社会卫生信息系统等方面的应用,显著地影响和改变了传统医疗卫生管理与体制的发展。

9.1.1 医疗卫生信息化的发展历程

信息化又称国民经济和社会信息化,是指在国民经济和社会各个领域,不断推广和应用计算机、通信、网络等信息技术和其他相关智能技术,达到全面提高经济运行效率、劳动生产率、企业核心竞争力和人民生活质量的目的。

1. 国内外信息化建设

20世纪90年代以来,全球经济的发展推动了信息产业的增长,信息已成为一个国家重要的经济资源之一。美国于1993年宣布了国家信息基础设施(National Information Infrastructure,简称 NII)建设计划。其后,许多国家也纷纷开始制定本国的 NII(又称信息高速公路)建设计划。日本制定了全国光纤网计划,英国筹划建设 Super Janet,法国进行 Minitel 计划,新加坡筹办智能岛建设工程,等等。

1993 年,我国批准建立了国家经济信息化联席会议,以统一领导我国信息化建设。1996 年,联席会议改组为"国务院信息化工作领导小组"。1998 年,在原邮电部和电子工业部的基础上组建信息产业部,原国务院信息化工作领导小组并入信息产业部。信息产业部将统一领导、部署我国的信息化建设。

江泽民同志指出:"四个现代化,哪一个也离不开信息化。"我国自 1993 年明确提出信息化建设以来,首先提出"三金"工程,即"金桥"、"金关"、"金卡",接下来又相继推出了一系列"金"字号工程,如"金税"、"金农"、"金企"、"金智"、"金宏"和"金卫"。

2. 国内医疗卫生信息化发展

医疗卫生行业的现代化建设,离不开医疗卫生领域的信息化建设。

1993 年,中国医院信息系统(China Hospital Information System,CHIS)被国家计委列为"八五"期间国家重点科技攻关项目。

1995 年,卫生部医院管理研究所主持的国家八五科研攻关课题《综合医院信息系统研究》成果问世,标志着我国医院信息系统研制、开发与应用水平进入了一个新的阶段,医疗卫生信息化被推向一个新的高度。同年卫生部提出了"金卫工程"。

2000 年,卫生部启动了一个国家卫生信息网项目,在优先建立卫生防疫信息网的基础上,分阶段逐步实施并覆盖卫生系统各个领域,达到卫生及其相关信息网络互联互通,一网多用,资源共享。

2002 年,国家卫生信息网建设即"卫生防疫信息系统"建设完成。卫生系统电子政务系统建设逐步推进,结合卫生工作的实际和国家卫生信息网建设,改变传统办公方式和服务模式,同时重点展开提高系统规范和标准工作。同年卫生部召开了全国卫生信息化工作会议,重新制订、发布了《医院信息系统基本功能规范》,新规范强调了标准化、法制化建设,突出了以病人为中心的临床信息系统,对医院信息化建设起到了明确的指导作用。

2003 年,卫生部在《全国卫生信息化发展规划纲要(2003～2010)》中明确提出,在 2010 年前,将通过进一步重点加强公共卫生信息系统建设,加速推进信息技术在医疗服务、预防保健、卫生监督、科研教育等卫生领域的广泛应用,建立适应卫生改革和发展要求,高效便捷,服务于政府、社会和居民的卫生信息化体系。

2005 年,卫生部提出的应急工作要点之一是加快全国突发公共卫生事件应急指挥与决策系统项目建设,加强各地应急指挥与决策系统的建设,争取国家对中西部省份建立突发公共卫生事件指挥与决策系统立项支持;建立健全卫生应急指挥协调、疾病控制、医疗救治、卫生监督、多部门协作的防范体系和协调配合的卫生应急工作机制,保证突发公共卫生事件应急处置指挥有力、协调良好、控制有效。

2006 年,卫生部针对国内医疗信息化缺乏统一技术标准,医院信息系统之间、各医院和网点之间的数据共享难以实现等情况,提出将卫生信息标准化和电子病历的基础研究作为 2006 年工作中优先和重点发展的项目。

2009 年 4 月,为推进新医改方案中以居民健康档案、电子病历为基础的区域卫生信息平台的建设,卫生部召开《健康档案妇幼保健信息标准》审议会议。卫生部提出,在"十一五"期间,卫生信息化建设重点发展的项目是电子病历的开发与应用、建立国家电子疾病监测系统以及数字化医院的发展与应用。通过电子病历开发应用、国家电子疾病监测系统开发和数字化医院发展应用研究,奠定完整的健康信息体系基础,建立日常疾病监测系统,提升我国对于疾病发展的控制和管理能力,提高医院的医疗质量和管理水平,从而实现以人为本的优质医疗服务。

9.1.2　医疗卫生信息化工程

1. 金卫工程

金卫工程即国家医疗卫生信息产业工程,是国家信息化建设的重要组成部分。它旨在建立一套以科学管理为基础,以计算机网络技术为手段的现代化国家卫生信息系统,从而为国家、卫生部及地方医疗、防疫、教育等系统提供完整的卫生信息服务。为了进一步促进医疗卫生系统的信息化进程,国家卫生部于 1995 年 5 月 19 日宣布,正式开始实施金卫工程。

金卫工程主要包括三方面具体内容:

① 建立医疗卫生信息网络,实现医疗机构间的计算机网络(Medical Information Network,MIN)。

金卫工程的主体是建立国家卫生高速信息网络,通过卫星、有线、无线通信并且利用多媒体技术实现全国各卫生机构间的联网,对医学影像资料(如心电图、X 射线、CT、核磁共振、超声及病理等)传输、交流、分析处理及会诊,并可通过各省、市中心站,国家信息网,Internet 互联形成国际性网络。

金卫医疗网络是利用高科技手段建立的全国性的远程医疗信息传输系统,它分为两个部分:一是金卫骨干网络,通过远程医疗信息传输系统形成一个全国性的广域网,为各个医疗机构提供一条"平坦"、"宽阔"的信息高速公路;二是医院内部局域网,通过金卫工程提供的各种应用技术和服务以实现医院的智能化。

② 医院信息系统(Hospital Information System,HIS)。

HIS 是金卫工程的重要组成部分,也是医疗信息的基本处理和存储单位,为金卫工程提供主要原始数据。同时,HIS 对于提高医院管理水平、医疗效率,改善医疗服务都具有重要作用。可以说,HIS 建设的成败,直接关系到金卫工程的建设,关系到医院管理水平的高低。

③ 统一发行中华人民共和国金卫卡(Golden Health Card,GHC)。

中华人民共和国金卫卡是一种全国通用的个人医疗保健激光卡,是中国金卫医疗网络的主要媒体。金卫卡可将个人终生医疗保健档案等资料永久存储在激光介质上,医生能在任何具有金卫卡应用条件的医疗卫生机构处,获取需要的个人医疗保健资料,及时制定医疗方案、诊治病人,并具有预约挂号、医疗咨询、急救查询、远程会诊、医疗和保险费用结算等用途。

2. 金药工程

医药信息网的建设是医疗卫生信息化建设的又一重要内容。据 1995 年国家科委、国家计委共同开展的全国信息资源调查统计,全国大约有 3000 个数据库,医药行业有 38 个,数据在 10 万条以上的数据库全国有 100 个,医药行业占 3 个。其中"中国药学文献数据库"的库容量已达 15 万条以上,并于 1996 年接入"中国医药信息网"。

1996 年,国内建成一个综合性的医药信息服务网,即中国医药信息网(China Pharmaceutical Information Network,CPINET)。中国医药信息网在网上发布最新医药综合信息和医药商情信息,开展多项联机检索与咨询服务,用户可以检索"中国药学文献数据库"、"中国医药发明专利数据库"、"医药科技成果库"、"全国药品、药用化工、医疗器械商品进出口库"、"全国医疗器械商品数据库"等信息。随后,中国中医药信息网、中国医药信息专业网、中国医药网、国讯医药信息网、中国医学信息网、中国医院信息网等也陆续投入运行。

1998 年,以电子贸易为主要内容的"金贸工程"正式启动。电子贸易在信息技术强有力的推动下,超越时间和空间的限制将商务活动拓展到 Internet 上,在发达国家如美国、欧盟、日本等已取得重大进展。

1999 年,国家经贸委正式委托中国电子学会医药信息学分会承担"中国医药经贸网"的建设工作,促进了我国医药产品的电子商务发展。医药生产企业、药品经销企业、各级医院、医疗卫生管理机构和相关金融单位,都可以足不出户地在网上实现信息查询、信息发布、商务洽谈和资金结算。

"中国医药卫生电子商务网"(原名"中国金药电子商务网")是我国第一家大型医药专业电子商务网络系统,该系统经过多年的建设已初具规模,并在全国 10 多个大中城市建立了地区网站,形成了以中心城市辐射周边地区并覆盖全国的网络系统。该系统将陆续建立 100 个地区服务网站,与 Internet 相连,形成覆盖全国,并与世界相连的医药网络系统。

"中国金药网"包含"中国医药卫生电子商务网"、"全国医药统计网"、"全国医药技术市场网"、"中国中药材经济信息网"等专网,以网络形式提供现代高科技的服务保障平台,加快了医药卫生行业改革,在我国医药行业建设中发挥了重要作用。

9.1.3 医疗卫生信息系统

1. 医院信息系统

数字化医院又称信息化医院,是医院信息化建设与发展的结果。医院信息化意味着计算机技术、网络技术和数据库技术等在医院各个方面、各个层次全方位的应用,其主要标志是医院内部信息资源的优化配置和全面集成化管理。

医院信息系统(Hospital Information System,HIS)是指应用电子计算机和网络通信设备,对医院病人医疗信息、财务核算分析信息、行政管理信息和决策分析统计信息进行收集、存储、处理、提取和数据通信,能满足所有授权用户对信息的使用需求的计算机应用软件系统。

HIS 是现代化医院必不可少的基础设施与技术支撑环境,属于迄今为止世界上出现的企业级信息系统中最为复杂的一类。HIS 支持人流、财流、物流所产生的日常事务管理,以及以病人医疗信息为中心的整个医疗、教学、科研活动,覆盖了医院主要管理职能和病人在医院就诊的各主要环节。

2. 远程医疗系统

远程医疗系统是医疗卫生信息化建设的重要内容,也是金卫工程的重要组成部分。中国医学基金会受国际医学互联网络协会和国内外企业单位的委托,组建了中国远程医疗会诊骨干网,联通了近 40 家部属、省属重点医学院校附属医院和省属重点医院。

解放军总后勤部在远程医疗会诊方面已经进行了多种技术方案的论证和试验。部分医院利用 ISDN 专线的电视会议系统和可视电话系统,开展了与国内外有关医学院校和科研机构的疑难病例讨论及远程医疗会诊等试验。

3. 社区卫生信息系统

1998 年,我国发布了《中共中央、国务院关于卫生改革与发展的决定》,明确指出改革城市卫生服务体系,积极发展社区卫生服务,逐步形成功能合理、方便群众的卫生服务网络。

社区卫生信息系统(Community Health Information System,CHIS)是指以计算机、网络技术、医学和公共卫生学知识为基础,以居民为中心,对社区卫生信息进行采集、加工、存储、共享,并提出决策支持的管理系统。

社区卫生信息系统是新的系统,主要由三个子系统组成,分别是社区医疗管理子系统、社区医院行政管理子系统和社区卫生服务管理子系统。

4. 医疗保险信息管理系统

1998 年,我国颁布了《国务院关于建立城镇职工基本医疗保险制度的决定》,要求在全国范围内建立全体城镇职工的基本医疗保险制度,标志着城镇职工基本医疗保险将成为我国多层次医疗保险体系的主体,将对我国医疗事业发展起重大影响和作用。

医疗保险信息管理系统(Management Information System of Medical Insurance,MIMIS)是指利用计算机、网络通信技术对医疗保险信息进行采集、传输、存储、处理,从而为医疗保险提供全面的、自动化管理的信息系统。

医保计算中心由局域网和广域网构成,它与定点医院、定点药店联机,共用一套通信网络系统,实现 MIMIS、HIS 和药店系统的数据共享。

9.2 医院信息系统

医院信息系统是我国在医院信息化建设中应用最早、发展最快、普及程度最广的一个领域,也是我国医学信息学研究中最广泛和最活跃的一个分支。目前,我国城市的大中型医院大多数都具有了规模不一、程度不同的医院信息系统。

因此,掌握和学习医院信息系统是在我国从事医学信息学研究、开发和应用的基础,是我国医院管理人员和医务人员的基本职责和技能。

9.2.1 医院信息系统的概念

医院信息系统是医院行业软件的总称,是电子学领域中的医学信息学(Medical Informatics,MI)的重要分支。

1998 年,医学信息学领域的权威专家美国教授 Morris. Collen 给出了 HIS 的定义:HIS 是指利用电子计算机和通信设备,为医院所属各部门提供病人诊疗信息(Patient Care Information)和行政管理信息(Administration Information)的收集(Collect)、存储(Store)、处理(Process)、查询(Retrieve)和数据通信(Communicate)的能力,并满足所有授权用户(Authorized)的功能需求。

2002 年,我国卫生部给出的 HIS 的定义是:HIS 是指利用计算机软硬件技术、网络通信技术等现代化手段,对医院及其所属各部门的人流、物流、财流进行综合管理,对在医疗活动各阶段中产生的数据进行采集、存储、处理、提取、传输、汇总、加工生成各种信息,从而为医院的整体运行提供全面的、自动化的管理及各种服务的信息系统。

1. 医院信息系统构成

通常,医院信息系统由以下三部分组成:

① 以管理为对象的面向医院管理的医院信息系统,即医院管理信息系统(Hospital Management Information System,HMIS)。

② 以病人为核心面向临床应用的医院信息系统,即临床信息系统(Clinical Information System,CIS)。

③ 以医院信息为中心面向管理层和决策层的决策支持系统,即医院决策支持系统(Hospital Decision Support Systems,HDSS)。

2. 医院信息系统的主要目标

医院信息系统的主要目标主要包括 HMIS、CIS 和 HDSS 等的主要目标。

① HMIS 的主要目标是支持医院的行政管理与事务处理业务,减轻事务处理人员的劳动强度,辅助医院管理,辅助高层领导决策,提高医院的工作效率,从而使医院能够以少的投入获得更好的社会效益与经济效益。例如,财务系统、人事系统、住院病人管理系统、药品库存管理系统等均属于 HMIS 的范围。

② CIS 的主要目标是支持医院医护人员的临床活动,收集和处理病人的临床医疗信息,丰富和积累临床医学知识,并提供临床咨询、辅助诊疗、辅助临床决策,提高医护人员的工作效率,为病人提供更多、更快、更好的服务。例如,医嘱处理系统、医生工作站室系统、实验室系统等均属于 CIS 的范围。

③ 医院信息系统每月的业务数据量多达百兆、千兆,经过多年的运行产生了海量历史数据,这些数据中隐藏着大量对医院有决策辅助作用的知识。HDSS 的主要目标就是充分利用数据仓库、联机分析技术、数据挖掘技术等发现 HIS 中历史数据的价值,为医院提供更多的决策支持,为医院的决策提供更为科学的手段。

9.2.2 医院信息系统的发展历程及其现状

国外发达国家医院信息系统的设计、开发和实现已经有三十多年的历史,有许多成功的系统在医院有效地运转着,像美国盐湖城 LDS 医院的 HELP 系统,麻省总医院的 COSTAR 系统,美国退伍军人管理局的 DHCP 系统等。

我国医院信息系统随着医疗制度改革的进一步深化,日趋成熟,其发展经历了四个阶段:

① 单机应用。20 世纪 70 年代末,用于门诊收费、住院病人费用管理、药库管理等。

② 部门级局域网。20 世纪 80 年代中期,主要包括住院病人管理系统、门诊计价及收费发药系统、药品管理系统等。局部系统内部存在多方面应用,信息可以共享,但局部系统与局部系统之间不能完善地集成。例如,在病房与检验部门之间、检验系统与收费系统之间不能有效地交换信息。

③ 较完整的医院信息系统。20 世纪 90 年代初,一些大医院相继在 100M 快速以太网上建立了较为完整的医院信息系统。

④ 一体化医院信息系统。20 世纪 90 年代末,一些大医院建立了大规模一体化的医院信息系统,并形成计算机区域网络,包括医院管理信息系统、电子病历系统、医学图像存储与

传输系统,以及管理和医疗上的决策支持系统、医学专家系统、远程医疗等。

目前,在经济发达地区医院的信息化程度相对较高,无论在信息系统设计、开发、应用,还是信息系统维护及系统升级能力等方面都具有较高的水平,医院的医生、护士都经过了专门的 HIS 技术培训。而在经济相对落后地区的信息系统建设比较简单,技术水平低,局限在单一的门诊收费及药房管理上。

9.2.3　医院管理信息系统的功能与意义

医院管理信息系统是指医院以业务流程优化重组为基础,在一定的程度和广度上利用计算机技术、网络和通信技术及数据库技术,控制和集成化管理医疗、护理、财务、药品、物资、科研、教学等活动中的所有信息,实现医院内、外部信息共享和有效利用,提高医院的管理水平与综合发展实力的医院信息系统。

1. HMIS 的主要功能

HMIS 的主要功能为支持联机事务处理、支持科室级信息的汇总与分析、支持医院最高领导层对管理信息的需求等。

(1) 支持联机事务处理

医院信息流是伴随着各式各样窗口业务处理过程发生的,这些窗口业务处理的可能是医院人、财、物的行政管理业务,也可能是有关门诊或急诊病人、住院病人的医疗事务。例如,病房的医生要不断地为住院病人开医嘱;护士要不断地整理医嘱和各种摆药单、领药单、注射单、治疗单、化验检查单,并且执行和记录这些执行的过程;门诊收费处则要完成划价收费业务,在各种处方、化验、检查单上加盖已收费标记,同时要付给病人账单(报销单)。完整的 HMIS 要支持这些日常的、大量的前台事务处理。

(2) 支持科室级信息的汇总与分析

医院的中层科室担负着繁重的管理任务,要经常对基层收集的基本数据进行汇总、统计与分析,用来评价所管理的基层部门与个人的工作情况。

例如,统计部门应收集来自住院处的病人 ADT 数据、收费处的病人收费数据、病案室的有关对住院病人的诊断和手术等临床数据,定期地产生住院病人的动态报告、床位使用情况报告和单病种分析报告。医务处则应该从住院处、统计室、病房、手术室等不同部门收集有关信息,产生有关医疗动态、医疗质量控制的各种报表。

(3) 支持医院最高领导层对管理信息的需求

医院的最高领导层要实现对全院的科学化管理,必须得到 HMIS 的全面支持。经过中层科室加工分析的数据,不仅要产生出上交给高层领导的统计报表和报告,用以直接辅助医院最高领导层的决策,而且要通过医院信息系统把加工后的数据直接传递给最高领导层。

2. HMIS 的意义

① HMIS 是面向医院信息管理的 HIS,它实现了信息的全过程追踪和动态管理,从而做到简化患者的诊疗过程,优化就诊环境,改变目前排队多、等候时间长、秩序混乱的局面。

② HMIS 不仅可以产生直接经济效益,包括堵塞药品、医疗辅助器械和消耗品的流失漏洞,还可以减少不合理的医疗资源消耗,增加对间诊病人的接待能力,增加床位使用效率等。

③ 运行良好的 HMIS 有助于改善医院形象,增加病人对医院的信任度和感情,扩大医

院的影响。在医院与医院之间的网络或远程医疗系统建成之后，HMIS 还可增加医院之间的信息交流，从而扩大医院的服务空间。

9.2.4　医院管理信息系统的总体结构

医院管理信息系统是一个庞大的、复杂的面向医院信息管理的医院信息系统。该系统可以划分为多个分系统，每一分系统又可分成若干个子系统，子系统还可再划分成若干功能模块。各个分系统之间、模块之间经常进行大量频繁的数据传输和处理，实现 HMIS 功能。

HMIS 主要包括门急诊挂号分系统、门急诊划价收费分系统、住院病人管理（入院、出院、转院）分系统、住院收费分系统、物资管理分系统、设备管理分系统、财务管理分系统、经济核算管理分系统、药品管理分系统、病案管理分系统、医疗统计分系统、院长综合查询与分析分系统及病人咨询服务分系统等。

随着医院管理的进一步完善和计算机网络技术的发展，新的横向系统还会不断产生。下面简单介绍面向医院信息管理的信息系统范畴内的各个主要分支。

1. 门急诊挂号分系统

门急诊挂号分系统是用于医院门急诊挂号处工作的计算机应用程序，包括预约挂号、窗口挂号、处理号表、统计和门诊病历处理等基本功能。

门诊挂号管理子系统能实现门诊挂号处所需的各种功能。其操作界面如图 9.1 所示，具有病人身份初始化登记，对门诊病人进行挂号或者预约号处理，安排门诊病人的后续活动等功能；科室挂号汇总报表（如图 9.2 所示）具有对门诊工作量进行统计、提供信息等功能。

门急诊挂号系统是直接为门急诊病人服务的，建立病人标识码，减少病人排队时间，提高挂号工作效率和服务质量是其主要目标。

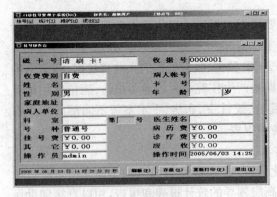

图 9.1　挂号操作台子系统　　　　　图 9.2　科室挂号报表

2. 门急诊划价收费分系统

门急诊划价收费分系统是用于处理医院门急诊划价和收费的计算机应用程序，包括门急诊划价、收费、退费、打印报销凭证、结账、统计等功能。医院门诊划价、收费系统是直接为门急诊病人服务的，减少病人排队时间，提高划价、收费工作的效率和服务质量，减轻工作强度，优化执行财务监督制度的流程是该系统的主要目标。

3. 住院病人入、出、转管理分系统

住院病人入、出、转管理分系统是用于医院住院患者登记管理的计算机应用程序，包括入院登记、床位管理、住院预交金管理、住院病历管理等功能。方便患者办理住院手续,严格住院预交金管理制度,支持医保患者就医,促进医院合理使用床位,提高床位周转率是该系统的主要任务。

病人入院登记管理子系统(如图 9.3 所示)可支持入院病人的信息录入,建立病人住院记录。住院登记信息查询子系统(如图 9.4 所示)可支持对住院病人的基本信息、交款情况、住院费用汇总和明细进行查询。

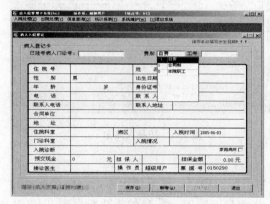

图 9.3 病人入院登记 **图 9.4 住院登记信息查询**

4. 住院收费分系统

住院收费分系统是用于住院病人费用管理的计算机应用程序,包括住院病人结算、费用录入、打印收费细目和发票、住院预交金管理、欠款管理等功能。住院收费管理系统的设计应能够及时准确地为患者和临床医护人员提供费用信息,及时准确地为患者办理出院手续,支持医院经济核算、提供信息共享和减轻工作人员的劳动强度。

5. 物资管理分系统

物资管理分系统是指用于医院后勤物资管理的计算机应用程序,包括各种低值易耗品、办公用品、被服衣物等非固定资产物品的管理,主要以库存管理的形式进行管理,也包括为医院进行科室成本核算和管理决策提供基础数据的功能。

6. 设备管理分系统

设备管理分系统是指用于医院设备管理的计算机应用程序,包括医院大型设备库存管理、设备折旧管理、设备使用和维护管理等功能。医院其他固定资产管理系统可参照本规范。

7. 经济核算管理分系统

经济核算管理分系统是用于医院经济核算和科室核算的计算机应用程序,包括医院收支情况汇总、科室收支情况汇总、医院和科室成本核算等功能。经济核算是强化医院经济管理的重要手段,可促进医院增收节支,达到"优质、高效、低耗"的管理目标。

8. 药品管理分系统

药品管理分系统是用于协助整个医院完成对药品管理的计算机应用程序,其主要任务是对药库、制剂、门诊药房、住院药房、药品价格、药品会计核算等信息的管理以及辅助临床合理用药,包括处方或医嘱的合理用药审查、药物信息咨询、用药咨询等。

药品管理分系统通常可再分设为西药库、成药库、草药库和试剂库等若干子系统(如图

9.5 所示)。系统可自动产生药品入库(如图 9.6 所示)、出库、库存等报表,多角度支持科学决策分析。

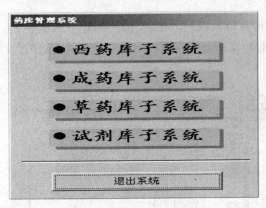

图 9.5　药品管理系统

图 9.6　药品入库单

9. 病案管理分系统

病案管理分系统是医院用于病案管理的计算机应用程序。该系统主要指对病案首页和相关内容及病案室(科)工作进行管理的系统。病案是医院医、教、研的重要数据源,向医务工作者提供方便灵活的检索方式和准确可靠的统计结果、减少病案管理人员的工作量是系统的主要任务。它的管理范畴包括:病案首页管理;姓名索引管理;病案的借阅;病案的追踪;病案质量控制和病人随诊管理。

10. 医疗统计分系统

医疗统计分系统是用于医院医疗统计分析工作的计算机应用程序。该分系统的主要功能是对医院发展情况、资源利用、医疗护理质量、医技科室工作效率、全院社会效益和经济效益等方面的数据进行收集、储存、统计分析并提供准确、可靠的统计数据,为医院和各级卫生管理部门提供所需要的各种报表。

11. 病人咨询服务分系统

病人咨询服务分系统是为病人提供咨询服务的计算机应用程序。以电话、互联网、触摸屏等方式为患者提供就医指导和多方面咨询服务,展示医院医疗水平和医德医风,充分体现"以病人为中心"的服务宗旨是该系统的主要任务。

12. 院长综合查询与分析分系统

院长综合查询与分析分系统是指为医院领导掌握医院运行状况而提供数据查询、分析的计算机应用程序。该分系统从医院信息系统中加工处理出有关医院管理的医、教、研和人、财、物分析决策信息,以便为院长及各级管理者决策提供依据。

院长查询子系统支持各类数据异年同期的比较,支持对临床医疗统计信息。例如,住院病人总人数分布情况(如图 9.7 所示)、病人医嘱用药实时情况(如图 9.8 所示)等。

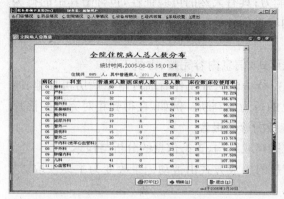

图 9.7　住院病人分布情况

图 9.8　病人医嘱用药实时情况图

医院是一个开放式的复杂系统,而且医院管理所涵盖的方方面面是非常庞杂的,其业务也是头绪繁多的,这决定了医院的信息化建设是一项相互关联、复杂、难度大的系统工程。

9.3　临床信息系统

临床信息系统(Clinical Information System,CIS)是指利用计算机软硬件技术、网络通信技术对病人信息进行采集、存储、处理、传输,为临床医护和医技人员所利用,以提高医疗质量为目的的医院信息系统。因此,可以说 CIS 是面向临床应用、以病人为中心的 HIS。

临床信息系统是一个广义的范畴,它包括了所有以临床信息管理为核心的系统,主要有电子病历、医生工作站系统、护理信息系统、护士工作站系统、实验室信息系统、医学图像存储与传输系统、放射学信息系统、手术麻醉信息系统、专家决策支持系统、临床诊疗指导、临床诊疗路径等。随着临床医学理论和技术的发展、计算机网络技术的发展,新的系统还会不断产生。下面将概括介绍临床信息系统范畴内的各个主要分支。

9.3.1　电子病历

电子病历(Electronic Medical Record,EMR)又称电子医疗记录,是指利用信息技术,以电子信息为载体,记录病人情况、病情变化和诊疗情况等病案信息。电子病历不仅包含纸质病历的所有信息,而且能将纸质病历中各种类型的信息都转变为计算机能识别和理解的结构化数据,并支持输入、存储、处理、查询。

1. 电子病历与纸质病历的区别

目前,国内设计电子病历基本上套用纸质病历的结构及其处理方法。例如,除病案首页与医嘱外,其他内容均按文本方式处理及存储;在医嘱操作过程中,将所有未停医嘱重新复制。这种设计方式严重阻碍了电子病历的发展。

纸质病历具有以下特点:操作简单方便,书写和阅读均不需专用设备;易于保存,存放方式简单;易于管理,借阅流通方式简便;便于隐私权保护;时序性易于保证,书写顺序即为时序;安全性较好,具有一定的抗损坏和防篡改能力;具有天然的可验证性,包含于其中的行为人个体特征,如笔迹、行文习惯等,有助于其内容真伪性的鉴别。

电子病历具有以下特征:

① 信息集成。电子病历支持多媒体表现形式,信息内容完整、含量丰富。

② 信息共享与交互。参与或影响特定医疗行为的医疗工作者通过电子病历可异地、同时获取各自所需的信息,并据此产生他们自己的行为或判断。例如,在得到相对完整的诊疗信息的情况下,放射科医师将易于做出更为准确的诊断报告。

③ 信息提取。电子病历采用规范化的数据存取结构,支持信息的分析与检索。

④ 信息关联。信息关联把病历中诊疗信息的生成方式由被动记录改变为主动获取,这是电子病历最具魅力的特征。

显然,两种载体各自的优点恰恰也是对方的不足。因此,只有充分发挥电子病历的优势,同时又保留纸质病历的特点,才能算是真正意义上的电子病历。

2. 电子病历与 HMIS

电子病历与 HMIS 是相互关联的。一方面,电子病历从 HMIS 中获取病人、医生、仪器、设备等相关信息;另一方面,电子病历中的临床信息可通过 HMIS 被医院各部门利用,提升医院的管理水平和经济效益。

3. 电子病历是 CIS 的核心

原始医疗信息产生于医生和患者之间的医疗行为。患者具有个体特征,某个患者的诊疗信息为医疗信息的基本单位。医疗信息是所有患者诊疗信息的集合。而电子病历是患者诊疗信息的逻辑表现形式,CIS 是处理、分析及使用患者诊疗信息的工具。因此,CIS 是外壳,电子病历是内容。CIS 与电子病历之间是相互依存、相互促进、密不可分的。例如,临床信息系统中的电子病历首页如图 9.9 所示,临床信息系统中的电子病历体格检查如图 9.10 所示。

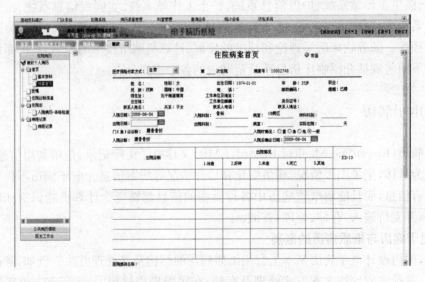

图 9.9 临床信息系统中的电子病历首页

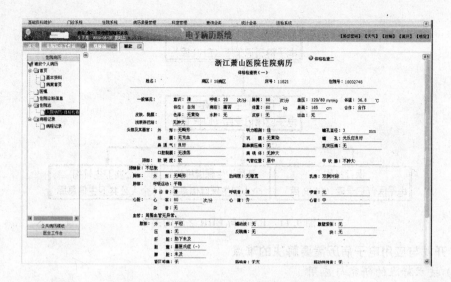

图 9.10　临床信息系统中的电子病历体格检查

4. HL7 与电子病历

目前,国内医疗、保险、管理部门使用的电子设备和软件存在不同的标准、不同的传输格式,严重地阻碍了医疗信息的互联互通、信息共享,也不利于国际接轨。

Health Level Seven(中文称为保健第 7 层,简称 HL7)是美国和大部分发达国家采用的临床数据交换标准。HL7 组织参考了国际标准组织(ISO)所采用的开放式系统架构(OSI)的七层通信模式的最高层的应用层。

电子病历系统应根据 HL7 提供的标准健全、规范电子病历内容。以下仅列举部分内容:

① 病人基本数据。包含病人姓名、出生日期、性别、身份证字号、病历号码、身份类别、通讯住址及电话。

② 就医记录。包括历次就医之日期时间、诊别、科别、医师姓名。诊疗记录:病人主诉、病历摘要(SOAP)、特殊治疗(如手术、麻醉等)。

③ 医嘱。诊断、用药、处置明细。

④ 检验、检查报告。各种病理检验、核子医学、超音波扫描仪、计算机断层扫描仪及放射或侵入性检查结果及报告。

⑤ 护理记录。包括给药、执行医嘱、住院病人病情进程等记录。

5. 电子病历与电子健康记录

电子健康记录(Electronic Health Record,EHR)是以个人健康、保健和治疗为中心的数字化健康档案,记录了个人从出生至死亡整个生命历程中的健康、保健、医疗信息。EHR 跨越不同的机构和系统,在不同的信息提供者和使用者之间实现医疗信息交换和共享,为提高病人的安全、提高医疗质量、改善健康护理、推进病人康复和降低医疗费用提供有效的手段。

通过个人 EHR 可实现医疗卫生资源纵向和横向的整合,充分利用资源实现各医疗卫生机构之间的协作,EHR 是区域卫生信息化的关键。显然,EMR 是 EHR 实现的基础,而 EMR 在发挥出应有的功能时也必须依赖于 EHR,两者之间的关系如图 9.11 所示。

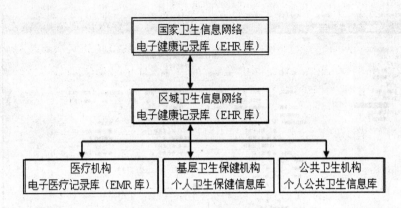

图 9.11 EMR 与 EHR 之间的关系

6. 开发与应用电子病历需要解决的难点

（1）技术标准的研究与应用

为便于医疗卫生行业之间的交流，真正实现 EMR 信息共享和网络化服务，必须对 EMR 的功能、组成结构、输入格式、疾病名称、专业术语及代码、电子数据交换格式、传送方式、系统互联接口及诊疗过程分析等进行规范性研究，制定或采用相应的国际标准。

（2）数据结构与存储结构

EMR 的内部存储结构直接影响到 EMR 的外部使用。EMR 信息数据量巨大，不可能将所有病人信息长期联机保存，因此需要建立合理的分级存储结构，实现海量存储和实时存取的统一，对出院病人的病历，实现自动归档；对需要提取的病历，提供恢复联机状态工具。

（3）安全与隐私保密问题

EMR 具有档案性质，是医生进行正确诊断、选择治疗的科学依据，也是教学、科研、保险和政法工作的重要资料。但 EMR 涉及病人诊疗过程的全部记录和总结，属于个人隐私，不能随意查阅、修改和传播。因此，电子病历的安全性与隐私保密性至关重要。

（4）法律问题

病历是医务人员和患者在维护人身权利不受侵犯方面的重要法律依据。但目前法律还未保证 EMR 的合法性。电子病历涉及档案法与电子签名法等法律问题。

7. 电子病历研究新动向

① 智能化是理想电子病历的标志。

目前，电子病历在智能化应用方面开发不足，这与目前的技术，特别是推理机、专家系统等人工智能技术的发展有关。

② 标准化是电子病历发展的必然趋势。

电子病历实现标准化，就可实现所有不同平台的电子病历管理系统与医用仪器、设备的无缝连接和医学数据信息的无障碍交换，实现医院内部之间、医院之间、医院与相关机构之间的数据交换和资源共享。因此，随着使用电子病历部门的不断增多和信息共享、交互需求的不断增长，制定和采用公认的标准成为电子病历研究与开发的当务之急。

③ 网络化是充分利用电子病历信息资源的必经之路。

通过网络可充分发挥电子病历的作用，同时也可实现远程医疗的目标。电子病历的发展在经历单机应用、部门局域网应用后，最终向广域网应用发展。基于广域网的电子病历应用将成为今后研究的热点。

④ 集成化将使电子病历系统的功能更加强大。

电子病历系统需要集成最新的网络技术、通信技术、多媒体技术等,需要实现与医院信息系统(HIS)、医学影像储存传输系统(PACS)、放射信息系统(RIS)、决策支持系统(DSS)、教学研究系统、卫生经济信息系统、知识库系统、公共医疗信息系统、远程会诊系统等相关内容集成,从而实现医院的信息化目标。

9.3.2　临床工作站系统

1. 医生工作站系统

卫生部 2002 年颁发的《医院信息系统基本功能规范》新增了医生工作站,并将其作为临床信息系统的构成部分。医生工作站系统是协助医生完成日常医疗工作的计算机应用程序,包括"门诊医生工作站分系统"和"住院医生工作站分系统"。

目前,医生工作站系统已成为 HMIS 和电子病历之间的一座桥梁,它从 HMIS 延伸到电子病历,将 HMIS 患者、药品、医生等信息带进电子病历,并成为它的基础之一。

国外先进的医生工作站系统除了支持电子病历的实现外,还提供对诊疗工作的临床决策支持功能。医生工作站系统可为医生提供医学知识和专家经验的即时查询。医生在门诊和病房诊治病人时,经常需要得到关于诊断、鉴别诊断、药物治疗的各种参考信息,以便及时解决面对的疑难病例。医生工作站系统含有的各种智能化的知识库也起了极大的作用。最常见的是药物知识库,它可以提供各种电子文档的药物信息(药理、用法、禁忌证、不良反应等以供查询);可以与医嘱系统相连互动,对药物的极限量、配伍禁忌和过敏史及时发出警告;可以根据诊断、化验检查结果提出用药建议。

2. 护士工作站系统

护士工作站系统是协助护士对患者完成日常的护理工作的计算机应用软件。其主要任务是协助护士核对并处理医生下达的长期和临时医嘱,对医嘱执行情况进行管理,同时协助护士完成护理及病区床位管理等日常工作。

护理信息系统(Nursing Information System,NIS)是指利用计算机软硬件技术、网络通信技术,帮助护士对病人信息进行采集、管理,为病人提供全方位护理服务的信息系统。

护士工作站系统是护理信息系统和 HMIS 之间的一座桥梁。

NIS 和 HMIS 是相互关联的。一方面,NIS 从 HMIS 获得大量的人、财、物方面的基本信息;另一方面,NIS 产生的大量护理质量信息又依托 HMIS 传输到各个部门和子系统,为各部门共享,并成为医院信息全面管理的一部分。

9.3.3　临床辅助系统

1. 医学图像存储与传输系统

医学图像存储与传输系统(Picture Archiving and Communication System,PACS)是以高速计算机设备为基础,以高速通信网络连接各种影像设备和相关科室,利用大容量磁、光存储技术,以数字化的方法存储、管理、传送和显示医学影像及其相关信息的信息系统。

PACS 是临床医学、医学影像学、数字化图像技术与计算机技术、网络通信技术结合的产物,具有影像质量高,存储、传输和复制无失真,传送迅速,影像资料可共享等特点,是实现医学影像信息管理的重要条件。

PACS 主要由如下各子系统构成:

① 数字化图像采集子系统。从 CT、MRI 等数字化影像设备直接产生和输出高分辨率数字化原始图像,并传送到中心服务器,供中心存储、打印、浏览及后处理。

② 数字化图像回传子系统。将中心存储的图像数据回传给 CT、MRI 等数字影像设备,供打印、对比参考及后处理(三维重建等)。

③ 医学图像处理子系统。在图像工作站、图像浏览和诊断报告书写终端上对图像进行处理。如窗宽/窗位调节、单脉/多幅显示、局域/全图放大、定量测量 CT 值、连续播放和各种图像标注等。

④ 医学图像浏览及影像诊断报告系统。医学图像浏览软件应具有强大的图像处理功能,可以通过网络从服务器硬盘、光盘上调阅所需图像,并进行图像浏览和后期处理。医学影像诊断报告系统软件嵌入于医学图像浏览软件内,可以在浏览图像后直接书写诊断报告。

⑤ 图像中心存储子系统。图像一定时期内保存在服务器的硬盘中,当图像数据累积到一定数量时,将其刻录到 CD-R(刻录盘)盘片上作为长期存储。图像中心存储子系统应具有接收、管理和更新各影像工作站送来的病理图像等相关信息的功能。

PACS 是一个传输医学图像的计算机网络系统,DICOM 是全球性医学数字成像和通信标准。PACS 实施的技术关键在于医学影像数字化和医学数字图像通信标准化(DICOM 3.0)。另外,PACS 实施的技术关键是利用标准的 TCP/IP 网络环境来实现医学影像设备之间直接联网。

PACS 与 HIS 一般是由不同公司开发并彼此独立发展的。但是在其发展过程中,它们是要彼此相互融合的。随着技术的发展,HIS 中的医疗记录不仅要有数字、字符形式记录,同时也需要图形、图像、声音等方式记录。其中,PACS 将是诊断图像的主要来源。因此,从 HIS 的角度来说,HIS 需要集成 PACS。从 PACS 的角度来说,PACS 需要集成 HIS。集成的技术难点就在于两者没有统一信息交换标准。现在采用的融合技术一般为数据库级的融合技术、中间件和 DICOM 标准与 HL7 标准的高层次集成的融合技术。因此,在制订 HIS 总体规划时,应将 PACS 作为 HIS 的重要组成部分去考虑。

2. 实验室信息系统

实验室信息系统(Laboratory Information System,LIS)是指利用计算机与网络技术,对临床实验室信息进行采集、存储、处理、传输、查询,并提供分析、诊断支持的信息系统。

LIS 于 20 世纪 70 年代在发达国家推广与应用。医院每日必须重复处理大量实验数据,且临床实验数据易于结构化和标准化,而新型实验室仪器具备数字接口。因此,LIS 成为最早应用的医学信息系统之一。

LIS 的主要功能有事务处理功能、检验申请的自动处理功能、标本的自动预处理功能、自动分析过程、检验知识库对检验结果的支持功能和自动化传输功能等。

LIS 与 HMIS 共同运行于医院的同一个局域网中,一方面,LIS 需要从 HMIS 获取病人基本信息、申请信息和收费信息,另一方面,LIS 可向 HMIS 发布检验报告、确认收费等。

3. 放射学信息系统

放射学信息系统(Radiology Information System,RIS)是指利用计算机与网络技术,对放射学科室管理信息实现输入、处理、传输、输出自动化的信息系统。

RIS 涉及的数据信息一般包括受检者(病人或体检者)信息、检查申请信息、检查结果及结论信息,以及科室动作、管理的其他辅助信息。RIS 还包含对复杂的图像信息处理,以及与 PACS 的集成。另外,RIS 一般具有预约、登记、影像处理、报告、信息查询统计等功能。

目前,RIS 已成为包含核磁共振(MRI)、超声波、内窥镜等医学影像科室的信息系统。

4. 重症监护信息系统和手术麻醉信息系统

在重症监护和手术期间,病人生成的信息容量大、变化快,医护人员对信息处理要快速、准确、果断,其处理的准确及时直接关系到患者的瞬间存亡。因此,重症监护信息系统和手术麻醉信息系统非常重要,可进一步完善临床信息系统功能。

9.3.4　临床决策支持系统

临床决策支持系统(Clinical Decision Support System,CDSS)是用人工智能技术对临床医疗工作予以辅助支持的信息系统,它可以根据收集到的病人资料,做出整合型的诊断和医疗意见,提供给临床医务人员参考。

Wyatt 和 Spiegelhalter 对 CDSS 做出了更严谨的定义:根据两项或两项以上的病人数据,主动生成针对具体病例的建议的知识系统。CDSS 包括三个要素:医学知识(包括知识的表达和知识的获取)、病人数据以及针对具体病例的建议(根据病人数据所做的知识推理)。

目前开发应用的 CDSS 主要是医学专家系统。医学专家系统是基于医学知识库的知识利用系统,具有某一医学领域知识、能力、经验的专家一样分析和判断复杂的临床问题,并利用专家推理方法来求解这些问题。因此,专家系统不同于一般数据库系统,它所存储的不仅仅是医学问题答案,而是用于知识推理的知识和能力。

例如,一个冠心病专家系统开发过程大致如下:首先要和心脏病专家进行一系列讨论,获取有关冠心病的医学知识及相关的其他医学知识和常识,还有专家的诊断治疗经验,并确认要解决的问题;第二步,对上述知识、经验进行概括、抽象、形成概念并建立各种关系;第三步,将这些知识结构化,形成专门的医学知识库;第四步,选择某种方式建立问题求解的推理机制,建成原形系统;第五步,通过多次测试评析,反复进行改进直至完成系统。这个系统可以像心脏病专家一样,对疾病信息进行分析推理,诊断某一患者是否患有冠心病,并制定治疗方案。整个专家系统应该是一个不断循环反复的改进、扩充和完善的过程。

9.4　远　程　医　疗

远程医疗是医学领域近几年出现的一个新的研究方向,亦称为远程医学、遥医学、遥距医疗,英文亦有 telemedicine、telehealth、elecare 等提法。远程医疗是利用现代通信技术、网络技术和计算机技术将多家医疗单位或个人连接起来,形成一个大范围的综合医疗服务体系,在远距离上为医疗单位或个人提供诸多的医疗与保健服务。

通过远程医疗可以实现不同区域的医疗单位、医疗单位与病人家庭、医学专家与病人之间的联系,完成包括远程联合会诊、远程急诊、远程手术观摩、远程医疗保健咨询等多种服务。通过远程医疗系统,人们足不出户就可接受本地或异地医学专家的临床诊断、保健咨询等多项服务。患者在任一医院的既往病历、化验单及 CT、MRI、X 光片、B 超等医学影像资料通过网络可随时调用,不必重复检查,造成资源的浪费,并能很方便地接受各地专家的实时会诊,提高临床诊断的准确性。

9.4.1 远程医疗的组成和功能

远程医疗的服务形式多样,如对远地对象进行检测、监护、会诊、教育、信息传递和管理等。在远程医疗中,医疗服务的提供者和被服务对象分别位于两地。因此,在结构组成上远程医疗可分为三部分:

① 医疗服务的提供者,即医疗服务源所在地,一般是位于大城市的医疗机构,具有丰富的医学资源和诊疗经验。

② 远地寻求医疗服务的需求方,可以是当地不具备足够医疗能力或条件的医疗机构,也可以是家庭患者。

③ 联系两者的通信网络及诊疗装置。其中网络的形式多种多样,从日常生活使用的普通电话网、无线通信网到卫星通信,从同轴电缆到光纤网。所用设备包括计算机软硬件、诊疗仪器等。

远程医疗提供的服务的方式可分为实时和非实时两种。在情况紧急时以及条件允许时,一般采用实时方式。此时,医学专家立即分析处理远方患者的信息并做出诊断结论,远方患者可当时完成远程就医过程。尽管在线实时服务可使患者获得及时的救助,但花费很高。

远程医疗在一般情况下多采用非实时方式,以减少花费和操作难度。非实时离线服务可大大减少对网络系统的要求,在医疗咨询、会诊、培训、教育等应用场合是能够满足要求的。

远程医疗系统现已全面、广泛实施开展,具有多种功能,目前主要承担和完成以下任务:

① 远程医疗会诊功能。当病人在诊断和治疗方面存在疑难情况,急迫地需要远方专家进行会诊时,应用远程医疗系统可以圆满地实现。在远程医疗会诊时,专家既能即时获得病史、检验报告和各种影像资料,又可以观察病人,并与病人对话;既可以与现场的医生"面对面"展开讨论,可以指导和观察现场医生进行医疗操作,还能够立即送达诊断意见和治疗方案,犹如专家亲临现场会诊。应用远程医疗系统可进行病例会诊和各种医学图像会诊。

② 远程指导外科手术功能。对病人或伤员必须立即进行高难度手术或手术中出现难以解决的问题时,可以应用远程医疗系统,由远方专家指导完成手术。

③ 远程临床教学功能。通过远程医疗系统,可举行临床病人讨论会或特殊医学操作的示范演示,远方的医师可以实时观察和参与。

④ 远程医疗事务管理功能。上级卫生机构的人员不足时,可应用远程医疗系统来实现对远方的医院或医疗队的业务工作实施管理,如收集资料、质量监控、布置任务、召开会议等。

9.4.2 远程医疗的意义

我国地域辽阔,人口众多,卫生资源缺乏,远程医疗系统可打破空间限制,使病人享受到一流的医疗服务,越来越受医患双方的欢迎,并得到广泛应用。可见,远程医疗系统正在为人类卫生事业发挥重要作用,将造福于全国人民,具有重大意义。

①　远程医疗开辟了广大农村和经济落后地区利用中心城市的医疗资源的信道,便于广大偏远地区的患者获得平等的医疗,减少因地区差异和医疗资源分配不均带来的差异。

②　远程医疗提供了及时诊断和治疗。另外,是在发生意外伤害时能缩短诊治时间。因此,在战争中对于及时治疗受伤战士、在预防流行病扩散等方面均具有重要作用。

③　远程医疗通过远程诊断和会诊减少了医生出诊和患者去医院就诊所需的时间和费用,从而减少了医疗费用。另外,在一些医生不便或不易到达的特殊场合,如对精神病患者、皮肤病患者、监狱囚犯的诊疗,以及对宇航员、极地探险人员、远洋海员和深海航行人员的诊疗,远程医疗能发挥很好的作用。

④　远程医疗能对高发病人群(如老年人、残疾人和慢性病患者)实行远程家庭监护,因而提高了患者的生活独立性和生活质量。

⑤　远程医疗可以在患者熟悉的环境中进行,减少了患者的心理压力,提高了诊断的准确性,同时也有利于疾患的康复。远程医疗给普通患者和健康人群提供了一个学习医学知识的机会,从而提高了全民的健康保健水平和预防疾病的能力。

⑥　远程医疗促进了医学继续教育持续发展。长期以来,广大基层医师迫切要求提高医疗技术水平,而传统的医学教育方式不能满足医学继续教育的需要。远程医疗系统为发展医学教育创造了条件,广大基层医师在当地就可以得到专家的指导和帮助,可以观看远方的医疗操作演示,可以参加大城市举行的医学讲座和学术交流,从而可以不断提高医护人员,特别是边远地区医护人员的医疗技术水平,促进我国卫生事业的全面发展。

9.4.3　远程医疗的发展趋势

远程医疗是应信息社会发展和人们对医疗保健的需求而产生和发展起来的。随着信息技术的不断发展,远程医疗将逐步进入常规的医疗保健体系并发挥越来越大的作用。可以预期,通过应用远程医疗技术有可能实现任何人在任何时间、任何地点都能获得所需的医疗保健服务,从而极大地提高全球的医疗保健水平。

1. 远程医疗质量、效果不断提高

随着信息高速公路、通信技术、计算机技术和医学电子工程技术的迅速发展,影响远程医疗质量、效果和应用范围的许多技术难点将有所突破。

2. 远程医疗系统的多样化

远程医疗系统的多样化发展趋势,主要表现在目前远程医疗系统正向通用化、专业化和小型化方向发展,以及远程医疗系统与医院信息系统(HIS)、图形图像储存与传输系统(PACS)一体化的发展趋势。

远程医疗的开发、应用和发展,可以说是 HIS、PACS,尤其是以病人为中心的临床信息系统的功能在时间上和空间上的延伸和扩展。高速的计算机网络、不同应用程序之间数据交换国际标准(HL7、DICOM、EDIFACT)的推广使用以及多媒体远程医疗专用设备的应用等,使远程医疗系统与 PACS、HIS 的一体化将成为可能。

3. 远程医疗日益成为高科技条件下军事医学的重要课题

从远程医疗出现之日起,它就与加强军队的后勤医疗救护保障能力,加强军队的现代化建设紧密地联系在一起。现在世界各国军队都十分重视远程医疗在军事医学中的研究和应用,成为高科技条件下发展军事医学的一个重要课题。

4. 远程医疗正向社区和家庭拓展应用范围

由于电话、电视、Internet 网在个人家庭中的普及,远程医疗将迅速拓展到家庭和社区,并将极大地推动社区保健和个人保健事业的发展,扩大和强化社区保健职能。

由远程医疗系统、计算机化病历系统(电子病历)、个人健康信息系统以及统一的电子申报系统等组成的医疗保健服务质量,将降低医疗费用,促进自我保健和预防工作。

9.5　医学信息资源的检索

20 世纪 80 年代以来,随着计算机相关技术和 Internet 的飞速发展,网上医学信息资源越来越丰富,人们可以通过 Internet 来交流和获取自己所需的医学信息。

9.5.1　医学 Web 搜索引擎

1. Web 搜索引擎概念

Web 搜索引擎是利用一种通常称为"机器人"(Robots)或"蜘蛛"(Spider)的自动检索程序,它沿着 Web 超文本链,经常搜索整个 Web 上的网页,然后为这些主页上的每个信息建立索引,并送回集中管理的索引数据库,这样可以对迅速变化的资源进行及时的搜索。

Web 搜索引擎的工作原理,可分为以下三个方面:

① 从互联网上抓取网页。利用能够从互联网上自动收集网页的 Robots 或 Spider 系统程序,自动访问互联网,并沿着任何网页中的所有统一资源定位器(URL)爬到其他网页,重复这个过程,并把爬过的所有网页收集回来。

② 建立索引数据库。由分析索引系统程序对收集回来的网页进行分析,提取相关网页信息,根据一定的相关联度算法进行复杂计算,获取每一个网页对页面内容中及超链中接每一个关联词的相关联度,然后以这些信息建立网页索引数据库。

③ 在索引数据库中搜索排序。当用户输入关键词搜索后,由搜索系统程序从网页索引数据库中找到符合该关键词的所有相关网页。最后,由页面生成系统将搜索结果的链接地址和页面内容摘要等内容组织起来返回给用户。

2. Web 信息综合性搜索引擎

在 Internet 网上,常用的综合性搜索引擎有以下几种:

Google:http://www.google.com

百度:http://www.baidu.com

Yahoo:http://www.yahoo.com

网易:http://www.yeah.com

搜狐:http://www.sohu.com.cn

3. 医学 Web 信息搜索引擎

常用的医学 Web 信息搜索引擎有:

Medical Matrix :http://www.medmatrix.org/Index.asp

Medical world search：http：//www. mwserach. com

Cliniweb International：http：//www. ohsu. edu/cliniweb/

Medhunt：http：//www. hon. ch/medhunt/

OMNI：http：//www. omni. ac. uk

中国导医网：http：//www. DAOYI. NET

迈博健康搜索：http：//www. medboo. com/medsearch/index. htm

其中，Medical Matrix 是一个著名的英文医学搜索引擎，它能为医务工作者提供丰富的医学信息资源。中国导医网搜索引擎具有丰富的医疗网站信息，包括医药文献、医学机构、医院诊断、政策法规、新闻媒介、医药商业信息等。

总之，综合性搜索引擎存在检索噪音大、检查质量低的问题，而相关的专业性医学 Web 信息搜索引擎更适合于检索医学信息。

9.5.2　医学文献数据库检索

绝大多数网络数据库都是在光盘数据库的基础上发展而来的。与光盘数据库相比，网络数据库收录范围更广泛更全面、检索界面友好、数据库更新更快并且是全天开放。

网络医学文献数据库包括索引数据库和全文数据库。索引数据库可提供免费检索，其功能是对期刊论文进行局部提示，是用户获取论文信息的工具，并以此作为获取原始文献的起点。全文数据库实行有偿服务，读者可在网上直接浏览或下载后浏览和获取论文或文献全文。

1. 生物医学文献数据库 MEDLINE

世界权威性生物医学文献数据库 MEDLINE 是由美国国立医学图书馆建立和维护的，收录了 1966 年以来 70 多个国家和地区的 4000 多种生物医学期刊的 1000 多万条题录，内容涉及基础医学、临床医学、环境医学、药学、护理学等多个学科领域。

MEDLINE 网上检索方式有远程登录检索和免费检索两种。

国内可以通过中国医学科学院医学信息研究所推出的中国科技信息资源共享网站的"医学信息检索系统"进行免费的 MEDLINE 检索。

2. PubMed 系统

PubMed 系统是由美国国立生物技术信息中心（NCBI）开发的用于检索 Medline、Pre-Medline 数据库的网上检索系统。

3. 中文医学数据库

（1）中国生物医学文献数据库（CBMdisc）

中国生物医学文献数据库是中国医学科学院医学信息情报所开发研制的综合性医学文献数据库，收录了 1980 年以来 1000 多种中国生物医学期刊，以及汇编、会议论文的文献题录，是目前检索国内生物医学文献最权威的文献型数据库。

（2）中文生物医学期刊数据库（CMCC）

CMCC 是解放军图书馆开发的数据库系统，是我国目前医学文献收刊最全，更新速度最快，信息容量大的文献数据库，内容涵盖了生物医学各个领域及其边缘学科的相关领域。

（3）中文期刊全文数据库（WWW. NJ. CNKI. NET）

内容包含中国期刊全文数据库（CJFD），中国优秀博、硕士学位论文全文数据库（CD-

MD)、中国医院知识仓库(CHKD)等。

（4）国内的中文生物医学数据库

包括中国生物医学文献光盘数据库、清华大学主办的中国学术期刊数据库（医药卫生专辑）、中国药学文献数据库、中国药品专利文献数据库、中国寻医问药数据库、国内医药信息总览数据库及中医药文献数据库等等。

9.6　医学统计软件

在医学科学研究中，科研数据的统计与分析是整个科研过程中重要的步骤，直接关系到科研的质量。随着医学数据的复杂化和多元化，使用手工计算器处理科研数据的方法不规范、易出差错，而利用计算机对科研数据进行处理分析，已经成为科研工作的基本要求。

目前，国际上流行的统计软件包有 SPSS 与 SAS，它们是第四代计算机语言，是权威的统计分析软件。医学统计软件对提高学生毕业论文质量以及学生科研数据处理能力方面具有重要意义。国内一些学校将它们用于研究生统计学教学。

9.6.1　SAS统计软件

1. SAS 概况

SAS 全称为 Statistics Analysis System，最早由美国北卡罗来纳大学的两位生物统计学研究生编制，并于 1976 年成立了 SAS 软件研究所，并正式推出了 SAS 软件。经过多年的发展，SAS 已被全世界 120 多个国家和地区的近三万家机构所采用，遍及金融、医药卫生、政府和教育科研等领域。在英美等国，能熟练使用 SAS 进行统计分析是许多公司和科研机构选材的条件之一。

特别是在数据处理和统计分析领域，SAS 被誉为国际上的标准软件系统，在以苛刻严格著称于世的美国 FDA 新药审批程序中，新药试验结果的统计分析规定只能用 SAS 进行，其他软件的计算结果一律无效。

SAS 是由多个功能模块组合而成的一个软件系统，其中 BASE SAS 模块是 SAS 的核心。在 BASE SAS 的基础上，还可增加不同的模块来增加不同的功能。例如，SAS/STAT（统计分析模块）、SAS/GRAPH（绘图模块）、SAS/QC（质量控制模块）、SAS/ETS（经济计量学和时间序列分析模块）、SAS/OR（运筹学模块）、SAS/IML（交互式矩阵程序设计语言模块）、SAS/FSP（快速数据处理的交互式菜单系统模块）、SAS/AF（交互式全屏幕软件应用系统模块）等等。

SAS 支持绘制各种统计图、地图，同时提供了各类概率分析函数、分位数函数、样本统计函数和随机数生成函数，能方便地实现特殊统计要求。

2. SAS 的操作方式

目前 SAS 已成为一套完整的计算机语言，其用户界面采用 MDI（多文档界面），用户在 PGM 视窗中输入程序，分析结果在 OUTPUT 视窗中以文本形式输出（如图 9.12 所示）。

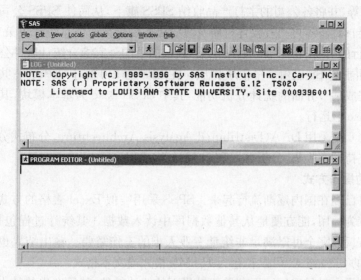

图 9.12　SAS 软件用户界面图

SAS 使用程序方式,用户可以完成所有需要做的工作,包括统计分析、预测、建模和模拟抽样等。但是,这使得初学者在使用 SAS 时必须要学习 SAS 语言,入门比较困难。

3. SAS 的缺点

由于 SAS 系统是从大型机上的系统发展而来,在设计上也是完全针对专业用户进行设计,因此,其操作至今仍以编程为主,人机对话界面不太友好,并且在编程操作时需要用户最好对所使用的统计方法有较清楚的了解,非统计专业人员掌握起来较为困难。另外,SAS 极为高昂的价格和只租不卖的销售策略使得实力不足的个人和机构只能对它望而却步。

9.6.2　SPSS 统计软件

1. SPSS 概况

SPSS 是该软件英文名称的首字母缩写,原意为 Statistical Package for the Social Sciences,即"社会科学统计软件包"。随着 SPSS 产品服务领域的扩大和服务深度的增加,SPSS 公司已于 2000 年正式将英文全称更改为 Statistical Product and Service Solutions,意为"统计产品与服务解决方案",标志着 SPSS 的战略方向正在做出重大调整。

SPSS 是世界最著名的统计分析软件之一。20 世纪 60 年代末,美国斯坦福大学的三位研究生研制开发了最早的统计分析软件 SPSS,同时成立了 SPSS 公司,并于 1975 年在芝加哥组建了 SPSS 总部。

20 世纪 80 年代以前,SPSS 统计软件主要应用于企事业单位。1984 年 SPSS 总部首先推出了世界第一个统计分析软件微机版本 SPSS/PC+,开创了 SPSS 微机系列产品的开发方向,并确立了个人用户市场第一的地位。SPSS/PC+的推出,使其能很快地应用于自然科学、技术科学、社会科学的各个领域。在国际学术界有条不成文的规定,即在国际学术交流中,凡是用 SPSS 软件完成的计算和统计分析,可以不必说明算法,由此可见其影响之大和信誉之高。

1994 至 1998 年间,SPSS 公司陆续购并了 SYSTAT 公司、BMDP 软件公司、Quantime

L 公司等,并将各公司的主打产品收纳 SPSS 旗下,从而使 SPSS 公司由原来的单一
产品开发与销售转向企业、教育科研及政府机构提供全面信息统计决策支持服务,成为
了最新流行的"数据仓库"和"数据挖掘"领域前沿的一家综合统计软件公司。

和 SAS 相同,SPSS 也由多个模块构成。在 SPSS 11.0 版中,SPSS 一共由十个模块组
成,分别用于完成某一方面的统计分析功能,其中 SPSS Base 为基本模块,其余九个模块均
需要挂接在 Base 上运行。

最新的 12.0 版采用 DAA(Distributed Analysis Architechture,分布式分析系统),全面
适应互联网,支持动态收集、分析数据和 HTML 格式报告。

2. SPSS 的操作方式

SPSS 软件已经在国内逐渐流行起来。SPSS 采用类似 Excel 表格的方式输入与管理数
据,数据接口较为通用,能方便地从其他数据库中读入数据。其统计过程包括了常用的、较
为成熟的统计过程,完全可以满足非统计专业人士的工作需要。输出结果也十分美观。存
储时则是专用的 SPO 格式,可以转存为 HTML 格式或文本格式。

SPSS 是世界上最早采用图形菜单驱动界面的统计软件,其最突出的特点就是操作界面
极为友好,输出结果美观漂亮(如图 9.13 所示),可以将几乎所有的功能都以统一、规范的界
面展现出来。SPSS 是非专业统计人员的首选统计软件。

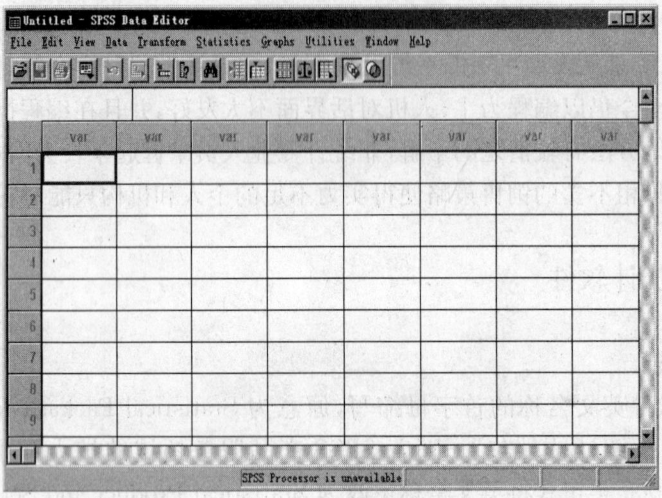

图 9.13 SPSS 软件用户界面

3. SPSS 的缺点

由于在 SPSS 公司的产品线中,SPSS 软件属于中、低档(SPSS 公司共有二十余个产
品),因此,从战略的观点来看,SPSS 显然是把相当的精力放在了用户界面的开发上。其次,
该软件只吸收了较为成熟的统计方法,而对于最新的统计方法,SPSS 公司的做法是为之发
展一些专门软件,如针对树结构模型的 Answer Tree,针对神经网络技术的 Neural Connec-
tion,专门用于数据挖掘的 Clementine 等,而不是直接纳入 SPSS。最后,SPSS 处理的输出
结果虽然漂亮,但不能为 Word 等常用文字处理软件直接打开,只能采用拷贝、粘贴的方式
加以交互。